应用型高等院校“十三五”规划教材/计算机类

主　编　张家爱　任利峰

副主编　王嘉博　张继成　林 建

数据库原理与应用

Database Theory and Application

哈爾濱工業大學出版社

内容简介

本书系统阐述了数据库系统的基础理论、基本技术和基本方法。本书在内容的编排上注重理论与实际的联系;在内容的介绍上则结合具体案例,通过专业术语和通俗易懂的案例分析的结合,由浅入深地解读数据库原理的基础理论知识。

本书共分10章。第1~5章主要介绍数据库的基础知识、基本术语、结构化程序设计语言SQL的基本语法结构、关系数据库模型及其运算基础等内容;第6~8章介绍数据库安全、并发控制、恢复技术和安全控制;第9~10章介绍数据库新技术、未来发展趋势以及数据库应用。本书每章后面都附有习题,以便学生更好地理解理论知识。

本书可作为高等院校计算机及相关专业学生的教科书,同时也可作为自学数据库的教材以及从事数据库设计的人员的参考书。

图书在版编目(CIP)数据

数据库原理与应用/张家爱,任利峰主编. —哈尔滨:哈尔滨工业大学出版社,2020.7(2021.1重印)
ISBN 978-7-5603-8559-4

Ⅰ.①数… Ⅱ.①张… ②任… Ⅲ.①数据库系统 Ⅳ.①TP311.13

中国版本图书馆CIP数据核字(2019)第241452号

策划编辑 杜 燕
责任编辑 周一曈 李青晏
封面设计 高永利
出版发行 哈尔滨工业大学出版社
社 址 哈尔滨市南岗区复华四道街10号 邮编150006
传 真 0451-86414749
网 址 http://hitpress.hit.edu.cn
印 刷 黑龙江艺德印刷有限责任公司
开 本 787mm×1092mm 1/16 印张18.5 字数461千字
版 次 2020年7月第1版 2021年1月第2次印刷
书 号 ISBN 978-7-5603-8559-4
定 价 44.80元

前　　言

从20世纪50年代末开始，数据库技术的发展已从单一数据处理转向海量数据处理、复杂数据处理、分布式数据处理等复杂多变的数据处理。现在数据库技术的应用领域极为广泛，渗透到计算机应用的各个方面。因此，数据库的知识已经成为计算机科学教育的一个核心部分。为此，作者总结了多年的教学和实践经验，编写了本书。

本书主要通过一个案例分析过程来解读数据库原理基础理论知识，同时把这些抽象的理论知识应用到实际的案例分析中。因此，本书在内容的编排上，注重的是理论联系实际的应用；在内容的介绍上，主要采用专业术语和通俗易懂的案例分析相结合。

全书共分10章。第1章是绪论，主要介绍数据库基础知识（包括数据库技术发展的各个阶段及发展趋势）、数据库系统体系结构、数据库系统的组成、数据模型；第2章是关系数据库，主要介绍关系数据库与关系模型、关系的形式定义、关系完整性、关系运算；第3章是关系数据库的标准语言SQL，主要介绍SQL概述、表的定义、数据查询、数据操作语句、视图；第4章是关系数据库设计与理论，主要介绍函数依赖、范式、关系模式的分解；第5章是数据库管理，主要介绍数据库安全性控制概述、用户标识和鉴别、存取控制、数据库的完整性；第6章是事务管理，主要介绍事物、并发控制、数据库故障与恢复；第7章是数据库设计，主要介绍数据库设计步骤、需求分析、概念结构设计、逻辑结构设计、数据库的物理实现、数据库的实施和维护、数据库建模工具；第8章是数据仓库，主要介绍数据库与数据仓库、数据仓库的特征、数据仓库系统结构、数据仓库应用、构建数据仓库、OLAP技术、数据挖掘、数据仓库与决策支持；第9章是数据库未来发展趋势，主要介绍数据库技术与多学科的有机结合、数据库与面向对象技术结合、数据库与应用领域的结合；第10章是数据库应用系统的开发，主要介绍数据库应用程序设计方法、数据库应用程序的体系结构、数据应用程序开发、数据库应用系统设计实例。

本书由吉林农业科技学院张家爱、任利峰任主编；西南民族大学王嘉博、东北农业大学张继成、大连校联科技有限公司林建任副主编。作者编写分工如下：第1、2、3、4、5章由张家爱编写；第6、8、10章由任利峰编写；第7章由王嘉博编写；第9章1~2节由张继成编写；第9章3~5节由林建编写。全书由张家爱、任利峰统稿。本书在编写过程中还得到了各单位有关领导的大力支持，在这里深表谢意。

本书可作为高等院校计算机及相关专业学生的教科书，同时也可作为学习数据库知识的自学教材以及从事数据库设计工作设计人员的参考书。

为方便读者学习，每章后面都附有习题，以便学生能够更好地理解理论知识，由于编者水平有限，本书难免会有不足之处，恳请广大读者批评指正。

编　者
2020年2月

目　　录

第1章　绪　　论

数据库技术是计算机学科中一个重要分支,它的应用非常广泛,是计算机系统的核心技术和重要基础。目前,数据库技术已经成为一个完整的学科,也是计算机科学技术中发展最快的领域之一。本章介绍数据库基础知识、数据库系统结构、数据库系统组成、数据模型,是后面各章节的准备和基础,读者可以从中学习数据库技术的相关知识及其重要性。

本章导读

- 数据库基础知识
- 数据库系统体系结构
- 数据库系统的组成
- 数据模型

1.1　数据库基础知识

计算机的诞生与迅猛发展使人类生活、生产发生了翻天覆地的变化,电子计算机的应用为高效精确地处理数据创造了条件。利用计算机进行管理工作能够方便地保存大量数据,并能快速地给人们提供必要的信息,从而解决生产和生活中发生的各种问题。当今世界上,人们的工作和学习已经离不开计算机。

数据库技术从20世纪60年代诞生到现在,在半个多世纪的时间里,计算机数据处理的应用范围越来越广、规模越来越大。在当今的网络时代,它已形成了坚实的理论基础,也有了成熟的商业产品。

本节先介绍数据库中最常用的术语和基本概念。

1.1.1　数据库系统基本概念

数据、数据库、数据库管理系统、数据库系统是与数据库技术密切相关的四个基本概念。

1. 数据和信息

(1)数据。

数据(Data)是数据处理的最基本的单位,也是用于承载信息的物理符号。数据不单单指阿拉伯数字符号(6、180、96.58),还是为了表达现实世界存在的万物,人们使用超文本和纯文本的符号来表示它们动态和静态的属性特征符号集合,这些集合包括数字、文字、图形、声音等多种形式,它们都可以经过数字化后存入计算机,所以把描述事物的符号记录称为数据。

数据能够真正完全表达其内容,与其语义是分不开的。数据的语义是指对数据的解释,因此数据和关于数据的解释是不可分割的。数据的解释是指对数据含义的说明,即数据的语义。在现实生活中经常会看到许多数据,如56,如果单纯看这个数字,能看出来是表示什么的吗?如果把这个数据作为某一名学生成绩的解释是56分,如果把这个数据作为某人体重的解释是56 kg,那么它就具有实际的生命意义了。因此,数据和对于这个数据的解释是分不开的。

(2)信息。

信息(Information)是客观事物属性的反映,是经过加工处理并对人类客观行为产生影响的数据表现形式。信息具有实效性、有用性和知识性等特性。在日常生活中,人们可以直接用自然语言来描述事物。例如,张红同学,女,22岁,吉林省白山市人,JAVA语言基础的成绩是96分,在计算机中常常这样描述:

(张红,女,22,吉林省白山市人,96)

即把学生的姓名、性别、年龄、出生地与JAVA语言基础的考试成绩组织一起,组成一个记录。学生的记录是描述学生的数据,这样的数据是有结构的,记录是计算机存储数据的一种方法。

在这样的应用背景下,96成为有意义的信息中的一个关键指标。

(3)数据和信息的区别。

信息是客观事物属性的反映,是经过加工处理并对人类客观行为产生影响的数据表现形式。数据是反映客观事物属性的记录,是信息的具体表现形式。

任何事物的属性都是通过数据来表示的。数据经过加工处理之后成为信息,而信息必须通过数据才能传播,才能对人类产生影响。

(4)数据和信息的联系。

数据是区别客观事物的符号,信息是关于客观事实的属性反映。

数据和信息之间的关系:对数据加工处理之后所得到的并对决策产生影响的数据才是信息。例如天气预报,如果不改变明天出行的决策行为,它是数据;如果改变了明天出行的决策行为,它才成为信息。

数据经过处理后,其表现形式仍然是数据。处理数据的目的是更好地解释,只有经过解释,数据才有意义。因此,信息是经过加工以后,对客观世界产生影响的数据。对同一数据,每个信息接收者的解释可能不同,对其决策的影响也可能不同。决策者利用经过处理的数据做出决策,可能取得成功,也可能得到相反的结果,关键在于对数据的解释是否正确,这是因为不同的解释往往来自不同的背景和目的。

可以看出,如果没有数据和信息,知识难以发挥作用。数据和信息的获取相对比较简单,而只有知识能够帮助解决问题。

(5)数据处理。

数据处理是围绕数据所做的工作,是对各种类型的数据进行收集、存储、分类、计算、加工、检索和传输的过程。信息=数据+处理。数据处理过程如图1.1所示。

图1.1　数据处理过程

2. 数据库

数据库(Database,DB)通俗地讲是指存放数据的仓库。其确切的含义是长期存储在计算机内的、有组织的、大量的、可共享的数据集合。数据库中的数据是按一定数据模型组织存放的,数据库的特点是永久存储,能够被各种用户共享,具有最小的冗余度,数据间有密切的联系,但又有较高的独立性。

数据库是数据管理的新方法和技术,它能够更合理地组织数据、更方便地维护数据、更严密地控制数据、更有效地利用数据。

3. 数据库管理系统

数据库管理系统(Database Management System,DBMS)是一种操纵和管理数据库的系统软件,是数据库系统的核心,它是位于用户和操作系统之间的一层数据管理软件,对数据库进行统一的管理和控制,以保证数据库的安全性和完整性。用户通过 DBMS 访问数据库中的数据,数据库管理员也通过 DBMS 进行数据库的维护工作。DBMS 扮演一个管家的角色,可使多个应用程序和用户使用不同的方法同时或在不同时刻去建立、修改和查询数据库。它使用户能方便地定义和操纵数据,维护数据的安全性和完整性,进行多用户下的并发控制和恢复数据库。例如,当今的数据库管理系统可以分为大、中、小型的数据库管理系统:大型的有 Sybase、Oracle;中型的有 Microsoft SQL Server、Informix;小型的有 Microsoft Access、Visual FoxPro 等。

数据库管理系统按功能可分为以下五个主要部分。

(1)数据定义功能。DBMS 提供相应的数据定义语言(DDL)定义数据库结构,可以对数据库中的数据进行定义,然后把定义好的数据按照某种数据库模式保存在数据字典中。

(2)数据存取功能。DBMS 提供了数据操纵语言(DML),主要用于对数据库数据进行查询、插入、修改和删除。

(3)数据库运行管理功能。DBMS 提供数据控制功能,即数据的有效性、完整性检查,以及数据共享和并发控制等,对数据库运行进行有效的控制和管理,以确保数据的有效性和完整性。

(4)数据库的建立和维护功能。包括数据库初始数据的装载,在数据库发生故障时确保数据能够转储恢复和重新组织,同时具有系统性能监视、分析等功能,能为发生故障而丢失或破坏的数据实施有效的恢复。

(5)数据库的传输功能。DBMS 提供处理数据的传输功能,实现用户程序与 DBMS 之间的通信,由操作系统协调完成。

4. 数据库系统

数据库系统(Database System,DBS)由数据库、数据库管理系统、数据库应用系统、数据库管理员、系统分析员和用户组成,其中数据库管理系统是数据库系统的核心,数据库系统是实现有组织地、动态地存储大量关联数据,方便多用户访问的,由计算机软件、硬件和数据资源组成的系统,即采用了数据库技术的计算机系统。

数据库系统的特点是数据的结构化好、数据的共享性好、数据的独立性好、数据存储粒度小,并且数据管理系统为用户提供了友好的接口。

5. 数据库应用系统

数据库应用系统(Database Application System,DBAS)是指系统开发人员利用数据库系统资源开发出来的面向某一类实际应用的应用软件系统,如教务管理系统、招生管理系统、工资管理系统等。数据库应用系统的整体结构如图 1.2 所示。

数据库应用系统的应用非常广泛，它可以用于事务管理、计算机辅助设计、计算机图形分析和处理及人工智能等系统中，即所有数据量大、数据成分复杂的地方都可以使用数据库技术进行数据管理工作。

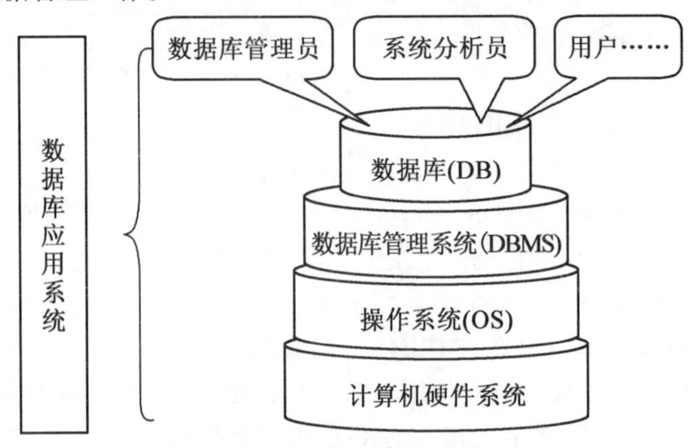

图 1.2　数据库系统的整体结构

1.1.2　数据库管理技术发展过程

数据库管理系统技术的发展主要经历了三个不同的发展阶段：人工管理阶段、文件系统阶段和数据库系统阶段。目前新兴的数据库管理技术还有面向对象技术等方面。

1. 人工管理阶段

自第一台电子计算机诞生以来，计算机的主要任务是科学计算，用户用机器指令编码，通过纸带机输入程序和数据，程序运行完毕后，由用户取走纸带和运算结果，再让下一个用户上机操作。当时没有操作系统，更没有相应的数据管理的软件，在 20 世纪 50 年代中期以前，数据处理基本上采用人工批处理方式。人工管理数据具有如下特点。

(1)不保存大量数据。

(2)没有软件系统对数据进行管理。

(3)没有数据共享的功能，一组数据只能对应一个程序。当多个应用程序涉及某些相同的数据时，由于必须各自定义，无法互相利用、互相参照，因此程序与程序之间有大量的冗余数据。

(4)基本上没有“文件”概念。

(5)不具备数据的独立性。当数据的结构发生变化时，对应的程序必须进行修改，人工管理阶段数据和程序的关系如图 1.3 所示。

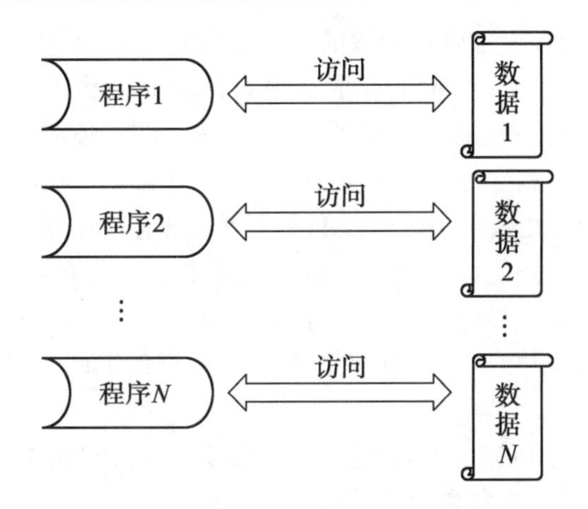

图1.3　人工管理阶段数据和程序的关系

2. 文件系统阶段

20世纪50年代后期到20世纪60年代中期,伴随着存储技术的发展,计算机的硬件方面已有了磁带、磁盘、磁鼓等直接存取存储设备;软件方面,高级语言出现,同时操作系统中文件系统已经有了专门的数据管理软件,它能通过一定的组织形式把数据处理成文件,即所谓的文件系统;处理方式上不仅有了文件批处理,而且能够进行联机实时处理。文件系统阶段程序和数据的关系如图1.4所示。

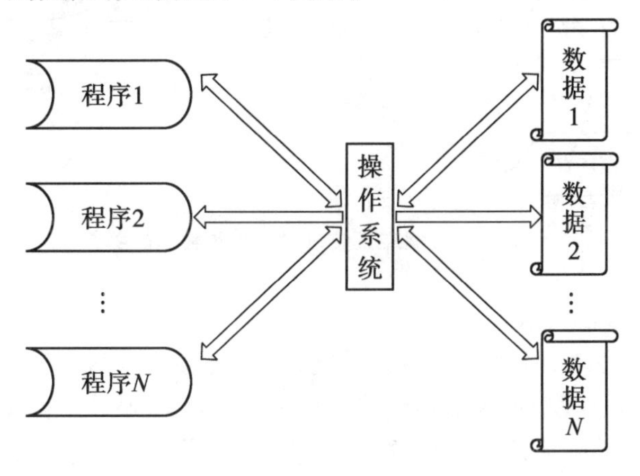

图1.4　文件系统阶段程序和数据的关系

文件系统管理数据具有如下特点。

(1)数据独立保存。计算机存储设备的出现使得数据可以长期并独立保存,相比人工管理阶段的管理有了很大的进步,计算机程序员可以根据需要执行修改查询和插入等操作。

(2)用专门的数据管理软件来管理数据。由于文件系统为程序和数据之间提供了公共通道,因此应用程序可以统一地进行存取和操作数据,但是也存在数据冗余。

(3)数据文件已经具有多样化。由于可以长期存储文件,因此文件组织形式出现了索引文件、直接存取文件、链接文件等多种类型,而且还可以使用倒排文件进行多码检索。产生的文件类型增多,数据的访问形式也多种多样了。

虽然文件系统阶段在人工管理阶段的基础上有所改进，但是也存在如下缺点。

(1)数据独立性差。由于数据的存取在很大程度上仍然依赖于应用程序，不同程序难以共享同一数据类型，一旦某一个数据的逻辑结构改变，必须修改应用程序，修改文件结构的定义，因此数据与程序之间仍缺乏独立性，应用系统不容易扩充。

(2)数据共享性差，冗余度大。在文件系统中，没有一个统一的模型约束数据的存储，文件和应用程序之间还是以一对一的形式出现，即使不同的应用程序具有部分相同的数据，也必须建立各自的文件，而不能共享相同的数据，因此仍然有较高的数据冗余，这就会出现在更新数据时造成数据不一致现象，降低了数据的准确性。

3. 数据库系统阶段

20 世纪 60 年代后期以来，随着社会中多元素对象的出现，数据的需求形式、种类及数据量越来越大。从硬件技术来看，计算机存储设备容量增大，并且价格便宜，因此为数据库技术的产生提供了坚实的物质基础；从软件技术来看，高级程序设计语言出现，操作系统的功能进一步增强；从处理方式来看，联机实时处理要求更多，并且也出现了分布处理。为解决多用户、多应用共享数据的要求，数据库技术应运而生，出现了统一管理数据的专门软件系统——数据库管理系统(DBMS)。数据库系统阶段程序和数据的关系如图 1.5 所示。

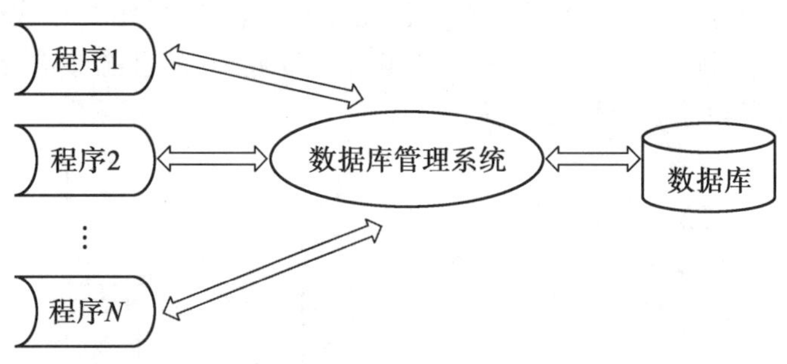

图 1.5　数据库系统阶段程序和数据的关系

数据库系统阶段的特点如下。

(1)数据结构化。采用数据模型表示复杂的数据结构，对所有的数据进行统一、集中、独立的管理。数据模型不仅描述数据本身特征，而且能够表示数据之间的联系。这种联系通过存取路径实现，解决了文件的数据之间没有联系的问题。数据库系统实现了整体数据的结构化，这是数据库的主要特征之一，也是数据库系统与文件系统的本质区别。

(2)数据的共享性高，冗余度低，可扩展性和可移植性强。数据库系统从整体角度看待和描述数据，数据不再面向特定的某个或多个应用，而是面向整个应用系统，因此数据可以被多个用户、多个应用共享使用。数据共享可以减少数据冗余，实现数据共享。

数据共享还能够避免数据之间的不相容性与不一致性，同时提高数据的可移植性(指垂直扩展和水平扩展能力)。垂直扩展要求新平台能够支持低版本的平台，水平扩展要求满足硬件上的扩展。

数据的不一致性是指同一数据不同副本的值不一样。在人工管理和文件系统阶段，数据被重复存储次数增多，当数据对应不同的应用程序使用和修改不同副本时，很容易造成数据的不一致性。而在数据库系统中，由于数据共享，因此减少了因数据冗余而造成的不一致现象。

(3)数据独立于程序。数据独立性是数据库系统最重要的目标之一,它能使数据独立于应用程序。数据独立性包括数据的物理独立性和逻辑独立性。

逻辑独立性是指用户的应用程序与数据库的逻辑结构是相互独立的,当数据的逻辑结构改变时,用户程序不必做修改,可以通过外模式/模式映射来实现,因此简化了应用程序的编制,大大减少了应用程序的维护和修改。

物理独立性是指数据的存储结构与存取方法独立,也就是数据在磁盘上的存储由数据库管理系统来管理,用户程序不需要了解。应用程序要处理的只是数据的逻辑结构,这样当数据的物理存储改变时,应用程序不必做修改。

数据独立的好处是数据的物理存储设备更新了,物理表示及存取方法改变了,但数据的逻辑模式可以不改变。

(4)数据库系统具有统一管理和控制功能。由于数据库系统具有统一管理和控制功能,因此确保了数据的完整性、一致性和安全性。数据库系统还为用户管理、控制数据的操作提供了丰富的操作命令。

下面具体介绍几个数据控制功能。

①数据的安全性。数据的安全使用是十分重要的,为保证数据的安全,防止数据丢失、泄密和损坏,每个用户只能按规定,对数据库中的一部分数据进行操作。

②数据的完整性。数据库设计时要考虑数据的完整性,才能确保数据的正确性、有效性和相容性。系统提供了一系列存取方法来进行完整性检查,将数据控制在有效的范围内,并保证数据之间满足一定的关系。

③并发控制。并发控制是指多个用户的并发进程,同时存取、修改数据库时可能会发生数据丢失、读"脏"数据以及数据的不一致性,因此必须对多用户的并发操作加以控制和协调。例如,要买沈阳到上海 K190 次列车的火车票,如果只剩下一张票,但同时有甲和乙两个人要购买车票,由于同时操作,因此这两个进程都看到还剩下一张票,结果会造成一张票售给了两个人。为防止这类错误发生,应对并发操作加以控制和协调。

④数据库恢复。有时计算机系统的硬件软件故障以及故意的破坏都会影响数据库中数据的正确性,甚至造成数据库部分或全部数据的丢失,这时数据库系统应具有恢复能力,把数据库从错误状态恢复到某一已知的正确状态,这就是数据库的恢复功能。

1.1.3 数据库技术发展趋势

数据库技术从20世纪60年代到现在,在半个多世纪的时间里,已经具备了坚实的理论基础、成熟的商业产品和广泛的应用领域,数据库技术与其他学科相结合,将是新一代数据库技术发展的主要任务,数据库研究和开发人员一直在探索更新、更具有价值的研究领域。随着信息管理内容的不断扩展和新技术的层出不穷,数据库技术面临着前所未有的挑战。面对新的数据形式,人们提出了丰富多样的数据模型,如层次模型、网状模型、关系模型、面向对象模型、半结构化模型等。

当今的数据库市场仍然是关系型数据库的天下,不过随着 Web 页面、电子邮件、音频、视频等非结构化数据的爆炸式增长,传统关系型数据库的二维数据模型在处理这些非结构化数据时显然在速度方面会有些损失。虽然 DB2、Oracle、SQL Server 等大中型数据库都能支持对半结构化、非结构化数据的处理,但是对多媒体数据处理要求很多的应用领域却不能发挥它们的优越性,而 XML 数据库在此应用领域却有相当大的优势,因此出现了新的数据库技术——XML 数据管理、数据流管理、Web 数据集成、数据挖掘等。

1. 数据库历史回顾

第一代数据库的代表是 1969 年 IBM 公司研制的层次模型的数据库管理系统 IMS 和 20 世纪 70 年代数据系统语言会议(Conference on Data System Languages,CODASYL)上数据库任务组 DBTG 提议的网状模型。层次数据库的数据模型是有根的定向有序树,网状模型对应的是有向图。这两种数据库奠定了现代数据库发展的基础,具有以下共同点:支持三级模式(外模式、模式、内模式),保证数据库系统具有数据与程序的物理独立性和一定的逻辑独立性;用存取路径表示数据之间的联系;有独立的数据定义语言;有导航式的数据操纵语言。

第二代数据库的主要特征是支持关系数据模型(数据结构、关系操作、数据完整性)。关系模型具有以下特点:关系模型的概念单一,实体和实体之间的联系用关系表示;以关系数学为基础;数据的物理存储和存取路径对用户不透明;关系数据库语言是非过程化的。

第三代数据库产生于 20 世纪 80 年代。随着科学技术的不断进步,各个行业领域对数据库技术提出了更多的需求,关系型数据库已经不能完全满足需求,于是产生了第三代数据库。第三代数据库主要有以下特征:支持数据管理、对象管理和知识管理;保持和继承了第二代数据库系统的技术;对其他系统开放,支持数据库语言标准、支持标准网络协议,有良好的可移植性、可连接性、可扩展性和互操作性等。第三代数据库支持多种数据模型(如关系模型和面向对象的模型),并和诸多新技术相结合(如分布处理技术、并行计算技术、人工智能技术、多媒体技术、模糊技术等),广泛应用于多个领域(如商业管理、GS、计划统计等),由此也衍生出多种新的数据库技术。

2. 数据库发展趋势

数据库的技术发展之快,是计算机科学发展过程中其他学科难以比拟的。促使数据库技术发展的因素有以下几个方面。

(1)数据库发展伴随着信息的存储组织、管理和访问等问题,这些问题受新型应用技术趋势、相关领域的协同工作和领域本身的技术变革所驱动。

(2)伴随新的制约与机会,传感信息的处理将会引发许多新环境下极有趣味的数据库问题。

(3)另一个越来越重要的应用领域是自然科学,特别是物理科学、生物科学、保健科学和工程领域。这些领域产生了大量复杂的数据集,需要比现有的数据库产品更高级的数据库支持,这些领域同样也需要信息集成机制的支持。除此之外,它们也需要对数据分析器产生的数据管道进行管理,需要对有序数据进行存储和查询(如时间序列、图像分析、网格计算和地理信息)等,需要世界范围内数据网格的集成。

(4)推动数据库研究发展的动力是相关技术的成熟。例如,在过去的几十年,数据挖掘技术已经成为数据库系统一个重要的组成部分,Web 搜索引擎导致了信息检索的商品化,并需要与传统的数据库查询技术集成。

信息集成、数据流管理、传感器数据库技术、半结构化数据与 XML 数据管理、网格数据管理、DBMS 自适应管理、移动数据管理、微小型数据库、数据库用户界面等方面是目前数据库领域面临的问题和研究的发展方向。

(1)信息系统集成技术。

信息系统集成技术已经历了20多年的发展过程,研究者已提出了很多信息集成的体系结构和实现方案,然而这些方法所研究的主要集成对象是传统的异构数据库系统。伴随着网络技术的飞速发展,人们对Internet的信息要求增高,而Web有着极其丰富的数据来源,如何获取Web上的有用数据并加以综合利用,即构建Web信息集成系统,成为一个引起广泛关注的研究领域。信息集成系统的方法可以分为数据仓库方法和Wrapper/Mediator方法。

在数据仓库方法中,各数据源的数据按照需要的全局模式从各数据源抽取并转换,存储在数据仓库中,用户的查询就是对数据仓库中的数据进行查询。对于数据源数目不是很多的单个企业来说,该方法十分有效,但对目前出现的跨企业应用数据源的数据抽取和转化要复杂得多,数据仓库的方法存在诸多不便。

(2)数据流管理技术。

测量和监控复杂、动态的现象,如远程通信、Web应用、金融事务、大气情况等,产生了大量、不间断的数据流。数据流处理对数据库、系统、算法、网络和其他计算机科学领域的技术挑战已经开始显露,这是数据库界一个活跃的研究领域,包括新的流操作、SQL扩展查询优化方法、操作调度(Operator Scheduling)技术等。

扩展数据库管理系统若直接支持数据流类型就会面临众多问题。在数据库中,数据是稳定的、持续的,而查询是暂时的;在数据流中则正好相反,数据是动态的,而查询是实时稳定的,这就需要增强数据库的查询处理能力,支持复杂的实时查询需求。

(3)传感器数据库技术。

随着微电子技术的发展,传感器的应用越来越广泛。可以给小鸟携带传感器,根据传感器在一定的范围内发回的数据定位小鸟的位置,从而进行其他的研究;还可以在汽车等运输工具中安装传感器,从而掌握其位置信息;甚至微型的无人间谍飞机上也可以携带传感器,在一定的范围内收集有用的信息,并且将其发回指挥中心。

当有多个传感器在一定的范围内工作时,就组成了传感器网络。传感器网络由携带者所捆绑的传感器及接收和处理传感器发回数据的服务器所组成。传感器网络中的通信方式可以是无线通信,也可以是有线通信。新的传感器数据库系统需要考虑大量传感器设备的存在,以及它们的移动和分散性。

(4)XML数据管理。

目前大量的XML数据以文本文档的方式存储,难以支持复杂、高效的查询,用传统数据库存储XML数据的问题在于模式映射带来的效率下降和语义丢失。一些Native XML数据库的原型系统已经出现。XML数据是半结构化的,不像关系数据那样是严格的结构化数据,这样就给Native XML数据库中的存储系统带来更大的灵活性,同时也带来了更大的挑战。恰当的记录划分和簇聚能够减少I/O次数,提高查询效率;反之,不恰当的记录划分和簇聚则会降低查询效率。研究不同存储粒度对查询的支持也是XML存储面临的一个关键性问题。

当用户定义XML数据模型时,为维护数据的一致性和完整性,需要指明数据的类型、标识,属性的类型,数据之间的对应关系(一对多或多对多等)、依赖关系和继承关系等。而目前半结构化和XML数据模型形成的一些标准(如OEM、DTD、XML Schema等)忽视了对这些语义信息和完整性约束方面的描述。ORA-SS模型扩展了对象关系模型,用于定义 XML 数据。这个模型用类似 E－R 图的方式描述 XML 数据的模式，对对象、联系和属性等不同类型的元素用不同的形状加以区分，并标记函数依赖、关键字和继承等。其应用领域包括指导正确的存储策略、消除潜在的数据冗余、创建和维护视图及查询优化等。

（5）网格数据管理。

网格把整个网络整合成一个虚拟的、巨大的超级计算环境，实现计算资源、存储资源、数据资源、信息资源、知识资源和专家资源的全面共享，目的是解决多机构虚拟组织中的资源共享和协同工作问题。

在网格环境中，无论用户工作在何种“客户端”上，系统均能根据用户的实际需求，利用开发工具和调度服务机制，向用户提供优化整合后的协同计算资源，并按用户的个性提供及时的服务。按照应用层次的不同，可以把网格分为 3 种：计算网格，提供高性能计算机系统的共享存取；数据网格，提供数据库和文件系统的共享存取；信息服务网格，支持应用软件和信息资源的共享存取。

（6）DBMS 的自适应管理。

随着复杂性增强以及新功能的增加，对数据库管理人员的技术需求和数据库管理人员的薪水支付都在大幅度增长，导致企业人力成本支出也在迅速增加。随着关系数据库规模和复杂性的增加，系统调整和管理的复杂性相应增加。今天，一个 DBA 必须了解磁盘分区、并行查询执行线程池和用户定义的数据类型。基于上述原因，数据库系统自调优和自管理工具的需求增加，对数据库自调优和自管理的研究也逐渐成为热点。

目前的 DBNS 有大量“调节按钮”，这允许专家从可操作的系统上获得最佳的性能。通常，生产商要花费巨大的代价来完成这些调优。事实上，大多数的系统工程师在做这样的调优时并不非常了解这些调优的意义，只是他们以前看过很多系统的配置和工作情况，他们将那些使系统达到最优的调优参数记录在一张表格中，当处于新的环境时，他们在表格中找到最接近眼前配置的参数，并使用那些设置。

（7）移动数据管理。

目前，蜂窝通信、无线局域网以及卫星数据服务等技术的迅速发展使得人们随时随地访问信息的愿望成为现实，越来越多的人已开始拥有掌上型或笔记本计算机、个人数字助理（PDA）或者智能手机，这些移动计算机都将装配无线联网设备，从而能够与固定网络甚至其他的移动计算机相连，用户不再需要固定地连接在某一个网络中不变，而是可以携带移动计算机自由地移动。这样的计算环境称为移动计算（Mobile Computing）。

研究移动计算环境中的数据管理技术已成为目前分布式数据库研究的一个新的方向，即移动数据库技术。

（8）微小型数据库技术。

数据库技术一直随着计算的发展而不断进步。随着移动计算时代的到来，嵌入式操作系统对微小型数据库系统的需求为数据库技术开辟了新的发展空间，微小型数据库技术目前已经从研究领域逐步走向应用领域。随着智能移动终端的普及，人们对移动数据实时处理和管理的要求也不断提高，嵌入式移动数据库越来越体现出其优越性，从而被学界和业界所重视。

（9）数据库用户界面。

一直以来，一个普遍的现象是数据库学术界在用户界面方面做的工作太少了。目前，计算机已经有足够的能力在桌面上运行很复杂的可视化系统。然而，对于一个 DBMS 给定的信息类型,如何使它在可视化上达到最优还不清楚。20 世纪 80 年代,人们提出了少数优秀的可视化系统,尤其是 QBE 和 VisiCalc。但至今仍没有更优秀的系统出现,因此人们迫切需要在这方面有所创新。

XML 数据的出现使人们提出了新的查询语言 XQuery,但这至多是从一种描述语言转到另一种有基本相同表示程度的描述语言。从本质上讲,普通用户使用这样的语言还是有一定难度的。

3. 当今的主流数据库

(1)分布式数据库。

当今社会,由于计算机技术的迅速发展以及复杂地理位置上分散的公司、企业和个人对于数据库更为广泛应用的需求,因此出现了分布式数据库。分布式数据库系统是在集中式数据库系统成熟技术的基础上发展起来的,但不是简单地把集中式数据库分散地实现,而是具有自己的性质和特征的系统。集中式数据库系统的许多概念和技术,如数据独立性、数据共享和减少冗余度、并发控制、完整性、安全性和恢复等,在分布式数据库系统中都有着不同之处和更加丰富的内涵。

分布式数据库允许用户开发的应用程序把多个物理上分开的、通过网络互联的数据库当作一个完整的数据库看待,并行数据库通过 cluster 技术把一个大的事务分散到 cluster 中的多个节点去执行,提高了数据库的吞吐和容错性。

分布式数据库系统主要特点如下。

①数据独立性。数据独立性是数据库方法追求的主要目标之一。数据独立性包括两方面,其含义是用户程序与数据的全局逻辑结构及数据的存储结构无关。在分布式数据库中,数据独立性这一特性更加重要,并具有更多的内容;在集中式数据库中,数据的独立性包括数据的逻辑独立性与数据的物理独立性。

②分布透明性。分布透明性指用户不必关心数据的逻辑分区,不必关心数据物理位置分布的细节,不必关心重复副本(冗余数据)的一致性问题,同时也不必关心局部场地上数据库支持哪种数据模型。分布透明性的优点是很明显的。有了分布透明性,用户的应用程序书写起来就如同数据没有分布一样。当数据从一个场地移到另一个场地时不必改写应用程序,当增加某些数据的重复副本时也不必改写应用程序,数据分布的信息由系统存储在数据字典中。用户对非本地数据的访问请求由系统根据数据字典予以解释、转换、传送。

③集中和节点自治相结合。数据库是用户共享的资源。在集中式数据库中,为保证数据库的安全性和完整性,对共享数据库的控制是集中的,并设有 DBA 负责监督和维护系统的正常运行。在分布式数据库中,数据的共享有两个层次:一是局部共享,即在局部数据库中存储局部场地上各用户的共享数据,这些数据是本场地用户常用的;二是全局共享,即在分布式数据库的各个场地也存储可供网中其他场地的用户共享的数据,支持系统中的全局应用。因此,相应的控制结构也具有两个层次:集中和自治。分布式数据库系统常常采用集中和自治相结合的控制结构,各局部的 DBMS 可以独立地管理局部数据库,具有自治的功能。同时,系统又设有集中控制机制,协调各局部 DBMS 的工作,执行全局应用。当然,不同的系统集中和自治的程度不尽相同。有些系统高度自治,连全局应用事务的协调也由局部 DBMS、局部 DBA 共同承担,而不要集中控制,不设全局 DBA;有些系统则集中控制程度较高,场地自治功能较弱。

分布式数据库具有很多优点：多数处理可就地完成，各地的计算机由数据通信网络相联系；克服了中心数据库的弱点，降低了数据传输代价；提高了系统的可靠性，当局部系统发生故障时其他部分还可继续工作；各个数据库的位置透明，方便系统扩充。但为协调整个系统的事务活动，事务管理在性能上的花费要高。

(2)多媒体数据库。

多媒体数据库是数据库技术与多媒体技术结合的产物。多媒体数据库提供了一系列用来存储图像、音频和视频的对象类型，可以更好地对多媒体数据进行存储、管理、查询。

多媒体数据库不是对现有的数据进行界面上的包装，而是从多媒体数据与信息本身的特性出发，考虑将其引入到数据库之后带来的有关问题。多媒体数据库从本质上要解决三个难题：一是信息媒体的多样化，不仅仅是数值数据和字符数据，还要扩大到多媒体数据的存储组织、使用和管理；二是要解决多媒体数据集成或表现集成，实现多媒体数据之间的交叉调用和融合，集成粒度越细，多媒体一体化表现才越强，应用的价值也才越大；三是多媒体数据与人之间的交互，没有交互性就没有多媒体，要改变传统数据库查询的被动性，能以多媒体方式主动表现。

(3)工程数据库。

工程数据库系统和传统数据库系统一样，包括工程数据库管理系统和工程数据库设计两方面的内容。工程数据库设计的主要任务是在工程数据库管理系统的支持下，按照应用的要求，为某一类或某个工程项目设计一个结构合理、使用方便、效率较高的工程数据库及其应用系统。数据库设计得好，可以使整个应用系统效率提高、维护简单、使用容易。但即使是最佳的应用程序，也无法弥补数据库设计时的某些缺陷，这方面的研究包括工程数据库设计方法和辅助设计工具的研究和开发。

工程数据与商用和管理数据相比，主要有以下特点。

①工程数据中静态(如一些标准、设计规范、材料数据等)和动态(如随设计过程变动而变化的设计对象和中间设计结果数据)数据并存。

②数据类型的多样化，不仅包括数字、文字，而且包括结构化图形数据。

③数据之间复杂的网状结构关系(如一个基本图形可用于多个复杂图形的定义，一个产品往往由许多零件组成)。

④大部分工程数据是在试探性交互式设计过程中形成的。

(4)面向对象数据库。

以面向对象数据模型为核心的数据库系统称为面向对象数据库系统(Object Oriented Database System，OODBS)。面向对象数据库系统的实现一般有两种方式：一种是在面向对象的设计环境中加入数据库功能，这是纯种的 OODBS 技术；另一种则是对传统数据库进行改进，使其支持面向对象数据模型。但是因为二者支持概念差异较大，OODBS 支持的对象标识符、类属联系、分属联系、方法等概念在关系型数据库中无对应物存在，数据共享难以实现。

面向对象数据库具有以下一些优点。

①能有效地表达客观世界和有效地查询信息。面向对象方法综合了在关系数据库中发展的全部工程原理、系统分析、软件工程和专家系统领域的内容。面向对象的方法符合一般人的思维规律，即将现实世界分解成明确的对象，这些对象具有属性和行为。系统设计人员用创建的计算机模型能更直接地反映客观世界，最终用户无论是否是计算机专业

人员,都可以通过这些模型理解和评述数据库系统。

工程中的一些问题对关系数据库来说显得太复杂,不采取面向对象的方法很难实现。从构造复杂数据的前景看,信息不再需要手工分解为细小的单元。OODBS扩展了面向对象的编程环境,该环境可以支持高度复杂数据结构的直接建模。

②可维护性好。在耦合性和内聚性方面,面向对象数据库的性能尤为突出,这使得数据库设计者可在尽可能少影响现存代码和数据的条件下修改数据库结构,在发现有不适合原始模型的特殊情况下,能增加一些特殊的类来处理这些情况而不影响现存的数据。如果数据库的基本模式或设计发生变化,为与模式变化保持一致,数据库可以建立原对象的修改版本。这种先进的耦合性和内聚性也简化了在异种硬件平台的网络上的分布式数据库的运行。

③能很好地解决“阻抗不匹配”(Impedance Mismatch)问题。面向对象数据库还解决了一个关系数据库运行中的典型问题,即应用程序语言与数据库管理系统对数据类型支持的不一致问题,这一问题通常称为“阻抗不匹配”问题。

1.2　数据库系统体系结构

数据库系统体系结构是指数据库系统的组成构件(Component)、各构件的功能及各构件间的协同工作方式。数据库系统是一个复杂系统,它的体系结构是建立在硬件平台基础上的。数据库系统的体系结构根据用户的角度可分为单一式体系结构、文件主从式体系结构、集中式结构、分布式体系结构、客户机/服务器体系结构、并行结构和Web客户机/服务器结构,本节介绍几个主要的结构。

1. 单一式体系结构

单一式体系结构由PC、单用户系统、应用程序、DBMS、数据组成,都装在一台计算机上。单一式体系结构如图1.6所示,它把计算机的所有资源用于一个用户,在同一时间内只运行一种应用。这种结构是最简单桌面的数据库管理系统,使用起来方便,用户界面非常友好,独立性好,但是信息交换十分困难,资源共享和统一管理也十分困难,严重地限制了用户群的整体工作效率。当今有代表性的单一式体系结构数据库管理系统是Excel、Access。

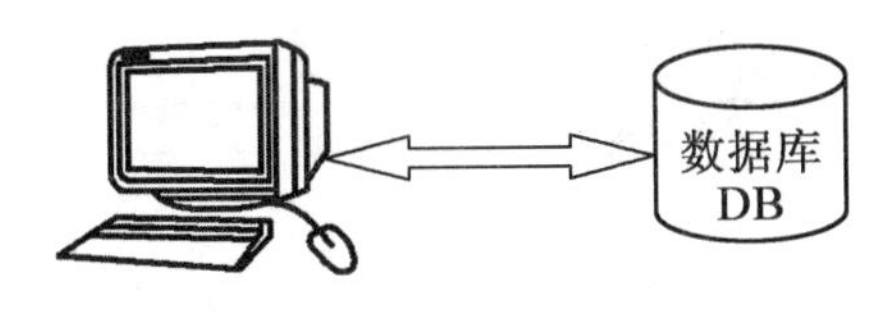

图1.6　单一式体系结构

2. 文件主从式体系结构

文件主从式体系结构指一个主机带多个终端的多用户结构,这种结构是将操作系统、数据库系统(包括应用程序、DBMS、数据)都集中存放在主机上,事务处理都由主机来完成,终端只作为一种I/O设备,用户可以通过主机的终端并发地存取数据,共享数据资源。文件主从式体系结构如图1.7所示,这种数据结构易于管理与维护,但是构建这种体系结构的成本高,而且当主机处理任务和请求过多时,网络负载很重,系统性能会大幅度下降,资源不能得到充分利用。一旦主机出现故障,整个系统都会处于瘫痪状态,因此系统的可靠性不高。

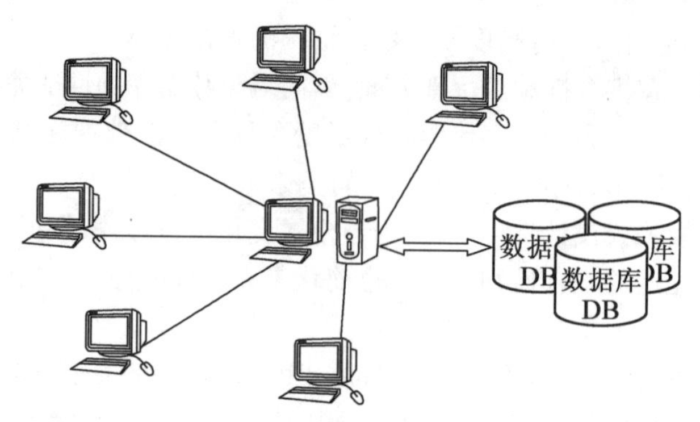

图 1.7　文件主从式体系结构

3. 分布式体系结构

分布式体系结构的数据库系统是在集中式数据库系统的基础上发展起来的。分布式数据库是数据库技术与网络技术相结合的产物,在数据库领域已形成一个分支,它适应对地理上分散的用户群进行局部事务管理和控制的需求,也就是说,网络中的节点都可以独立管理本地数据库中的数据,现在分布式结构的数据库系统已进入商品化应用阶段。分布式体系结构如图 1.8 所示,它的优点是体系结构灵活,数据存储位置不在同一个物理位置上,而是存储在计算机网络的多个物理位置上,也就是数据物理分布在各个场地,但逻辑上是一个整体,它们被所有用户(全局用户)共享,并由一个数据库管理系统统一管理,具有可靠性高、时效好、局部应用速度快、扩展性好等特点,易于集成现有系统,也易于扩充,它的缺点是通信的系统开销较大、存取结构复杂、数据的安全性和保密性差。

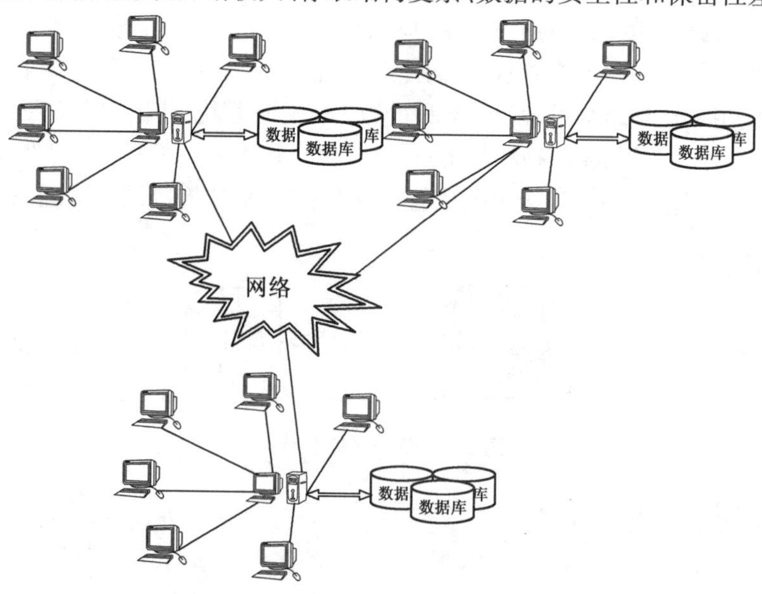

图 1.8　分布式体系结构

4. 客户机/服务器体系结构

客户机/服务器(C/S)是近年来非常流行的一种分布式处理体系结构。其中,客户机是指运行用户服务请求程序,并将这些请求传送到服务器的计算机;服务器是指用于管理数据资源,并对客户机请求进行处理的计算机。服务器响应并处理由客户机发出的请求,并将计算结果传送给客户机。

目前,国内许多单位已经或正在开发基于这一体系结构的应用系统。

客户机/服务器是一种基于网络型的数据库系统,具有较好的系统开放性,这种结构能保证运行极其复杂的网络应用,有足够的能力做到把处理结果通过网络传输出去,而且能够根据用户需求灵活配置各种大、中、小型计算机系统。

企业范围的客户机/服务器系统的主要特点:服务器被程序化,可接受并响应同时来自被连接客户机的许多请求,这些请求可能排队,按次序等待服务;或者服务器同时处理几个客户机的请求,这取决于系统在设计上的复杂程度以及被请求任务的自然特性。集中的和分布的客户机/服务器体系结构分别如图 1.9 和图 1.10 所示。

C/S 的优点是能充分发挥客户端 PC 的处理能力,很多工作可以在客户端处理后交给服务器,对应的优点就是客户端响应速度快,缺点主要有以下几个。

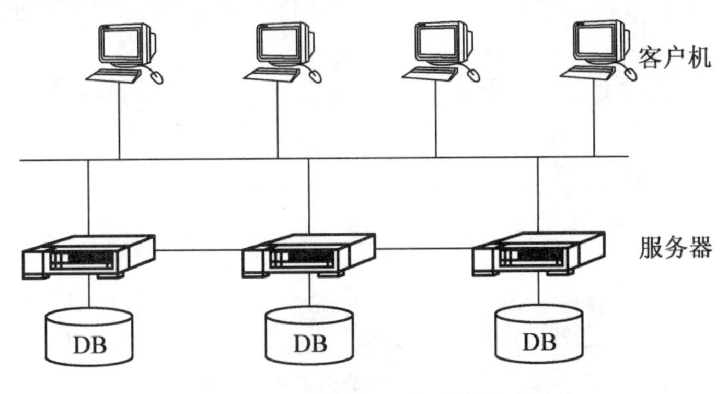

图 1.9 集中的客户机/服务器体系结构

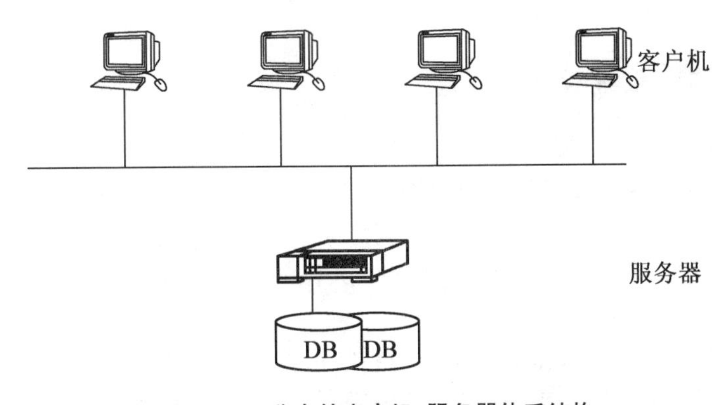

图 1.10 分布的客户机/服务器体系结构

(1)只适用于局域网。随着互联网的飞速发展,移动办公和分布式办公越来越普及,这就要求系统具有扩展性。这种远程访问方式需要专门的技术,同时要对系统进行专门的设计来处理分布式的数据。

(2)客户端需要安装专用的客户端软件。首先涉及安装的工作量,其次任何一台计算机出问题,如病毒、硬件损坏等,都需要进行安装或维护,特别是有很多分部或专卖店的情况,不是工作量的问题,而是路程的问题;再次就是系统软件升级时,每一台客户机需要重新安装,其维护和升级成本非常高。

(3)对客户端的操作系统一般也会有限制。可能不适用于 Windows 10,或者不适用于微软新的操作系统等,更不用说 Linux 和 UNIX 等操作系统了。

5. Web 客户机/服务器(Browser/Server)结构

Web 数据库系统是数据库技术与互联网技术结合的产物,也称网络数据库。Web 数据库系统统一由 Web 浏览器作为客户端来实现用户访问数据库。它由互联网连接起来的客户端、Web 服务器和数据库服务器组成,简称 B/S 结构。B/S 体系结构如图 1.11 所示。

Web 是一个基于超媒体的信息网络,通过超链接浏览 Internet 上的信息。Internet,即因特网,由许多独立的商业网、教育网、政府机构网互联而成。Internet 上提供的服务有信息浏览、电子邮件、会议、发送/接收文件等。网络间通过公共协议(TCP/IP)通信。Web 中的计算机可有两种角色:客户机(浏览器)、服务器。作为服务器,可以提供信息;作为客户机,可以浏览和请求信息。服务器与浏览器间通过 HTTP 协议交换信息。中间件负责管理 Web 服务器与数据库服务器间的通信、应用程序的业务计算和数据库访问。

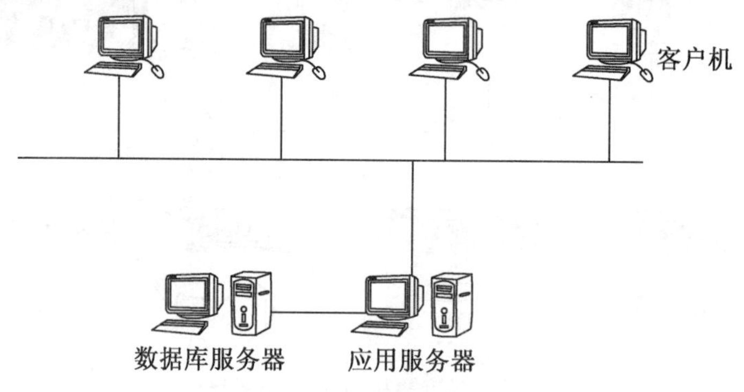

图 1.11　B/S 体系结构

1.2.1　数据库系统模式的概念

1. 数据模型的“型”和“值”

(1)型。是对某一类数据的结构和属性的说明,例如:教师(工号,姓名,性别,年龄,联系电话)。

(2)值。是型的一个具体值,例如:(2020010,张静,女,22,135××××8260)。

2. 模式

模式是指数据库中全体数据的逻辑结构和特征描述,指的是数据库中的一个名字空间,它包含所有对象,主要用型来描述它。模式的一个具体值称为数据库的一个实例,同一模式可以在不同时刻有不同的实例。模式指一种结构和特征描述是相对稳定的;实例指数据库某一时刻的状态是相对变动的。

1.2.2　数据库系统三级模式结构和数据库二级映像

数据库系统采用三级模式结构和二级映像的体系结构。数据库三级模式是外模式、模式和内模式;数据库二级映像是外模式/模式映像和模式/内模式映像。数据库体系结构如图1.12所示。

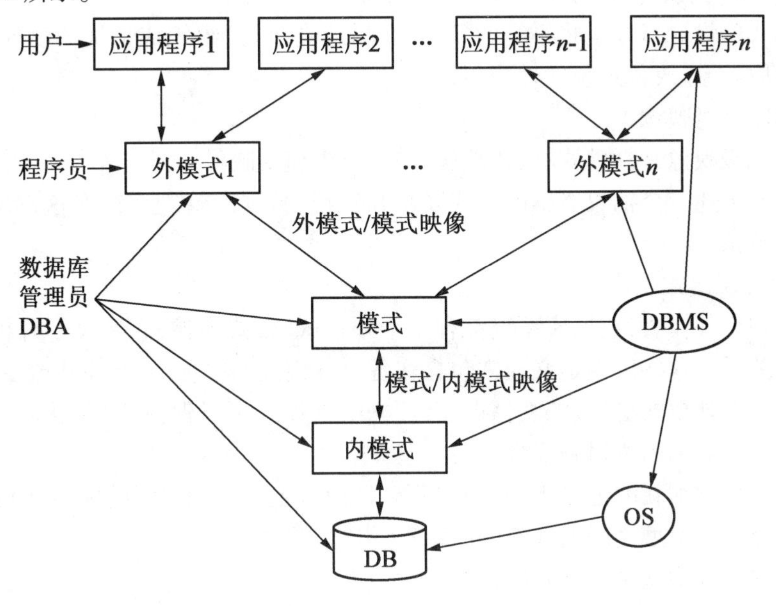

图1.12 数据库体系结构

1. 数据库三级模式

数据库三级模式是外模式、模式和内模式。

(1)模式。

模式(Schema)也称为概念模式或逻辑模式,是数据库中全体数据的逻辑结构和特征描述,它仅仅涉及对型的描述,是用户的公共视图。DBMS提供数据定义语言(Data Definition Language,DDL),定义数据的外模式、模式和内模式三级模式结构,定义模式/内模式、外模式/模式二级映像,定义有关的约束条件。

逻辑模式是系统为减少数据冗余,实现数据共享的目标并对所有用户的数据进行综合抽象而得到的统一全局数据视图。一个数据库系统只能有一个逻辑模式。

(2)外模式。

外模式(External Schema)也称子模式或用户模式,它是对各个用户或程序所涉及的数据的逻辑结构和特征的描述。外模式通常是模式的子集,一个数据库可以有多个外模式。外模式是保证数据库安全性的一个有力措施,由于它是用户的数据视图,如果不同用户在应用需求、看待数据的方式、对数据保密的要求等方面存在差异,则他们的外模式描述是不同的,即虽然数据是来自同一数据库,但在外模式中的结构、类型、长度、保密级等都可以不同,因此用户根据不同请求,看到的结果是不同的,并且每个用户看到的结果是对应模式中的数据,数据库中的其余数据对他们来说是不可见的。

DBMS提供外模式描述语言(Data Manipulation Language,DML)对数据记录进行操作。

(3)内模式。

内模式(Internal Schema)也称存储模式或物理模式,是数据物理结构和存储结构的底层描述,是数据在数据库内部的表示方式。例如,记录的存储方式是顺序存储、按照B

树结构存储还是按 Hash 方法存储;索引按照什么方式组织;数据是否压缩存储,是否加密;数据的存储记录结构有何规定等。一个数据库只有一个内模式。

物理模式的设计目标是将系统的模式(全局逻辑模式)组织成最优的物理模式,以提高数据的存取效率,改善系统的性能指标。

2. 数据库二级映像

数据库二级映像是外模式/模式映像和模式/内模式映像。

为了实现上述三个抽象级别的模式联系和转换,数据库管理系统在这三层结构之间提供了两层映像。

(1)外模式/模式映像。

对于每一个外模式,数据库系统都有一个外模式/模式映像,它定义了外模式与模式之同的对应关系。这些映像定义通常包含在各自外模式的描述中,当模式改变时,由数据库管理员对各个外模式/模式的映像做相应改变,外模式可以保持不变,从而应用程序不必修改就实现了数据的逻辑独立性,如:

①在模式中增加新的记录类型(只要不破坏原有记录类型之间的联系型);

②在原有记录类型之间增加新的联系;

③在某些记录类型中增加新的数据项。

(2)模式/内模式映像。

数据库中只有一个模式,也只有一个内模式,所以模式/内模式映像是唯一的,它定义了数据全局逻辑结构与存储结构之间的对应关系。该映像定义通常包含在模式描述中,当数据库的存储结构改变时,由数据库管理员对模式/内模式映像做相应改变,可以使模式保持不变,从而保证了数据的物理独立性,如:

①改变存储设备或引进新的存储设备;

②改变数据的存储位置;

③改变存储记录的体积;

④改变数据组织方式。

1.3 数据库系统的组成

数据库系统由数据库、支持数据库运行的软硬件、数据库管理系统、数据库应用程序、数据库管理员和用户构成。

1. 数据库

数据库是一个结构化的数据集合,主要通过综合各个用户的文件,除去不必要的冗余,使之相互联系形成数据结构。

2. 硬件

硬件是数据库赖以存在的物理设备,由于数据量大、当今的 DBMS 功能丰富等,数据库自身的规模不断扩大,因此要求硬件要有足够大的内存空间和足够大的磁盘空间,要求系统有较高的通信能力以提高数据传送率。

3. 软件

软件主要包括 DBMS、OS、各种高级语言和应用开发支持软件。DBMS 是专门用于数据管理的软件,主要任务是建立、使用、维护、配置数据库;OS 的主要任务是支持 DBMS 的运行;高级语言的主要任务是开发应用系统;而应用开发支持软件是为特定应用环境开发的数据库应用系统。

4. 人员

开发、管理和使用数据库系统的人员主要是数据库管理员、系统分析员和数据库设计人员、应用程序员和用户。不同的人员涉及不同的数据抽象级别,具有不同的数据视图。

(1)数据库管理员。数据库管理员(Database Administrator,DBA)的主要职责包括:设计与定义数据库系统;帮助最终用户使用数据库系统;决定数据库中的信息内容和结构;定义数据的安全性要求和完整性约束条件;监督与控制数据库系统的使用和运行;改进和重组数据库系统;调整数据库系统的性能。

(2)系统分析员和数据库设计人员。系统分析员负责应用系统的需求分析和规范说明,要和用户及 DBA 相结合,确定系统的硬件和软件配置,并参与数据库系统的概要设计。数据库设计人员负责数据库中数据的确定、数据库各级模式的设计。数据库设计人员必须参加用户需求调查和系统分析,然后进行数据库设计。

(3)应用程序员。负责设计和编写应用系统的程序模块,并进行调试和安装。

(4)用户。最终用户通过应用系统的用户接口间接使用数据库。

1.4　数 据 模 型

1.4.1　数据模型概念

1. 模型

为了对现实世界存在的客观事物以及事物之间的联系进行抽象和描述,引入了数据模型的概念。数据模型是现实世界特征的模拟和抽象,它表现为一些相关数据的集合。

计算机不可能直接处理现实世界中的具体事物,所以必须先把具体事物转换成计算机能够处理的数据,用数据模型这个工具来抽象表示,并用它来处理现实世界中的数据和信息。无论处理什么数据,首先要对这些数据建立模型,然后在此基础上进行处理。

用数据模型进行抽象和描述的要求:一是能比较真实地模拟现实世界;二是容易理解;三是便于在计算机上实现;四是实现对现实世界的数据描述。

2. 数据的表示

计算机信息管理的对象是现实生活中的客观事物,但这些事物是无法直接送入计算机的,必须进一步整理和归类,进行信息的规范化,然后才能将规范信息数据化,并送入计算机的数据库中保存起来。这一过程经历了三个领域——现实世界、信息世界和计算机世界。

(1)现实世界。存在于人脑之外的客观世界,包括事物及事物之间的联系。

(2)信息世界。是现实世界在人们头脑中的反映。

(3)计算机世界。将信息世界中的实体进行数据化,事物及事物之间的联系在这里用数据模型描述。

因此,客观事物是信息之源,是设计数据库的出发点,也是使用数据库的最终归宿。

现实世界客观对象的抽象过程如图 1.13 所示。

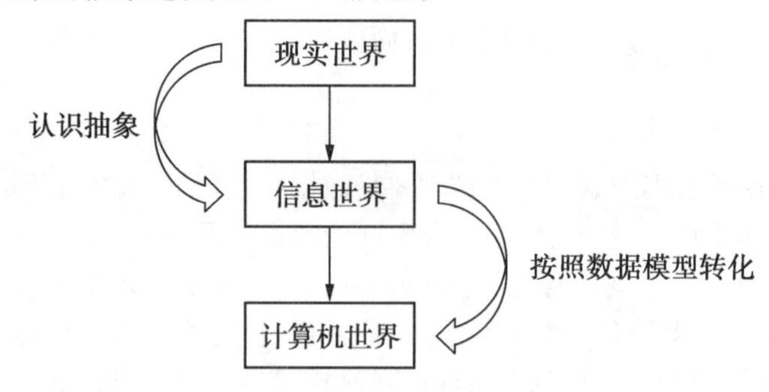

图 1.13　现实世界客观对象的抽象过程

例如,现实世界中的学生“张红”代表了一种客观存在的事物,可以根据她的身份进行描述,并抽象她的体貌等特征,如姓名、年龄、性别等,通过这些信息可以准确地描述“张红”,然后通过数字、字符、图像、图形、声音等相应的数据形式把抽象出来的信息转化成计算机所能识别的数据模型。

信息世界涉及的概念如下。

(1)实体。客观世界存在并可相互区别的事物称为实体(Entity),实体可以是具体的人、物、事件(如一场精彩的篮球比赛),也可以是抽象概念联系(如学生和系的隶属关系)等。

(2)属性。实体所具有的某一特性称为属性(Attribute)。一个实体可以由若干个属性来描述,例如,在“教务管理系统”描述的教师实体可以由工号、姓名、性别、所在系、参加工作时间等属性组成。

(3)码。唯一标识实体的属性称为码(Key)。例如,工号是教师实体的码(工号是唯一的,没有重复值)。

(4)域。属性的取值范围称为该属性的域(Domain)。例如,姓名的域为 10 位字符,性别的域为(男,女)。

(5)实体集。具有相同属性实体构成实体集(Entity Set)。例如,学生实体集和教师实体集。

(6)实体型。具有相同属性的实体必然具有共同的特征和性质,用实体名及其属性名集合来抽象和刻画同类实体,称为实体型(Entity Type)。例如,教师(工号、姓名、性别、年龄、联系电话)就是一个实体型。

(7)实体间联系。在现实世界中,事物内部以及事物之间是有联系的,这些联系在信息世界中反映为实体(型)内部的联系和实体(型)之间的联系(Relationship),两个实体型之间的联系可以分为以下三类。

①一对一联系(1:1)。如果对于实体集 A 中的每一个实体,实体集 B 中至多有一个(也可以没有)实体与之联系,反之亦然,则称实体集 A 与 B 具有一对一联系,记为 1:1。例如,一个学院只有一个院长,而一个院长也只在一个学院任职,则学院与院长之间具有一对一联系。

②一对多联系(1:n)。如果对于实体集 A 中的每一个实体,实体集 B 中有 n 个实体($n \geqslant 0$)与之联系,反之,对于实体集 B 中的每一个实体,实体集 A 中至多只有一个实体与

之联系,则称实体集 A 与 B 有一对多联系,记为 $1:n$。例如,一个学校有多名教师,而每个教师只能在一个学校里教学,则学校与教师之间具有一对多联系。

③多对多联系($m:n$)。如果对于实体集 A 中的每一个实体,实体集 B 中有 n 个实体($n \geq 0$)与之联系,反之,对于实体 B 中的每一个实体,实体集 A 中有 m 个实体($m \geq 0$)与之联系,则称实体集 A 与 B 有多对多联系,记为 $m:n$。例如,在校一名学生可以参加多种体育组织,而一个体育组织也可以有多名学生,则体育组织与学生之间具有多对多联系。

3. 模型的分类

根据在不同世界中所起的作用的不同,可以将模型分为概念数据模型、逻辑数据模型和物理数据模型三类,它们主要的任务是按用户的观点对数据和信息建模,主要用于数据库设计。

(1)概念数据模型。它是面向数据库用户的实现世界的数据模型,主要用来描述世界的概念化结构。它是数据库的设计人员在设计的初始阶段对信息世界的建模,不需要按原 DBMS 模型进行分析,与具体的 DBMS 无关,概念数据模型必须换成逻辑数据模型才可以在 DBMS 中实现。

(2)逻辑数据模型。这是用户从数据库所看到的数据模型,是具体的 DBMS 所支持的数据模型,如网状数据模型、层次数据模型等。

(3)物理数据模型。这是描述数据在存储介质上的组织结构的数据模型,它不仅与实体的 DBMS 有关,而且还与操作系统和硬件有关,每一种逻辑数据模型在实现时都有其对应的物理数据模型。DBMS 为保证其独立性与可移植性,大部分物理数据模型的实现工作由系统自动完成,而设计者只设计索引、聚集等特殊结构。

1.4.2 数据模型组成要素

数据是描述事物的符号记录,模型(Model)是现实世界的抽象,数据模型(Data Model)是数据特征的抽象,数据模型所描述的内容包括三个部分:数据结构、数据操作和数据完整性约束。

1. 数据结构

数据模型中的数据结构主要描述数据的类型、内容、性质以及数据间的联系等对象的集合,这些对象是数据库的组成成分。数据结构指对象和对象间联系的表达和实现,是对系统静态特征的描述,它们包括两类:一类是与数据类型、内容性质有关的对象;另一类是与数据之间联系有关的对象。数据结构是数据模型的基础,数据操作和约束都建立在数据结构上,不同的数据结构具有不同的操作和约束。

2. 数据操作

数据模型中的数据操作指对数据库中各种对象的实例允许执行的操作的集合,包括操作及有关的操作规则、操作主要指检索和更新(插入、删除、修改)两类操作。数据模型必须定义这些操作的确切含义、操作符号、操作规则(如优先级)以及实现操作的语言。数据操作是对系统动态特性的描述。

3. 数据完整性约束

数据模型中的数据完整性约束是一组完整性规则的集合,主要描述数据结构内数据间的语法、词义联系,它们之间的制约和依存规则以及数据动态变化的规则保证了数据的正确、有效和相容。

1.5 小　　结

本章主要介绍了数据、数据库、数据库系统、数据库管理系统等数据库基本概念；数据库管理技术主要经历的人工管理、文件系统、数据库系统三个阶段；数据库技术向模型化、工程化方向发展的趋势；数据模型的概念与分类、数据模型的组成三要素以及数据模型常见的几种类型。

1.6 习　　题

一、选择题

1. 在数据库的三级模式结构中，内模式有（　　）。

A. 1 个　　B. 2 个　　C. 3 个　　D. 4 个

2. 数据库、数据库系统和数据库管理系统之间的关系是（　　）。

A. DBS 包括 DB 和 DBMS　　B. DBMS 包括 DB 和 DBS

C. DB 包括 DBS 和 DBMS　　D. DBS 就是 DB，也就是 DBMS

3. 下面列出的数据库管理技术发展的三个阶段中，在（　　）阶段数据的独立性最好。

A. 人工管理阶段　　B. 文件系统阶段

C. 数据库阶段　　D. 人工管理阶段和文件系统阶段

4. 以下不属于数据库系统特点的是（　　）。

A. 数据共享　　B. 数据完整性　　C. 数据冗余性　　D. 数据独立性高

5. 数据库系统的数据独立性体现在（　　）。

A. 数据共享　　B. 数据的独立性　　C. 没有共享　　D. 数据的冗余低

二、填空题

1. 数据库管理系统是数据库系统的一个重要组成部分，它的功能包括__________、__________、__________、__________。

2. 数据库管理技术经历了三个阶段，分别是__________、__________和__________。

3. 数据模型是现实世界特征的__________和__________，它表现为一些相关数据的集合。

4. 数据库具有数据结构化、最小的__________和较高的__________等特点。

5. 数据库系统的体系结构从用户的角度可分为__________、__________、__________、__________、__________、__________和 Web 结构等。

三、简答题

1. 数据和信息的联系是什么？

2. 什么是外模式、模式、内模式？

3. 什么是数据的独立性？数据库系统中为什么能具有数据的独立性？

4. 分别简述数据库系统各个阶段的特点。

四、名词解释

DBMS、关系模式、基本表。

第 2 章　关系数据库

关系数据库是建立在关系数据库模型基础上的数据库。最早提出“关系模型”的是美国 IBM 公司的埃德加·弗兰克·科德（Edgar Frank Codd），他发表在美国计算机学会会刊题为《大型共享数据库的关系模型》的论文首次提出了数据库的关系模型。由于关系模型简单明了，具有坚实的数学理论基础，因此一经推出就得到学术界和产业界的高度重视和广泛响应，并很快成为数据库市场的主流。数据库领域当前的研究工作大都以关系模型为基础。本章主要介绍关系数据库与关系模型、关系的形式定义、关系完整性、关系运算，通过学习了解如何在关系模型基础上建立数据库，如何借助集合代数等数学概念和方法处理数据库中的数据。

本章导读

- 关系数据库与关系模型
- 关系的形式定义
- 关系完整性
- 关系运算

2.1　关系数据库与关系模型

关系数据库是建立在关系数据库模型基础上的数据库，借助集合代数等概念和方法处理数据库中的数据。关系数据库在关系数据库管理系统（RDBMS）的帮助下得以发展，今天所使用的绝大部分数据库系统都是关系数据库，包括 Oracle、SQL Server、MySQL、Sybase、DB2 等。关系数据库使用 SQL 进行查询，结果集通过访问一个或多个表的查询生成。

关系模型有严格的数学基础，抽象级别比较高，而且简单清晰，便于理解和使用。关系数据模型提供了关系操作的特点和功能要求，但不对 DBMS 的语言给出具体的语法进行要求。对关系数据库的操作是高度非过程化的，用户不需要指出特殊的存取路径，路径的选择由 DBMS 的优化机制完成。

关系数据模型是以集合论中的关系概念为基础发展起来的。关系模型中无论是实体还是实体间联系均由单一的结构类型——关系来表示。在实际的关系数据库中的关系称为“表”，一个关系数据库就是由若干个表组成的。

2.1.1　基本概念

关系模型是用二维表的形式表示实体和实体间联系的数据模型，由关系数据结构、数据操作集合、关系完整性约束三部分组成。

1. 关系数据结构

关系模型的数据结构比较单一。在关系模型中,现实世界的实体与实体间联系均用关系来表示。一般用二维表的形式表示实体和实体间联系。从用户的角度来看,关系模型中数据的逻辑结构就是一张二维表(表 2.1、表 2.2)。

表 2.1　教师登记表

工号	姓名	性别	年龄
2020070101	李丽	男	25
2020070102	王志强	女	33
2020070103	唐大伟	男	40
2020070104	谢智一	男	38
2020070105	王平平	女	29

表 2.2　教师借书登记表

工号	书号	借书日期
2020070101	90002	2009-05-20
2020070101	30003	2020-07-23
2020070102	50013	2020-01-17
2020070104	80012	2020-10-10
2020070104	90016	2021-01-25

二维表一般具有下面几个性质。

(1)根据使用的 DBMS 不同,表中元组的个数也不同。

(2)表中不能存在完全相同的元组,即二维表中有相应的表级约束,元组应各不相同。

(3)表中元组的次序无要求,即二维表中元组的次序可以任意交换。

(4)表中分量必须取原子值,即二维表中每一个分量都是不可分割的数据项,如表 2.1中的“性别”列不能再分为两个或两个以上数据项了。

非规范开课情况表见表 2.3,“学期”出现了“表中有表”的现象,则为非规范化关系。将学期分为“第三学期”和“第四学期”,即可使其规范化(表 2.4)。

表 2.3　非规范开课情况表

课程号	课程名称	学期	
		第三学期	第四学期
1001	大数据技术应用	60	60
1002	JAVA 语言	40	40
1003	高等数学	90	80

表 2.4　规范开课情况表

课程号	课程名称	第三学期	第四学期
1001	大数据技术应用	60	60
1002	JAVA 语言	40	40
1003	高等数学	90	80

(5)表中属性的顺序无要求,即二维表中的属性与顺序无关,可任意交换,如“工号”所在列可以与任意列交换位置,不影响查询、删除、更新、插入等操作。

(6)表中分量值域的同一性,即二维表中的属性分量属于同一值域,如表中的“工号”都是“字符型”,宽度为10。

(7)表中不同的属性要给予不同的属性名,即表中的每一列为一个属性,但不同的属性可出自同个域。例如,表2.5中的“教材”与“参考书”是两个不同的属性,但它们取自同一个域,有

书 = {大数据技术应用,JAVA语言基础,高等数学,…}

表 2.5　课程表

课程号	课程名称	教材	参考书
1001	大数据技术应用	大数据技术	大数据技术导论
1002	JAVA 语言	JAVA 语言基础	JAVA 基础入门
1003	高等数学	高等数学	大学数学

(8)关系模型要求关系必须是规范化的,即要求关系必须满足一定的规范条件。

2. 数据操作集合

关系操作采用集合的操作方式。关系模型中常用的操作包括选择(Select)、投影(Project)、连接(Join)、除(Divide)、并(Union)、交(Intersection)、差(Difference)等查询操作。

3. 关系完整性约束

关系模型中允许定义三类完整性约束:实体完整性约束、参照完整性约束、用户定义的完整性约束。实体完整性规定表的每一行在表中是唯一的实体。参照完整性是指两个表的主关键字和外关键字的数据应一致,保证了表之间数据的一致性,防止了数据丢失或无意义的数据在数据库中扩散。这两个约束是由关系系统自动支持的。用户定义的完整性则是为满足不同的关系数据库系统根据其应用环境的不同,往往还需要一些特殊的约束条件的要求。用户定义的完整性是针对某个特定关系数据库的约束条件,它反映某一

具体应用必须满足的语义要求。

2.1.2　各类模型的优缺点

根据存储结构的不同,层次模型、网状模型、关系模型在不同程度上各有其优缺点。

1. 层次模型的优缺点

(1)优点。数据模型比较简单,结构清晰,表示各节点之间的联系简单,容易表示现实世界的层次结构的事物及其之间的联系,能提供良好的完整性支持。

(2)缺点。不适合非层次性的联系,如不能够表示两个以上实体之间的复杂联系和实体之间的多对多联系。

2. 网状模型的优缺点

(1)优点。网状模型比层次模型应用更广泛,它改善了层次模型中的许多限制,网状模型能够表示复杂节点之间的联系,可以直接地描述现实世界,存取效率较高。

(2)缺点。网状模型比较复杂,数据定义、插入、更新、删除操作也变得复杂,数据的独立性差。

3. 关系模型的优缺点

(1)优点。关系数据模型是建立在严格的数学概念的基础上的,实体以及实体之间的联系都用关系表示;使用表的概念,简单直观;可直接表示实体之间的多对多联系;关系模型的存取路径对用户透明,从而具有更高的数据独立性和更好的安全保密性,也简化了程序员和数据库开发设计的工作。

(2)缺点。关系模型的连接等操作开销较大,查询的效率往往不如非关系数据模型,需要较高性能计算机的支持。

2.2　关系的形式定义

2.2.1　关系及相关概念

1. 域

域(Domain)是一组具有相同数据类型的值的集合,又称值域(用 D 表示)。

如自然数、整数、实数、长度小于 10 字节的字符串集合、{6,8}、处于某个取值范围(如在 10 200 范围内)的整数、处于某个取值范围的日期等,都可以称为域。

域中所包含的值的个数称为域的基数。

关系中用域表示属性的取值范围。例如,表 2.1 中的教师登记表,有

$$D_1=\{2020070101,2020070102,2020070103,2020070104,2020070105\}$$

$$D_2=\{\text{李丽},\text{王志强},\text{唐大伟},\text{谢智一},\text{王平平}\}$$

$$D_3=\{\text{男},\text{女}\}$$

$$D_4=\{25,33,40,38,29\}$$

其中,D_1、D_2、D_3、D_4 为域名,分别表示教师关系中工号、姓名、性别、年龄的集合。

2. 元组

关系表中的一行称为一个元组(Tuple)。元组可表示一个实体或实体之间的联系,是属性的有序多重集。

3. 码

在二维表中,用来唯一标识一个元组的某个属性或属性组合称为该表的键或码(Key), 也称关键字,如表2.1中的属性“学号”。码必须唯一,如果一个二维表中存在多个关键字或码,则它们称为该表的候选关键字或候选码。在候选关键字中指定一个关键字作为用户使用的关键字称为主关键字或主码。二维表中某个属性或属性组合不是该表的关键字或只是关键字的一部分,但却是另外一个表的关键字时,称该属性或属性组合为这个表的外码或外键。下面具体介绍码的相关概念。

码是数据系统中的基本概念,是能唯一标识实体的属性。它是整个实体集的性质,而不是单个实体的性质。它包括超码、候选码、主码和外码。

(1)超码(Super Key)。超码是一个或多个属性的集合,这些属性可以实现在一个实体集中唯一地标识一个实体。一个关系可能有多个超码。如果K是一个超码,那么K的任意超集也是超码,也就是说如果K是超码,那么所有包含K的集合也是超码。

(2)候选码(Candidate Key)。候选码是从超码中选出的,自然地,候选码也是一个或多个属性的集合。一个关系可能有多个候选码。候选码是最小超码,它们的任意真子集都不能成为超码。例如,如果K是超码,那么所有包含K的集合都不能是候选码;如果K,J都不是超码,那么K和J组成的集合(K,J)有可能是候选码。

(3)主码(Primary Key)。主码是从多个候选码中任意选出的一个,如果候选码只有一个,那么该候选码就是主码。虽然主码的选择是比较随意的,但在实际开发中还是要靠一定的经验,否则开发出来的系统会出现很多问题。一般来说,主码都应该选择那些从不或者极少变化的属性。

(4)外码(Foreign Key)。在关系K中的属性或属性组若在另一个关系J中作为主码使用,则称该属性或属性组为K的外码。K的外码和J中的主码必须定义在相同的域上,允许使用不同的属性名。

4. 属性

关系中不同列可以对应相同的域,为了加以区分,必须给每列起一个名字,称为属性(Attribute)。

5. 分量

分量(Component)是元组中的一个属性的值,例如:2009070101,刘红。

6. 笛卡儿积

设有一组域$D_1,D_2,\cdots,D_n$,这些域可以部分或者全部相同,也可以完全不同。$D_1,D_2,\cdots,D_n$的笛卡儿积(Cartesian Products)为

$$D_1 \times D_2 \times \cdots \times D_n = \{(d_1,d_1,\cdots,d_n) \mid d_i \in D_i, i=1,2,\cdots,n\}$$

(1)元组。每一个元素$(d_1,d_2,\cdots,d_n)$称为一个元组(n - Tuple)或简称元组(Tuple)。

(2)分量。元组中每一个值称为一个分量。

(3)基数(Cardinal Number)。若$D_i(i=1,2,\cdots,n)$为有限集,其基数为$m_i(i=1,2,\cdots,n)$, 则$D_1 \times D_2 \times D_3 \times \cdots \times D_n$的基数为

$$M = \prod_{i=1}^{n} m_i$$

设$D_1=\{A,B,C\}$,$D_2=\{5,6\}$,则$D_1 \times D_2=\{(A,5),(A,6),(B,5),(B,6),(C,5),(C,6)\}$的基数为$3 \times 2=6$。笛卡儿积如图2.1所示。

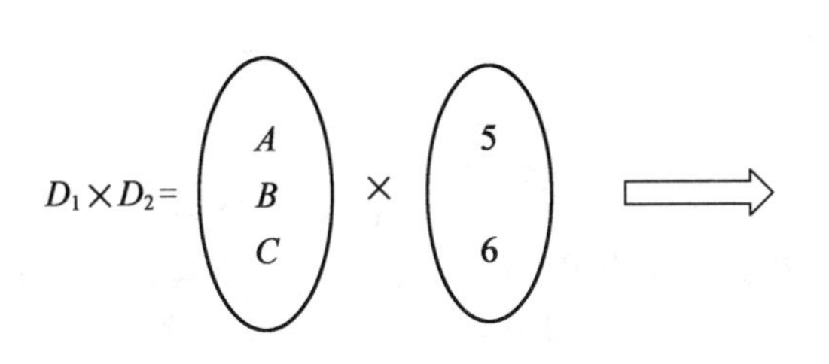

D_1	D_2
A	5
A	6
B	5
B	6
C	5
C	6

图 2.1　笛卡儿积

笛卡儿积可表示为一张二维表,表中的每行对应一个元组,表中的每列对应一个域,但是若干个域的笛卡儿积可能存在大量的数据冗余,因此一般只取其中的某些子集,笛卡儿积的子集就称为关系。

例 2.1　给出三个域,即

$$D_1 = \text{家电集合} = (\text{冰箱,电视})$$
$$D_2 = \text{产地集合} = (\text{北京,深圳})$$
$$D_3 = \text{价格集合} = (2000,800,10000)$$

则 $D_1 \times D_2 \times D_3$ 的笛卡儿积为

$D_1 \times D_2 \times D_3 = \{$(冰箱,北京,2 000),(冰箱,北京,8 000),(冰箱,北京,10 000),(冰箱,深圳,2 000),(冰箱,深圳 8 000),(冰箱,深圳,10 000),(电视,北京,2 000),(电视,北京,8 000),(电视,北京,10 000),(电视,深圳,2 000),(电视,深圳,8 000),(电视,深圳,10 000)$\}$

其中,(冰箱,北京,2 000)、(冰箱,北京,8 000)等都是元组;冰箱、北京、2 000 等都是分量。

该笛卡儿积的基数有 12 个元组,这 12 个元组可列成一张二维表,D_1、D_2、D_3 笛卡儿积见表 2.6。

表 2.6　D_1、D_2、D_3 笛卡儿积

产品名称	产地	单价(元/台)	产品名称	产地	单价(元/台)
冰箱	北京	2 000	电视	北京	2 000
冰箱	北京	8 000	电视	北京	8 000
冰箱	北京	10 000	电视	北京	10 000
冰箱	深圳	2 000	电视	深圳	2 000
冰箱	深圳	8 000	电视	深圳	8 000
冰箱	深圳	10 000	电视	深圳	10 000

7. 关系

$D_1 \times D_2 \times \cdots \times D_n$ 的一个子集 R 称为在域 $D_1 \times D_2 \times \cdots \times D_n$ 上的一个关系(Relation),通常将其表示为 $R(D_1 \times D_2 \times \cdots \times D_n)$。其中,$R$ 表示该关系的名称;n 称为关系 R 的元数或度数(Degree);而关系 R 中所含有的元组数称为 R 的基数(Cardinal Number)。由上述定义可知,域 $D_1 \times D_2 \times \cdots \times D_n$ 上的关系 R 就是由域 $D_1 \times D_2 \times \cdots \times D_n$

确定的某些元组的集合。

2.2.2 关系模式

由于关系实质上是一张二维表,表的每一行称为一个元组,每一列称为一个属性,因此一个元组就是该关系所涉及的属性集的笛卡儿积的一个元素。关系是元组的集合,因此关系模式(Relation Schema)要指出元组集合的结构。关系实际上就是关系模式在某时刻的数据操作状态或内容。通常情况下把关系模式比作型,而关系是它的值。因此,把关系模式和关系统称为关系。一个关系模式应当是一个五元组,关系模式可以形式化地表示为 $R(U,D,\mathrm{dom},F)$。其中,R 是关系名;U 是组成该关系的属性名集合; D 是属性组 U 中属性所来自的域; dom 是属性值域的映像集合; F 是属性间的数据依赖关系集合。

例 2.2 将表 2.1 的教师登记表通过 $R(U,D,\mathrm{dom},F)$ 五元组的关系模式解释。

R(关系名):教师登记表。

U(属性集合): 工号,姓名,性别,年龄。

D(域):字符型(工号,姓名,性别)、数值型(年龄)。

dom(属性到域的映射):工号(字符型,宽度为 10),姓名(字符型,宽度为 8),性别(字符型,宽度为 2),年龄(整型)。

F(属性间的数据依赖关系集合): 工号是唯一的,能够分别决定姓名、性别、年龄。

2.3 关系完整性

由于关系在操作的过程中会发生变动,这种变动会受到很多因素的限定和制约,因此应该使所有可能的关系满足一定的完整性约束条件,而实体完整性和参照完整性是关系模型中必须满足的完整性约束条件。除这两种约束外,还有一种特殊的约束条件是人们日常生活中传承下来的约束条件,称为用户定义的完整性。如现在表达人的年龄都是用整型数字,而不是古代用的"而立、花甲"等。

下面分别介绍这三类完整性约束,即实体完整性 、参照完整性和用户定义的完整性。

2.3.1 实体完整性

在关系数据库中,一个关系对应现实世界的一个实体集,关系中的每一个元组对应一个实体。在关系中用主关键字来唯一标识一个实体,表明现实世界中的实体是可以相互区分、识别的,也即它们应具有某种唯一性来标识实体具有独立性,关系中的这种约束条件称为实体完整性(Entity Integrity)。关系中主键的特点是不能取"空"值,并且是唯一的,如表 2.1 中的"工号"就是主键。假如这个工号允许为空或不唯一,则表中的记录将出现大量冗余或错误。例如,系里有两个女教师都叫"王红",年龄相同,如果工号允许为空,那么会出现两个一样的"王红",无法区别。

2.3.2 参照完整性

参照完整性(Referential Integrity)是定义建立关系之间联系的主关键字与外部关键字引用的约束条件。关系数据库中通常都包含多个存在相互联系的关系,关系与关系之间的联系是通过公共属性来实现的。所谓公共属性 K,理论上规定:若 K 是关系 S 中的一属性组,且 K 是另一关系 R 的主关键字,则称 K 为关系 S 对应关系 R 的外关键字;若 K 是关系 S 的外关键字,则 S 中每一个元组在 K 上的值必须是空值或对应关系 R 中某个元组的主关键字值。例如,有两个关系“系部”和“教师”,系部表见表 2.7,教师表见表 2.8。

表 2.7　系部表

系号	系名	联系电话	院长
101	食品加工系	666081	张一明
102	经济管理系	666082	李大海
103	大数据科学系	666083	钱方

表 2.8　教师表

编号	教师名	系号
00106	田方	101
00107	赵海	102
00108	李明	103
00109	方一寒	101

2.3.3　用户自定义的完整性

实体完整性和参照完整性适用于任何关系型数据库系统,主要是针对关系的主关键和外部关键字取值必须有效而做出的约束。用户自定义的完整性(User-defined Integrity)则是根据应用环境的要求和实际的需要,对某一具体应用所涉及的数据提出约束性条件。这个约束机制一般不应由应用程序提供,而应由关系模型提供定义并检验。用户自定义的完整性主要包括字段有效性约束和记录有效性。表 2.7 中,“系号”是字符型的,宽度为 2;表 2.1 中,“性别”只能是“男”或“女”。

2.4　关系运算

关系数据操作可以分为数据查询和数据更新两大类型,而关系运算是根据数据操作的需要提出来的。在关系操作中,以集合代数为基础运算的数据操作语言(DML)称为关系代数语言,关系和其上的关系代数运算组成一个代数,称为关系代数。关系代数是以关系为运算对象的一组高级运算的组合,是一种抽象的查询语言。

关系代数语言必须在查询表达式中标明操作的先后顺序,因此表示同一结果的关系代数表达式可以有多种不同的形式。下面按照数据操作的两种类型分别研究相应的关系代数运算。关系代数的运算按运算符的不同可分为传统的关系运算和专门的关系运算两类。

2.4.1　传统的关系运算

传统的关系运算符包括并(∪)、差(-)、交(∩)和笛卡儿积(×)四种运算。设关系

R 和关系 S 具有相同的 n 目属性，且相应的属性取自同一个域，则可以定义并、差、交运算。

1. 并

设关系 R 和关系 S 具有相同的目 n（即两个关系都有 n 个属性），且相应的属性取自同一个域，则关系 R 与关系 S 的并由属于 R 或属于 S 的元组组成，其结果关系仍为 n 目关系。$R \cup S$ 的运算如图 2.2 所示，记作 $R \cup S = \{t \mid t \in R \cup t \in S\}$。

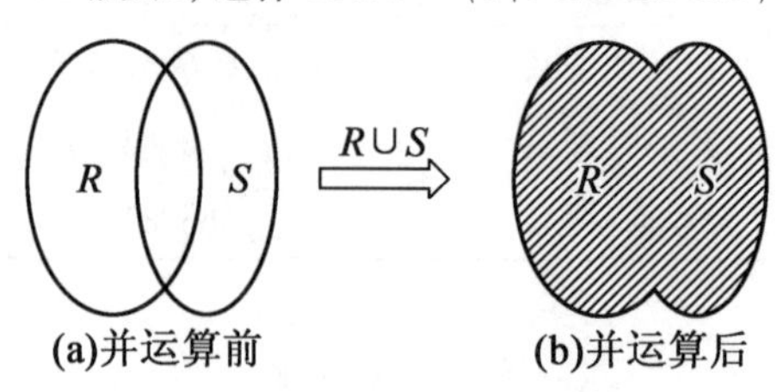

图 2.2　$R \cup S$ 的运算

2. 差

设关系 R 和关系 S 具有相同的目 n，且相应的属性取自同一个域，则关系 R 与关系 S 的差由属于 R 而不属于 S 的所有元组组成，其结果关系仍为 n 目关系，$R-S$ 的运算如图 2.3 所示，记作 $Q = R - S = \{t \mid t \in R, t \notin S\}$。

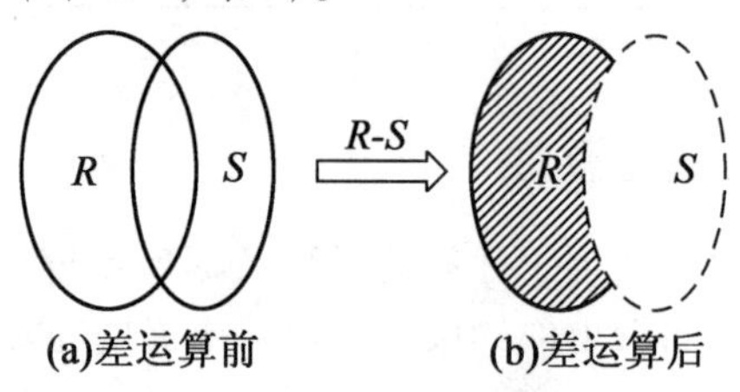

图 2.3　$R-S$ 的运算

3. 交

设关系 R 和关系 S 具有相同的目 n，且相应的属性取自同一个域，则关系 R 与关系 S 的交由既属于 R 又属于 S 的元组组成，其结果关系仍为 n 目关系，$R \cap S$ 的运算如图 2.4 所示，记作 $R \cap S = \{t \mid t \in R \cap t \in S\}$。

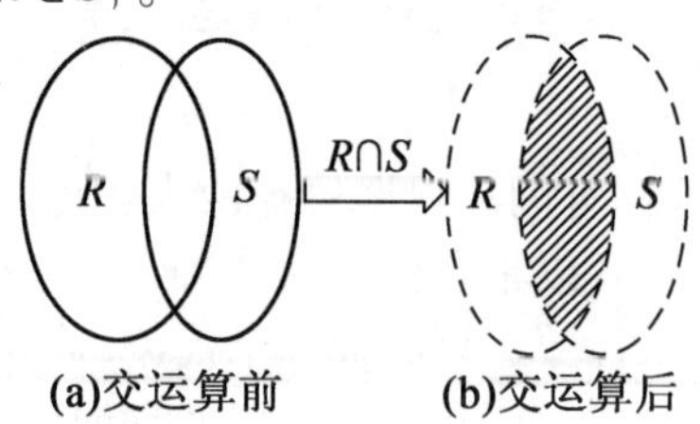

图 2.4　$R \cap S$ 的运算

关系 R 和 S 分别具有三个属性，如图 2.5(a)(b)所示，关系 R 和 S 进行传统的关系运算的结果分别如图 2.5(c)～(f)所示。

A	B	C
A_1	B_2	9
A_2	B_2	10
A_3	B_1	5
A_2	B_1	12

(a)关系 R 的属性

A	B	C
A_1	B_2	9
A_2	B_1	12
A_3	B_3	6
A_3	B_1	5

(b)关系 S 的属性

A	B	C
A_1	B_2	9
A_2	B_2	10
A_3	B_1	5
A_2	B_1	12
A_3	B_3	6

(c)$R \cup S$

A	B	C
A_1	B_2	9
A_2	B_1	12
A_3	B_1	5

(d)$R \cap S$

A	B	C
A_2	B_2	10

(e)$R - S$

A	B	C	A	B	C
A_1	B_2	9	A_1	B_2	9
A_1	B_2	9	A_2	B_1	12
A_1	B_2	9	A_3	B_3	6
A_1	B_2	9	A_3	B_1	5
A_2	B_1	10	A_1	B_2	9
A_2	B_1	10	A_2	B_1	12
A_2	B_1	10	A_3	B_3	6
A_2	B_1	10	A_3	B_1	5
A_3	B_3	5	A_1	B_2	9
A_3	B_3	5	A_2	B_1	12
A_3	B_3	5	A_3	B_3	6
A_3	B_3	5	A_3	B_1	5
A_2	B_1	12	A_1	B_2	9
A_2	B_1	12	A_2	B_1	12
A_2	B_1	12	A_3	B_3	6
A_2	B_1	12	A_3	B_1	5

(f)$R \times S$

图 2.5　传统的关系运算

2.4.2　专门的关系运算

专门的关系运算包括选择、投影、连接、除等。

1. 选择

选择又称为限制(Restriction),它是在关系 R 中选择满足给定条件的元组,组成一个新的关系,记作 $\sigma F(R)=\{t \mid t \in R \wedge F(t)=$‘真’$\}$。

选择操作是根据某些条件对关系的水平切割,也就是从行的角度进行运算,选取符合条件的元组。选择运算示意图如图 2.6 所示。

F 表示选择条件,是一个逻辑表达式,取值为逻辑“真”或“假”。逻辑表达式是由属性名(属性名也可以用它的列序号来代替)、常数(用引号括起来)、逻辑运算符(¬ 、∧或∨)、关系运算符(>、≥、<、≤、= 或≠)以及常用的函数(数学、字符、日期、转换等)组成。通常情况下,逻辑表达式由逻辑运算符的比较关系式组成。

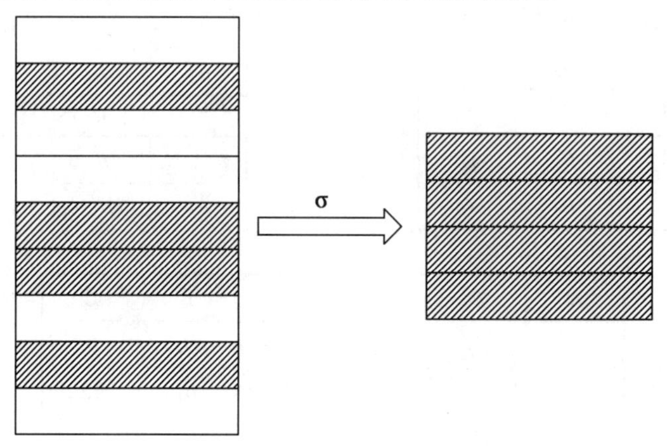

图 2.6　选择运算示意图

例 2.3　对表 2.1 进行相关的选择运算,查询女教师的元组。

σ 性别 =‘女’(教师登记表)。

选择运算结果见表 2.9。

表 2.9　选择运算结果

工号	姓名	性别	年龄
2020070102	王志强	女	33
2020070105	王平平	女	29

2. 投影

投影是指将对象转换为一种新形式的操作,该形式通常只包含那些随后将使用的属性列。通过投影,可在原来的关系上生成新的关系。也就是说,投影运算是从给定关系的所有列中按某种顺序选取指定的列的集合,它是对数据库进行“纵向分割关系”的手段,投影运算示意图如图 2.7 所示,记作 $\pi A(R)=\{t[A] \mid t \in R\}$。其中,$A$ 是属性名(即列名)表;R 是表名。

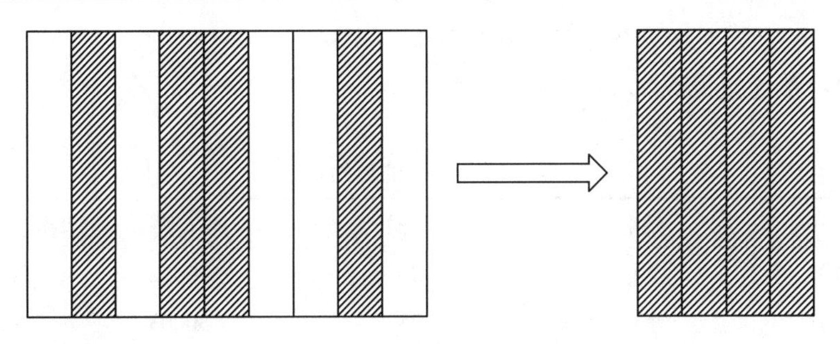

图 2.7　投影运算示意图

例 2.4　对表 2.1 进行相关的投影运算，查询教师的姓名和年龄。

π 姓名，年龄（教师登记表）。

投影运算结果见表 2.10.

表 2.10　投影运算结果

姓名	年龄
李丽	25
王志强	33
唐大伟	40
谢智一	38
王平平	29

3. 连接

虽然笛卡儿积可以实现两个或两个以上的关系的乘积，但是新的关系数据冗余度大，系统费时太多。因此要能够得到简单而优化的新关系，对笛卡儿积进行限制，这就引入了连接运算。连接运算是综合运用了投影运算和选择运算来解决复杂的数据库运算。

（1）θ 连接运算。θ 连接运算是从两个关系的笛卡儿积中选取属性值满足某 θ 条件的元组。

格式是 $R \underset{A\theta B}{\bowtie} S$，这里 A 和 B 分别是关系 R 和关系 S 的第 A 个属性列名或序号、第 B 个属性列名或序号，计算方法是从笛卡儿积 $R \times S$ 中选取（R 关系）在 A 属性列上的值与（S 关系）在 B 属性列上的值，生成一个满足比较条件 θ 组成的新关系，记作：$R \bowtie S = {}_{\sigma A\theta B}(R \times S)$。

其中，$\bowtie$ 为连接运算符；生成的新关系属性列小于 R 和 S 属性列的和，元组的个数小于等于 R 和 S 元组的和；如果“θ”为等号“ = ”，连接运算称为等值连接。在等值连接中还有一种特殊的连接称为自然连接，它要求两个关系中进行比较的分量必须是相同的属性组（如 A 和 B 属性列），生成的新关系去掉了重复属性；一般的连接操作是从行的角度进行运算的。

例 2.5　求表 2.1 和表 2.2 的自然连接。

两表的自然连接见表 2.11。

表 2.11　两表的自然连接

工号	姓名	年龄	图书代号	借书日期
2020070101	李丽	25	90002	2009－5－20
2020070101	李丽	25	30003	2020－7－23
2020070102	王志强	33	50013	2020－1－17
2020070104	谢智一	38	80012	2020－10－10
2020070104	谢智一	38	90016	2021－1－25

(2)F 连接运算。F 连接运算是从关系 R 和 S 的笛卡儿积中选取属性值满足公式 F 的元组,设 F 为形如 $F_1 \wedge F_2 \wedge \cdots \wedge F_n$ 的公式,其中每个 $F_k(1 \leqslant k \leqslant n)$ 都是形如 $A\theta B$ 的算术比较式。这里 A 和 B 分别是关系 R 和关系 S 的第 A 个属性列名或序号、第 B 个属性列名或序号。

记作:$R \underset{F}{\bowtie} S = {}_{\sigma F}(R \times S)$

例 2.6　关系 R 和关系 S 的 F 连接,这里 F 为 $R.B > S.D$。

关系 R 和关系 S 的 F 连接结果如图 2.8 所示。

A	B	C
A_1	8	13
A_2	10	6
A_3	5	9

(a)关系 R

D	E
7	E_1
6	E_2
17	E_3

(b)关系 S

A	B	C	D	E
A_1	8	13	7	1
A_1	8	13	6	2
A_2	10	6	7	1
A_2	10	6	6	2

(c)F 连接结果

图 2.8　关系 R 和关系 S 的 F 连接结果

4. 除

除运算是指对于给定关系 $R(X,Y)$ 和 $S(X,Z)$,其中 X、Y、Z 为单个属性或属性集,R 与 S 的除运算得到一个新的关系,它是 R 中满足下列条件的元组在 X 属性列上的投影,元组在 X 上分量值 x 的像集 Y_X 包含 S 在 Y 上投影的集合,记作 $R \div S = \{t_r[X] \mid t_r \in R \wedge \pi_r(S) \in Y_X\}$。

关系 R 和关系 S 中的 Y 可以有不同的属性名,但是必须出自相同域集。

5. 关系运算实例

例 2.7　设有一个学生管理库,包括学生信息关系。

学生信息关系见表 2.12。

表 2.12　学生信息关系

学号 Stuaid	姓名 Stuname	性别 Sex	年龄 Age	民族 Mz	省份 Stusheng	专业 Zy
10001001	刘晓娜	女	22	汉族	山东省	大数据
10001002	王花花	男	21	汉族	吉林省	大数据
10001003	张爱佳	女	22	满族	辽宁省	网络安全
10001004	赵海威	男	20	汉族	山东省	人工智能
10001005	李影	女	22	满族	吉林省	机械

(1)查询山东省有哪些学生。

$\sigma_{Stusheng}$ = ‘山东’(Student)。

结果为

Stuaid	Stuname	Sex	Age	Mz	Stusheng	Zy
10001001	刘晓娜	女	20	汉族	山东省	大数据
10001004	赵海威	男	20	汉族	山东省	人工智能

(2)查询学生的学号和姓名。

$\pi_{Stuaid,Stuname}$(Student)。

结果为

Stuaid	Stuname
10001001	刘晓娜
10001002	王花花
10001003	张爱佳
10001004	赵海威
10001005	李影

2.5　小　　结

本章主要介绍了关系数据模型是以集合论中的关系概念为基础发展起来的。关系模型中无论是实体还是实体间的联系均由单一的结构类型——关系表示。在实际的关系数据库中的关系也称“表”。

以关系模型为基础,介绍了关系数据库理论以及关系模型数据结构,即关系、元组、属性、主码、域、分量等；关系完整性，即实体完整性约束（实体完整性、参照完整性和用户定义的完整性）。还介绍了关系数据库中传统的关系运算，包括并、交、差和笛卡儿积运算；专门的关系运算，包括选择、投影、连接、除运算。

2.6 习 题

一、选择题

1. 下面的选项不是关系数据库基本特征的是（ ）。

A. 不同的列应有不同的数据类型　　B. 不同的列应有不同的列名

C. 与行的次序无关　　D. 与列的次序无关

2. 关系中的主关键字不允许取空值是指（ ）约束规则。

A. 实体完整性　　B. 引用完整性

C. 用户定义的完整性　　D. 数据完整性

3. 概念模型是现实世界的第一层抽象，这一类模型中常用的模型是（ ）。

A 层次模型　　B. 关系模型　　C. 网状模型　　D. 实体－联系模型

4. 一个关系只有一个（ ）。

A. 主码　　B. 外码　　C. 超码　　D. 候选码

5. 关系模型中，一个码（ ）。

A. 可以由多个任意属性组成

B. 由一个或多个属性组成，其值能够唯一标识关系中一个元组

C. 至多由一个属性组成

D. 以上都不是

6. 关系数据库管理系统应能实现的专门关系运算包括（ ）。

A. 排序、索引、统计　　B. 选择、投影、连接

C. 关联、更新、排序　　D. 显示、打印、制表

7. 四种基本关系代数运算是（ ）。

A. 并（∪）、差（－）、选择（σ）和笛卡儿积（×）

B. 投影（π）、差（－）、交（∩）和笛卡儿积（×）

C. 投影（π）、选择（σ）、除（÷）、差（－）

D. 并（∪）、差（－）、交（∩）和笛卡儿积（×）

8. 从一个数据库文件中取出满足某个条件的所有记录形成一个新的数据库文件的操作是（ ）操作。

A. 复制　　B. 连接　　C. 选择　　D. 投影

9. 一般情况下，当对关系 R 和 S 进行自然连接时，要求 R 和 S 含有一个或者多个共有的（ ）。

A. 记录　　B. 行　　C. 属性　　D. 元组

10. 关系代数中的连接操作由（ ）操作组合而成。

A. 选择和投影　　B. 选择和笛卡儿积

C. 投影、选择、笛卡儿积　　D. 投影和笛卡儿积

二、填空题

1. 设有学生关系:S(SNO,SNAME,SSEX,SAGE,SL)。在这个关系中,SNO 表示学号;SNAME 表示姓名;SSEX 表示性别;SAGE 表示年龄;SL 表示寝室。则查询学生姓名和所在寝室的投影操作的关系运算式是＿＿＿＿＿＿。

2. 关系代数中,从两个关系中找出相同元组的运算称为＿＿＿＿＿＿运算。

3. 关系代数运算中,基本的运算是＿＿＿＿＿、＿＿＿＿＿、＿＿＿＿＿、＿＿＿＿＿。

4. 关系代数运算中,专门的关系运算有＿＿＿＿＿＿、＿＿＿＿＿＿、＿＿＿＿＿＿。

5. 在关系模型中,包括＿＿＿＿＿＿、＿＿＿＿＿＿、＿＿＿＿＿＿、＿＿＿＿＿＿、＿＿＿＿＿＿分量等。

6. 1970 年,IBM 的研究员＿＿＿＿＿＿博士发表《大型共享数据库的关系模型》一文提出了关系模型的概念。

三、简答题

1. 举例说明关系参照完整性的含义?

2. 试述等值连接、自然连接二者之间的区别和联系?

3. 为什么关系中不允许有重复的元组?

4. 举例说明主码、外码的作用。

5. 已知关系 X 和 Y 见表 2.13 和表 2.14,分别计算:①$X \cup Y$;②$X \cap Y$;③$X - Y$;④$X \times Y$。

表 2.13　关系 X

A	B	C
a_1	b_1	6
a_1	b_2	8
a_2	b_3	9
a_3	b_3	6

表 2.14　关系 Y

A	B	C
a_1	1	7
a_1	b_2	8
a_3	b_4	6

第3章　关系数据库的标准语言SQL

SQL是关系数据库中普遍使用的数据库操作语言，是一种介于关系代数和关系演算之间的操作语言。SQL(Structured Query Language)即结构化查询语言，它结构简单、功能强大、简单易学，不仅具有丰富的查询功能，还具有数据定义和数据控制功能。它集数据查询(Data Query)、数据操纵(Data Manipulation)、数据定义(Data Definition)和数据控制(Ddata Control)功能于一体，充分体现了关系数据语言的特点和优点。本章主要介绍SQL概述、表的定义、数据查询、数据操作语句和视图。

本章导读

- SQL概述
- 表的定义
- 数据查询
- 数据操作语句
- 视图

3.1　SQL概述

SQL语言自从由IBM公司1988年推出以来，得到了广泛的应用。如今无论是Oracle、Sybase、Informix、SQL Server这些大中型的数据库管理系统，还是小型的Visual FoxPro、PowerBuilder数据库管理系统，都支持SQL语言作为查询语言。它功能丰富、语言简洁、容易学习、容易使用，目前已经成为关系数据库的标准语言。

SQL是高级的非过程化编程语言，允许用户在高层数据结构上工作。它不要求用户指定数据的存放方法，也不需要用户了解具体的数据存放方式，所以具有完全不同底层结构的不同数据库系统，可以使用相同的SQL语言作为数据输入与管理的接口。它以记录集合作为操作对象，所有SQL语句接受集合作为输入，返回集合作为输出，这种集合特性允许一条SQL语句的输出作为另一条SQL语句的输入，所以SQL语句可以嵌套，这使它具有极大的灵活性和强大的功能。在大多数情况下，在其他语言中需要一大段程序实现的功能只需要一个SQL语句就可以达到目的，这也意味着用为数不多的SQL语句可以实现非常复杂的功能。

3.1.1　SQL 发展史

1. SQL 的发展进程

SQL 最早是 1974 年由 Boyce 和 Chamberlin 提出,并作为 IBM 公司研制的关系数据库管理系统原型 System R 的一部分付诸实施的。由于它具有功能丰富、使用方法灵活、语言简洁易学等突出优点,因此在计算机工业界和计算机用户中备受欢迎。1986 年 10 月,美国国家标准局(ANSI)的数据库委员会批准了 SQL 作为关系数据库语言的美国标准。1987 年 6 月,国际标准化组织(ISO)将其采纳为国际标准,这个标准也称为 SQL 86。随着 SQL 标准化工作的不断进行,相继出现了 SQL 89、SQL 2(1992)和 SQL 3(1993)。SQL 成为国际标准后,对数据库以外的领域也产生了很大影响,不少软件产品的开发将 SQL 语言的数据查询功能与图形功能、软件工程工具、软件开发工具、人工智能程序结合起来。

现在各大数据库厂商提供不同版本的 SQL。这些版本的 SQL 不仅都包含原始的 ANSI 标准,而且还在很大程度上支持新推出的 SQL－92 标准。另外,它们均在 SQL 2 的基础上做了修改和扩展,包含部分 SQL－99 标准,这使不同数据库系统之间的相互操作有了可能。

2. SQL 的特点

SQL 语言之所以能够为用户和业界所接受,成为国际标准,是因为它是一个综合的、通用的、功能极强的、简洁易用的语言。其主要特点包括以下几点。

(1)综合统一。非关系模型的数据语言分为模式定义语言和数据操纵语言,其缺点是当要修改模式时,必须停止现有数据库的运行,转储数据,修改模式并编译后再重装数据;而 SQL 是集数据定义、数据操纵和数据控制功能于一体的语言,其风格统一,可独立完成包括定义关系模式、录入数据以建立数据库、查询、更新、维护、数据库重构、数据库安全性控制等一系列操作的数据库生命周期的所有活动,为数据库应用系统开发提供了良好的环境。

(2)高度非过程化。非关系数据模型的数据操纵语言是面向过程的语言,操作必须指明存取路径;而用 SQL 语言进行数据操作,只要提出“做什么”,无须指明“怎么做”,因此无须了解存取路径,减轻了用户负担,同时有利于提高数据的独立性。

(3)面向集合的操作方式。非关系数据模型采用的是面向记录的操作方式,操作对象是一条记录;而 SQL 语言采用面向集合的操作方式,其操作对象、查找结果可以是元组的集合,而且一次插入、删除、更新操作的对象也可以是元组的集合。

(4)以同一种语法结构提供两种使用方法。SQL 语言既是自含式语言,能独立地用于联机交互的使用方式,用户可以在终端键盘上直接输入 SQL 命令对数据库进行操作;又是嵌入式语言,能嵌入到高级语言(例如 JAVA 程序)中进行编程,供程序员设计程序时使用。而在两种不同的使用方式下,SQL 语言的语法结构基本上是一致的。这种以统一的语法结构提供两种不同使用方式的做法为用户提供了极大的灵活性和方便性。

(5)语言简洁,易学易用。SQL 语言功能极强,完成核心功能只用了 9 个动词:Create、Drop、Alter、Select、Insert、Update、Delete、Grant、Revoke。而且 SQL 语言语法简单,接近英语口语,因此易学易用。

3.1.2 SQL 语句组成

数据库的体系结构分为三级,SQL 也支持这三级模式结构,即视图(外模式)、基本表(模式)、存储文件(内模式)。SQL 的数据定义功能包括定义表、定义视图、定义索引。

按功能划分,SQL 语言可划分为以下四个部分。

1. 数据定义语言

数据定义语言(Data Definition Language,DDL)用于定义数据库的逻辑结构,是对关系模式一级的定义,包括基本表、视图及索引的定义,如 CREATE、DROP、ALTER 等语句。

(1)CREATE SCHEMA。向数据库添加一个新模式。

(2)DROP SCHEMA。从数据库中删除一个模式。

(3)ALTER TABLE。修改数据库表结构。

(4)CREATE VIEW。创建一个视图。

(5)CREATE INDEX。为数据库表创建一个索引。

(6)CREATE PROCEDURE。创建一个存储过程。

2. 数据操纵语言

数据操纵语言(Data Manipulation Language,DML)用于对关系模式中具体数据的增、删、改等操作,如 DROP、DELETE、UPDATE 语句。

(1)DROP。删除数据库基本表。

(2)DELETE。从数据库表中删除数据行。

(3)UPDATE。更新数据库表中的数据。

3. 数据查询语言

数据直询语言(Data Query Language,DQL)用于查询数据,如 SELECT 语句。

SELECT。从数据库表中检索数据行和列。

4. 数据控制语言

数据控制语言(Data Control Language,DCL)用于数据访问权限的控制,如 GRANT、DENY、REVOKE、COMMIT、ROLLBACK、SET、TRAVSACTION 等语句。

(1)GRANT。授予用户访问权限。

(2)DENY。拒绝用户访问。

(3)REVOKE。解除用户访问权限。

(4)COMMIT。结束当前事务。

(5)ROLLBACK。中止当前事务。

(6)SET TRANSACTION。定义当前事务数据访问特征。

SQL 语言集这些功能于一体,语言风格统一,可以独立完成数据库生命周期中的全部活动,为数据库应用系统开发提供了良好的环境。

3.2　表 的 定 义

SQL 数据定义功能包括定义模式、基本表、视图和索引等。

3.2.1　创建表

1. 定义基本表

```
CREATE TABLE <表名>
(<列名1> <数据类型> [<列级完整性约束条件>],
[<列名2> <数据类型> [<列级完整性约束条件>]],
...
[<列名N> <数据类型> [<列级完整性约束条件>]],
[<表级完整性约束条件>]);
```

2. 说明

(1)表名。表名为所要定义的基本表的名字。

(2)列名。列名为组成该表的各个属性(列)。可以多列,每列用逗号分隔。

(3)列级、表级完整性约束条件。列级完整性约束条件是涉及相应属性列的完整性约束条件;表级完整性约束条件是涉及一个或多个属性列的完整性约束条件。

①PRIMARY KEY。指定该字段为关键字段。非数据库表不能使用该参数。

②UNIQUE。指定该字段为一个候选关键字段。注意,被指定关键或候选关键的字段都不允许出现重复值,这就是对字段值的唯一性约束。

③NOT NULL。指该列不能为空值。NULL 则是指该列允许为空值。

SQL 语句只要求语句的语法正确就可以了,对关键字的大小写、语句的书写格式没有要求。但是语句中不能出现中文状态下的标点符号。

例 3.1　利用 SQL 命令建立"高校教务管理信息系统"中的三个表,即学生基本信息表(表名 XS)、课程信息表(表名 Course)、成绩表(表名 SC),分别见表 3.1、表 3.2 和表 3.3。

表 3.1　**学生基本信息表(表名 XS)**

列名	数据类型	长度	主键	外键
学号	char	6	Yes	
姓名	varchar	8		
专业名	char	10		
性别	tinyint	1		
出生日期	date	系统默认		
省份	char	10		
总学分	tinyint	1		

表 3.2 课程信息表(表名 Course)

列名	数据类型	长度	主键	外键
课程号	char	3	Yes	Yes
课程名	char	16		Yes
开课学期	tinyint	1		
学时	tinyint	1		
学分	tinyint	1		

表 3.3 成绩表(表名 SC)

列名	数据类型	长度	主键	外键
学号	char	6	Yes	
课程号	char	3	Yes	
成绩	tinyint	1		
学分	tinyint	1		

操作步骤如下。

(1)用 CREATE 命令建立“学生数据库”。

```
CREATE DATABASE "学生数据库"
```

用 CREATE 命令建立学生基本信息表（表名 XS)。在定义基本表时,对于某些列有时需要定义一些列完整性约束。

```
CREATE table XS
(
    学号      char(6)       not null   primary key,
    姓名      char(8)       not null,
    专业名    char(10)       null,
    性别      tinyint(1)     not null   default 1,
    出生日期  date      not null,
    省份      char(10)         null,
    总学分     tinyint(1)     null
);
```

执行后,数据库中就建立了一个名为 XS 的表,不过此时还没有记录。此表的定义及各约束条件都自动存进了数据字典中。同理,可以建立其他表。

(2)用 CREATE 命令建立课程信息表 Course。

```
CREATE table Course
(
    课程号  char(3)        not null   primary key,
    课程名  char(16)      not null,
    开课学期 tinyint(1)    null,
    学时 tinyint(1)     null,
    学分 tinyint(1)     null
);
```

(4)用 CREATE 命令建立成绩表(表名 SC)。

```
CREATE table SC
(
学号     char(6)     not null,
课程号   char(3)     not null,
成绩   tinyint(1)    null,
学分    tinyint(1)    null,
primary key(学号,课程号)
);
```

3.2.2 表的修改与删除

1. 修改基本表

```
ALTER TABLE <表名> [ADD <新列名> <数据类型> [完整性约束]]
[DROP <完整性约束名>][DROP column <列名>][ALTER <列名> <数据类型>]
```

2. 说明

(1)表名为要修改的基本表。

(2)ADD 子句为增加新列和新的完整性约束条件。

(3)DROP 子句为删除指定的完整性约束条件。

(4)ALTER 子句用于修改列名和数据类型。

例 3.2　向 XS 表增加“Phone”(联系电话)列,其数据类型为字符型。

```
ALTER TABLE XS ADD Phone char(20);
```

例 3.3　将 XS 表中的性别由整型改为字符型。

```
ALTER TABLE XS ALTER column 性别 char(2);
```

例 3.4　在 KC 表中,增加“任课教师”一列,并将表中的“学时”列删除。

```
ALTER table KC
ADD 任课教师 char(10),
DROP column 学时;
```

3. 删除基本表

```
DROP TABLE <表名>;
```

DROP TABLE 命令直接从磁盘上删除所指定的表文件。如果指定的表文件是数据库中的表并且相应的数据库是当前数据库,则从数据库中删除了表;否则,虽然从磁盘上删除了表文件,但是记录在数据库文件中的信息却没有删除,此后会出现错误提示。因此,要删除数据库中的表时,最好应使数据库是当前打开的数据库,在数据库中进行操作。

基本表定义一旦删除,表中的数据、表上建立的索引和视图都将自动删除。

例 3.5　删除课程信息表。

```
DROP TABLE KC;
```

3.2.3 索引的定义与删除

建立索引是加快查询速度的有效手段。建立与删除索引由 DBA 或表的属主负责完成,但有些 DBMS 会自动建立 PRIMARY KEY 或 UNIQUE 列上的索引。

1. 建立索引

```
CREATE [UNIQUE] [CLUSTER] INDEX <索引名>
ON <表名>(<列名>[<次序>][,<列名>|<次序>]]...);
```

2. 说明

(1)用<表名>指定要建立索引的基本表。

(2)索引可以建立在该表的一列或多列上,各列名之间用逗号分隔。用<次序>指定索引值的排列次序,升序为 ASC,降序为 DESC,默认为 ASC。

(3)UNIQUE 表明此索引的每一个索引值只对应唯一的数据记录,插入新记录时 DBMS 会自动检查新记录在该列上是否取了重复值,这相当于增加了一个 UNIQUE 约束。

(4)聚簇索引。CLUSTER 表示要建立的索引是聚簇索引。建立聚簇索引后,基本表中数据也需要按指定的聚族属性值的升序或降序存放,即聚簇索引的索引项顺序与表中记录的物理顺序一致。

在一个基本表上最多只能建立一个聚簇索引,聚簇索引对于某些类型的查询可以提高查询效率,聚簇索引在很少对基本表进行增、删操作或很少对其中的变长列进行修改操作的场合下非常适用。

例 3.6　在 XS 表的学号列上建立一个聚簇索引,将 XS 表中的记录按照学号的值升序存放。

```
CREATE CLUSTER INDEX SD ON XS(学号);
```

例 3.7　为 XS、Course、SC 三个表建立索引。其中,XS 表按“学号”升序建立唯一索引;Course 表按“课程号”升序建立唯一索引;SC 表按“学号”升序和“课程号”降序建立唯一索引。

```
(1)CREATE UNIQUE INDEX tu ON XS(学号);
(2)CREATE UNTQUE INDEX gd ON Course(课程号);
(3)CREATE UNIQUE INDEX nk ON SC(学号 ASC, 课程号 DESC);
```

3. 删除索引

```
DROP INDEX <索引名>;
```

删除索引时,系统会从数据字典中删去有关该索引的描述。

例 3.8　删除 Course 表的课程号索引。

```
DROP INDEX gd;
```

3.3　数据查询

3.3.1　SELECT 语句格式

1. SELECT 查询语句格式

```
SELECT [ALL|DISTINCT] <目标列表达式>[,<目标列表达式>]
FROM <表名或视图名>[,<表名或视图名>] ...
[WHERE <条件表达式>]
[GROUP BY <列名1> [HAVING <条件表达式>]]
[ORDER BY <列名2> [ASC|DESC]];
```

2. 说明

SELECT 语句各个部分的含义如下。

(1)SELECT 说明执行查询操作,子句指定要显示的属性列。

(2) ALL | DISTINCT 用来限制返回的记录数量,默认值为 ALL(返回所有记录),DISTINCT 说明要去掉重复的记录。

(3)"目标列表达式"是指查询结果表中包含的列名,可以使用" * "代表特定表中指定的全部字段。

(4)FROM 子句说明要查询的数据来源(基本表或视图)。

(5)WHERE 子句说明查询的条件。

(6)GROUP BY 用于对查询结果按指定的列进行分组。该属性列值相等的元组为一个组,通常在每组中可以使用聚集函数,也可以利用它进行分组、汇总。

(7)HAVING 必须跟随 GROUP BY 使用,用来限定分组必须满足的条件。

(8)ORDER BY 对查询结果按指定列值的升序或降序排序。

3.3.2 单表查询

单表查询是指仅涉及一个数据表的查询,如对表的选择和投影操作。也就是说,单表查询只包括选择列表、FROM 子句和 WHERE 子句,它们分别说明所查询列、查询的表或视图以及搜索条件等。单表查询是一种最基本、最简单的查询操作。

1. 选择表中的若干个列

选择列表指出所查询的列,它可以由一组列名、星号、表达式、变量(包括局部变和全局变量)等构成。

(1)选择部分列并指定它们的显示次序。查询结果集合中数据的排列顺序与选择列表中所指定的列名排列顺序相同。

例 3.9 查询 Course 表的课程名和学分。

```
SELECT 课程名,学分
FROM Course;
```

(2)选择所有列。

例 3.10 查询 Course 表的详细记录。

```
SELECT 课程号,课程名,开课学期,学时,学分
FROM Course;
```

或等价表示为

```
SELECT * FROM Course;
```

(3)更改列标题。在选择列表中,可重新指定列标题。

```
列名  AS  列标题
```

例 3.11 查询学生的姓名、出生日期信息。

```
SELECT 学号 AS  number, 姓名 AS name  FROM  XS;
```

例 3.12 查询 SC 表的学号,课程号,成绩。

```
SELECT 学号 AS id, 课程号 AS  kid ,成绩 AS  grade  FROM  SC;
```

(4)删除重复行。SELECT 语句中使用 ALL 或 DISTINCT 选项来显示表中符合条件的所有行或删除其中重复的数据行,默认为 ALL。使用 DISTINCT 选项时,对于所有重复

的数据行在 SELECT 返回的结果集合中只保留一行。

例 3.13 查询成绩表学生的学号、课程号、成绩信息。

假设成绩表见表 3.4。

```
SELECT 学号,课程号,成绩 FROM SC;
```

省略了 all, 默认值为 all,执行后的结果见表 3.4。

表 3.4 **成绩表(表名** SC)

课程号	学号	成绩
101	10001001	98
103	10001002	85
103	10001003	75
105	10001004	60
101	10001003	85
101	10001001	54
105	10001002	80

```
SELECT DISTINCT 学号,课程号,成绩 FROM SC;
```

执行后结果显示见表 3.5。

表 3.5 **执行后结果显示**

课程号	学号	成绩
101	10001001	98
103	10001002	85
105	10001004	60

(5)限制返回的行数。可使用 TOP *n* [PERCENT]选项限制返回的数据行数。TOP *n* 说明返回 *n* 行;而使用 TOP *n* PERCENT 时,说明 *n* 是表示一个百分数,指定返回的行数等于总行数的百分之几。

例 3.14 查询学生基本信息表前 2 个学生的信息。

```
SEILECT TOP 2 * FROM  XS;
```

例 3.15 查询学生基本信息表前 30% 学生的信息。

```
SELECT TOP 30 PERCENT * FROM  XS;
```

2. FROM 子句

FROM 子句指定 SELECT 语句查询及与查询相关的表或视图,在 FROM 子句中最多可指定 256 个表或视图,它们之间用逗号(,)分隔。

在 FROM 子句同时指定多个表或视图时,如果选择列表中存在同名列,这时应使用对象名限定这些列所属的表或视图。

例 3.16 查找所有学生选过的课程名和课程号。

```
SELECT distinct Course.课程名, SC.课程号
FROM Course, SC
```

```
WHERE Course.课程号 = SC.课程号;
```

在FROM子句中可用以下格式为表或视图指定别名。

```
表名  as  别名
```

例3.17　从XS表中检索出所有学生的信息,并使用表别名student。

```
SELECT * from XS as student;
```

例3.18　查找所有学生选过的课程名和课程号,用表别名表示。

```
SELECT distinct  a.课程名, b.课程号
FROM Course as  a , SC  as b
WHERE  a.课程号 = b.课程号;
```

3.使用WHERE子句设置查询条件

用WHERE子句设置查询条件,可过滤掉不需要的数据行,由查询WHERE <条件表达式>子句实现。条件表达式是操作数据与运算符的组合。常用的运算符见表3.6。

表3.6　常用的运算符

查询条件	运算符
比较运算	=、>、>=、<、<=、<>或!=
算术运算	+、-.*、/、%(取模)
确定范围	IN、NOT IN、BETWEEN AND、NOT BETWEEN AND
字符运算	LIKE、NOT LIKE
集合运算	UNION、UNION ALL、INTERSECT、MINUS
逻辑运算	AND(与)、OR(或)、NOT(非)
空值运算	IS NULL、IS NOT NULL

(1)比较运算符包括=、>、>=、<、<=、<>或!=。

①比较运算符特点。以“<(小于)”为例,比较两个表达式(比较运算符)。当比较非空表达式时,如果左边操作数的值小于右边的操作数,则结果为TRUE,否则结果为FALSE;如果两个操作数中有一个或者两个都为NULL,并且SET ANSI_NULLS被设置为ON,则结果为NULL;如果SET ANSI_NULLS被设置为OFF,则当一个操作数为NULL时,结果为FALSE,当两个操作数都为NULL时,结果为TRUE。

②特定运算符IS NULL。这个运算符是当查找表中字段值为空时,也就是为NULL时所用到的运算符,而不是用“=”。

```
SELECT * FROM 表名 WHERE  字段名 IS NULL;
```

下面这种格式是错误的写法。

```
SELECT * FROM  表名 WHERE 字段名 = NULL;
```

例3.19　查询总学分大于或等于50的计算机专业的学生记录。

```
SELECT 姓名  FROM XS
WHERE 总学分 >= 50 AND 专业名 = "计算机";
```

例3.20　查询开课学时大于20学时的课程名和开课学期。

```
SELECT 课程名,开课学期 FROM  Course
WHERE 学时 >20;
```

例 3.21 查询专业不确定(空)的学生名单。

```
SELECT 姓名  FROM  XS
WHERE 专业名 is NULL;
```

(2)算术运算符包括 +、-、*、/、%。

例 3.22 查询学生的年龄情况。

```
SELECT date( ) - 出生日期 as  年龄
FROM XS;
```

例 3.23 按 120 分制重新计算成绩,显示 SC 表中学号为 092209 的学生成绩信息。

```
SELECT  学号,课程号,成绩 * 1.20  as 成绩 120
FROM  SC where 学号 = "092209";
```

(3)确定范围的运算符包括 IN、NOT IN、BETWEEN AND、NOT BETWEEN AND。

①范围运算符(判断表达式值是否在指定的范围)。

```
BETWEEN...AND...
```

或为

```
NOT BETWEEN...AND...
```

例 3.24 查询成绩大于或等于 70 分并且小于或等于 80 分的所有学生姓名。

```
SELECT 姓名 FROM SC
WHERE 成绩 between 70 AND 80;
```

查询成绩小于或等于 70 分或者大于或等于 80 分的所有学生的名单。

```
SELECT 姓名 FROM SC
WHERE 成绩 NOT between 70 AND 80;
```

②列表运算符(判断表达式是否为列表中的指定项)。

```
IN (项 1,项 2...)
NOT IN (项 1,项 2...)
```

例 3.25 查询专业是大数据科学、人工智能、计算机学生的名单。

```
SELECT 姓名 FROM  XS
WHERE 专业名 in("大数据科学","人工智能","计算机");
```

或为

```
SELECT 姓名 FROM  XS
WHERE 专业名 = "大数据科学"or 专业名 = "人工智能"or 专业名 = "计算机";
```

例 3.26 查询除了人工智能专业以外的学生名单。

```
SELECT 姓名  FROM  XS
WHERE 专业名 not in("人工智能");
```

等价于

```
SELECT 姓名  FROM  XS
WHERE 专业名 < > "人工智能";
```

(4)字符运算包括 LIKE、NOT LIKE。

模式匹配符常用于模糊查找,它判断列值是否与指定的字符串格式相匹配。可用于 char、varchar、text、ntext、datetime 和 smalldatetime 等类型的查询。在 WHERE 子句的 <比较条件> 中使用谓词。

```
[NOT] LIKE "匹配串"[ESCAPE"换码字符"]
```

其中,匹配串指定了匹配模板。匹配模板就是固定字符串或含通配符的字符串,当匹配模板为固定字符串时，可以用“=”取代“LIKE”，用“！=”或“< >”取代“NOT LIKE”。通配符%（百分号）代表任意长度（可以为0）的字符串。可使用以下通配字符。

①百分号%。可匹配任意类型和长度的字符。如果是中文，请使用两个百分号，即%%。

```
WHERE title LIKE "%computer%"
```

将查找书名任意位置包含单词 computer 的所有书名。

②下划线_。匹配单个任意字符，它常用来限制表达式的字符长度。

```
WHERE au_fname LIKE "_ean"
```

将查找以 ean 结尾的所有 4 个字母的作者名字（Dean、Sean 等）。

③方括号[ ]。指定一个字符、字符串或范围，要求所匹配对象为它们中的任一个。

```
WHERE au_lname LIKE "[C - P]arsen"
```

将查找以 arsen 结尾且以介于 C 与 P 之间的任何单个字符开始的作者姓氏（如 Carsen、Larsen、Karsen 等）。

④[^]。不属于指定范围的任何单个字符，要求所匹配对象为指定字符以外的任一个字符。

```
WHERE au_lname LIKE "de[^l]%"
```

将查找以 de 开始且其后的字母不为 l 的所有作者的姓氏。

⑤||。实现连接两个字符串的作用。

⑥ESCAPE 短语。当用户查询的字符串本身就含有%或_时，要使用 ESCAPE 关键字和转义符。例如，一个样本数据库包含名为 comment 的列，该列含文本 30%。若要搜索在 comment 列中的任何位置包含字符串 30% 的任何行，请指定由 WHERE comment LIKE ‘%30!%%’ ESCAPE‘!’组成的 WHERE 子句，如果不指定 ESCAPE 和转义符，DBMS 将返回所有含字符串 30 的行。

例 3.27　查询课程名是以“数”开头的记录。

```
SELECT  课程名,开课学期,学时,学分
FROM   Course  WHERE   课程名  LIKE"数%";
```

例 3.28　查询学号倒数第二个数字为 0 的学生的学号、姓名及出生日期。

```
SELECT 学号,姓名,出生日期
FROM   XS
WHERE 学号 like " %0_";
```

说明：

①限制以 OK 结尾，使用 LIKE ‘%OK’；

②限制以 B 开头，使用 LIKE ‘[B]%’；

③限制以 B 开头外，使用 LIKE‘ [^B]%’；

④可将 LIKE 运算符和“%”“_”结合来实现模糊查询。

对于是否对大小写敏感，主要取决于执行的环境。通常情况下用“%”表示多个字符，“_”表示单个字符。

例 3.29　查询课程名含有“计算机专业_”的记录。

```
SELECT   课程名,开课学期,学时,学分
FROM    Course
WHERE   课程名  LIKE "%计算机专业\_%"ESCAPE"\";
```

(5)逻辑运算符包括 AND(与)、OR(或)、NOT(非)。

例 3.30　查询不是来自“吉林”学生的所有名单。

```
SELECT 姓名  FROM  XS
WHERE not 省份 = "吉林";
```

或为

```
SELECT 姓名  FROM  XS
WHERE 省份 < > "吉林";
```

(6)多重条件查询。在 WHERE 子句的 <比较条件> 中使用逻辑运算符 AND 和 OR 来联结多个查询条件,AND 的优先级高于 OR,可用括号改变优先级。

例 3.31　查询来自“青海”的女同学的姓名。

```
SELECT 姓名  FROM  XS
WHERE 性别 = "女" AND 省份 like "青海";
```

4. 对查询结果排序(ORDER BY)

使用 ORDER BY 子句可以按一个或多个属性列排序,升序为 ASC,降序为 DESC,默认为升序。当排序列为空值时,按 ASC 排序列为空值的元组最后显示,按 DESC 排序列为空值的元组最先显示。

例 3.32　将大数据科学专业的学生按出生日期排序。

```
SELECT 学号,姓名,专业名,出生日期
FROM  XS    WHERE  专业名 = "大数据科学"
ORDER  BY 出生日期;
```

例 3.33　查询学生基本信息情况,结果按专业名升序排列,出生日期按降序排列。

```
SELECT 姓名,专业名,出生日期
FROM  XS
ORDER  BY 专业名,出生日期 DESC;
```

5. 聚集函数

共有五类主要聚集函数:

①计数 COUNT([DISTINCT|ALL] *)或 COUNT([DISTINCT|ALL] <列名>);

②计算总和 SUM([DISTINCT|ALL] <列名>);

③计算平均值 AVG([DISTINCT|ALL] <列名>);

④求最大值 MAX([DISTINCT|ALL] <列名>);

⑤求最小值 MIN([DISTINCT|ALL] <列名>)。

其中,DISTINCT 短语在计算时将取消指定列中的重复值,ALL 短语不取消重复值。ALL 为默认值。

例 3.34　查询学生总人数。

```
SELECT COUNT( * )  FROM  XS;
```

例 3.35　查询已经选课的学生人数。

```
SELECT COUNT(DISTINCT 学号) FROM SC;
```

注:用 DISTINCT 是为了避免重复计算学生人数。

例 3.36　计算学生开课的平均学时。

```
SELECT AVG(学时) as 平均学时
FROM Course;
```

6. 查询结果分组 GROUP BY

GROUP BY 子句的作用对象是查询的中间结果表,分组方法是按指定一列或多列的值分组,值相等的为一组。使用 GROUP BY 子句后,SELECT 子句的列名列表中只能出现分组属性和聚集函数。使用 GROUP BY 子句分组细化聚集函数的作用对象。如果未对查询结果分组,聚集函数将作用于整个查询结果,得出一个函数值;如果对查询结果分组,聚集函数将分别作用于每个组,得出来的是每组的函数值。

例 3.37　求男女同学各自总人数。

```
SELECT 性别,COUNT(学号) FROM XS
GROUP BY 性别;
```

在分组查询中,HAVING 子句用于分完组后,对每一组进行条件判断。这种条件判断一般与 GROUP BY 子句有关。HAVING 是分组条件,只有满足条件的分组才被选出来。

HAVING 与 WHERE 子句的区别是:WHERE 子句作用于基本表或视图,从中选择满足条件的元组;HAVING 短语作用于组,从中选择满足条件的组。

例 3.38　查询选课三门以上学生信息。

```
SELECT 学号  FROM  SC
GROUP BY 学号  HAVING COUNT( * ) >3;
```

3.3.3　连接查询

通过连接运算符可以实现多个表查询或连接查询,主要包括等值查询、非等值查询、连接查询、自身连接查询、外连接查询和复合条件连接查询。连接查询实际上是关系数据库中最主要的查询,也是它区别于其他类型数据库管理系统的一个标志。

在 SELECT 语句的 FROM 子句或 WHERE 子句中建立连接,在 FROM 子句中指出连接有助于将连接操作与 WHERE 子句中的搜索条件区分开。

FROM 子句的连接语法格式为

```
FROM  表名 1 连接类型 表名 2 [ON 连接条件]
```

其中,“表名”指参与连接操作的表名。连接可以对同一个表操作,也可以对多表操作。对同一个表操作的连接又称自连接。

①“连接条件”由被连接表中的列和比较运算符、逻辑运算符等构成。

②“连接类型"可分为内连接、外连接和交叉连接三种。

根据比较方式的不同,内连接又分为等值连接、自然连接和不等连接三种。外连接分为左外连接(LEFT OUTER JOIN 或 LEFT JOIN)、右外连接(RIGHT OUTER JOIN 或 RIGHT JOIN)和全外连接(FULL OUTER JOIN 或 FULL JOIN)三种。

与内连接不同的是,外连接不只列出与连接条件相匹配的行,还列出左表(左外连接时)、右表(右外连接时)或两个表(全外连接时)中所有符合搜索条件的数据行。交叉连接(CROSS JOIN)没有 WHERE 子句,它返回连接表中所有数据行的笛卡儿积,其结果集合中的数据行数等于第一个表中符合查询条件的数据行数乘以第二个表中符合查询条件的数据行数积。

连接操作的执行过程如下。

①首先在“表名 1”中找到第一个元组,然后从头开始扫描表名 2,逐一查找满足连接条件的元组,找到后就将表名中的第一个元组与该元组拼接起来,形成结果表中的一个

元组。

②“表名 2”全部查找完后,再找表名 1 中的第二个元组,然后再从头开始扫描“表名 2”,逐一查找满足连接条件的元组,找到后就将表名 1 中的第二个元组与该元组拼接起来,形成结果表中的一个元组。

③重复上述操作,直到“表名 1”中的全部元组都处理完毕为止。

1. 内连接

内连接查询操作列出与连接条件匹配的数据行,它使用比较运算符比较被连接列的列值。内连接分为以下三种。

(1)等值连接。当连接运算符为“ = ”时,称为等值连接。它的特点是结果表中有重复列。

例 3.39 查询每个学生选课的情况。

```
SELECT XS.*,SC.*
FROM XS,SC
WHERE XS.学号 = SC.学号;
```

(2)不等连接。它在连接条件中使用除“等于”运算符以外的其他比较运算符比较被连接列的列值,这些运算符包括 >、<、> =、< =、! >、! <、! =或< >。

(3)自然连接。它在连接条件中使用“等于”运算符比较被连接列的列值,但它使用选择列表指出查询结果集合中所包括的列,并删除连接表中的重复列。

例 3.40 用自然连接完成例 3.39 。

```
SELECT  XS.学号,姓名,专业名,性别,出生日期,省份,总学分,课程号,成绩,学分
FROM XS,SC
WHERE XS.学号 = SC.学号;
```

2. 自身连接

前面介绍的连接方式都是在两个不同表之间进行的连接操作,而自身连接对同一个表连接操作使用的方法是对一个表取两个别名,逻辑上虚拟成两个表进行连接。

例 3.41 查找课程不同、成绩相同的学生的学号、课程号和成绩。

```
SELECT a.学号,a.课程号,b.课程号,a.成绩
FROM SC  as a  join SC  as b
ON a.成绩 = b.成绩 and a.学号 = b.学号 and a.课程号! = b.课程号;
```

3. 外连接

外连接返回到查询结果集合中的不仅包括符合连接条件的行,而且还包括左表(左外连接时)、右表(右外连接时)或两个连接表(完全连接)中的所有数据行。

(1)左外连接。查询结果中不仅包含符合连接条件的行记录,而且包含左表中所有数据的行记录信息,运算符是“ = * ”或“ = + ”。

(2)右外连接。查询结果中不仅包含符合连接条件的行记录,而且包含右表中所有数据的行记录信息,运算符是“ * = ”或“ + = ”。

(3)完全连接。查询结果中不仅包含符合连接条件的行记录,而且包含左右两表中所有数据行记录信息,运算符是“ * * = ”或“ + + = ”。

例 3.42 对例 3.39 用左外连接完成。

```
SELECT 学号,姓名,专业名,课程号,成绩
FROM XS left join SC;
```

```
ON  XS.学号 = SC.学号;
```

4. 复合条件连接

前面所介绍的连接查询都是一个连接条件,不能够完成一些用户的复杂要求。也就是说,用户的条件不止一个时,需要在 WHERE 子句中包含多个连接条件。这种多个连接条件称为复合条件连接。

例 3.43　查询成绩大于 90 分的学生姓名、专业名、课程号、成绩。

```
SELECT 姓名,专业名,课程号,成绩
FROM XS,SC;
WHERE XS.学号 = SC.学号 and SC.成绩>90;
```

5. 多表连接

例 3.44　查询成绩大于 90 分的学生姓名、专业名、课程号、课程名、成绩。

```
SELECT 姓名,专业名,课程号,课程名,成绩
FROM XS,Course,SC;
WHERE XS.学号 = SC.学号 and Course.课程号 = SC.课程号 SC.成绩>90;
```

3.3.4　嵌套查询

通常情况下把一个 SELECT - FROM - WHERE 语句称为一个查询块。将一个查询块嵌套在另一个查询块的 WHERE 子句或 HAVING 语句条件中的查询称为嵌套查询,它是指在一个外层查询中包含另一个内层查询。其中,外层查询称为主查询,内层查询称为子查询。在进行嵌套查询时,内层查询(子查询)不能使用 ORDER BY 子句,但是最外层能使用 ORDER BY 子句,因此 ORDER BY 只能用在最终查询结果的排序。SQL 允许多层嵌套,并由内而外地进行分析,子查询的结果作为主查询的查询条件。

```
SELECT <目标表达式1>[,...]
FROM<表或视图名1>
WHERE[表达式]
(SELECT <目标表达式2>[,...]
FROM<表或视图名2>
[GROUP BY<分组条件>
HAVING[<表达式>比较运算符](SELECT <目标表达式2>[,...]
FROM<表或视图名2>)]
);
```

带谓词的子查询包括带有 IN 谓词的子查询、带有比较运算符的子查询、带有 ANY 或 ALL 谓词的子查询、带有 EXISTS 谓词的子查询。

1. 简单子查询(单值比较)

它是指返回单值的子查询,只返回一行或一列查询的值,主查询与单值子查询之间用比较运算符进行连接。

比较运算符包括 > 、> =、< 、< =、=、< >。

例 3.45　找出与王明涛同学同龄的同学。

```
SELECT 姓名
FROM XS
WHERE 出生日期=
```

```
(SELECT 出生日期
FROM XS
WHERE 姓名 = "王明涛");
```

2. 带有[not] IN 谓词的子查询

例 3.46　查询来自青海的学生姓名。

```
SELECT 姓名
FROM XS WHERE 学号  in
(SELECT 学号 FROM XS  WHERE 省份 = "青海" );
```

查询不是来自青海的学生姓名。

```
SELECT 姓名
FROM XS WHERE 学号
not in(SELECT 学号 FROM XS  WHERE 省份 = "青海" );
```

3. 带有 ANY(SOME)或 ALL 谓词的子查询

ANY 表示任意一个值,ALL 表示所有值,需配合使用比较运算符。

(1)多值比较 ANY/SOME。父查询与多值子查询之间的比较通常需用 SOME 或 ANY 来连接。若标量值 S(父查询条件表达式)比子查询返回集 R(子查询所得结果集)中的某一个值都大,S > ANY/SOME 时 R 为 TRUE 或 S > ANY 时 R 为 TRUE。SOME 表示部分,可以是 > SOME、> = SOME、= SOME、< SOME、< = SOME、< > SOME。

①> ANY/SOME 表示大于子查询结果中的某个值;

②< ANY/SOME 表示小于子查询结果中的某个值;

③> = ANY/SOME 表示大于等于子查询结果中的某个值;

④< = ANY/SOME 表示小于等于子查询结果中的某个值;

⑤= ANY/SOME 表示等于子查询结果中的某个值;

⑥! = ANY 或 < > ANY 表示不等于子查询结果中的任一个值。

例 3.47　查找 SC 表中课程号 00206 的成绩不低于课程号 00101 的最低成绩的学生的学号。

```
SELECT 学号  FROM SC
WHERE 课程号 = "00206"  and 成绩 > = any
          ( SELECT 成绩  FROM SC
          WHERE  课程号 = "00101"  );
```

(2)多值比较 ALL。父查询与多值子查询之间的比较需用 ALL 来连接。标量值 S 比子查询返回集 R 中的每个都大时,S > ALL,R 为 TRUE。

①> ALL 表示大于子查询结果中的所有值;

②< ALL 表示小于子查询结果中的所有值;

③> = ALL 表示大于等于子查询结果中的所有值;

④< = ALL 表示小于等于子查询结果中的所有值;

⑤= ALL 表示等于子查询结果中的所有值;

⑥! = ALL 或 < > ALL 表示不等于子查询结果中的任何一个值。

例 3.48　查找比大数据科学专业学生年龄都大的学生信息。

```
SELECT *
FROM XS  WHERE  出生日期 < ALL
```

```
(SELECT 出生日期 from XS WHERE 专业名 = "大数据科学");
```

4. 带有[NOT]EXISTS 谓词的子查询

EXISTS 是存在量词。带有 EXISTS 谓词的子查询不返回任何实际数据，EXISTS 子查询用来判断该子查询是否返回元组。当子查询的结果集非空时，EXISTS 为 TRUE；当子查询的结果集为空时，EXISTS 为 FALSE。由于不关心子查询的具体内容，因此用 SELECT *。

例 3.49　查找选修 1002 这门课程的学生姓名。

```
SELECT 姓名 FROM XS  WHERE  EXISTS(SELECT * FROM SC
WHERE XS.学号 = SC.学号  AND SC.课程号 = "1002")
```

一些带有[NOT]EXISTS 谓词的子查询不能被其他形式的子查询等价替换，而所有带 IN 谓词、比较运算符、ANY 和 ALL 谓词的子查询都能用带有 EXISTS 谓词的子查询等价替换。

例 3.50　查找没有选修 1002 这门课程的学生姓名。

```
SELECT 姓名 FROM XS  WHERE  NOT EXISTS
(SELECT * FROM SC
WHERE XS.学号 = SC.学号  AND SC.课程号 = "1002")
```

3.3.5　集合操作

集合运算符(UNION、UNION ALL、INTERSECT、MINUS)将不同查询返回的不同数据集合结果合并，最终成为一个数据集合。

1. 并操作(UNION)

并操作就是集合中并集的概念。属于集合 A 或集合 B 的元素总和就是二者的并集，要求集合 A 或集合 B 列数必须相同，对应项的数据类型也必须相同。

(1) UNION 返回两个查询结果的并集，并去掉相同的部分。

(2) UNION ALL 返回两个查询结果的并集，但不去掉重复的部分。

(3) 格式：

```
SELECT  字段名 FROM 表1 UNION/UNION ALL SELECT 字段名 FROM 表2;
```

例 3.51　查询专业是人工智能的吉林省份学生。

```
SELECT * FROM  XS  WHERE 省份 = "吉林"
UNION
SELECT * FROM  XS  WHERE 专业名 = "人工智能";
```

或为

```
SELECT * FROM  XS
WHERE 省份 = "吉林" OR 专业名 = "人工智能"
```

2. 交操作(INTERSECT)

交操作就是集合中交集的概念。属于集合 A 且属于集合 B 的元素总和就是二者的交集。

(1) INTERSECT 只返回两个查询中都有的行。

(2) 格式：

```
SELECT 字段名 FROM 表1 INTERSECT SELECT 字段名 FROM 表2;
```

例 3.52　查询专业是人工智能的吉林省份学生。

```
SELECT * FROM  XS  WHERE 省份 = "吉林"
```

```
INTERSECT
SELECT * FROM  XS  WHERE 专业名 ="人工智能";
```

或为

```
SELECT * FROM  XS
WHERE 省份 ="吉林"AND 专业名 ="人工智能";
```

3. 差操作(MINUS)

差操作就是集合中差集的概念。属于集合 A 且不属于集合 B 的元素总和就是二者的差集。

(1)MINUS 从第一个查询中返回所有不在第二个查询中的行。

(2)格式:

```
SELECT 字段名 FROM 表 1 MINUS SELECT 字段名 FROM 表 2;
```

例 3.53　查询没有选课的学生。

```
SELECT 学号 FROM XS
MINUS
SELECT 学号 FROM SC ;
```

3.4　数据操作语句

SQL 中的数据操作语句包括插入语句(INSERT)、更新语句(UPDATE)和删除语句(DELETE)。

3.4.1　插入语句

插入语句(INSERT)有插入单个元组、插入子查询结果两种方式。

1. 插入单个元组

```
INSERT
INTO <表名> [(<属性列 1>[,<属性列 2>…])
VALUES (<常量值 1> [,<常量值 2>]...);
```

功能:将新记录行插入指定表中。其中,<属性表 x>与<常量值 x>是一一对应的,并且数据类型一致。若没有指定属性列,则表示要插入的是一条完整的元组,且属性列属性与表定义中的顺序一致;若指定部分属性列,其余没有指定属性的列会自动取空值。

例 3.54　将学生记录("081255","李牧","计算机",1,"1994－10－14",50,"山东省",50)插入到学生基本信息表 XS 中。

```
INSERT INTO
XS(学号,姓名,专业名,性别,出生日期,省份,总学分)
VALUES("081255","李牧","计算机",1,"1994-10-14","山东省",50);
```

或为

```
INSERT INTO XS
VALUES("081255","李牧","计算机",1,"1994-10-14","山东省",50);
```

例 3.55　向学生基本信息表插入部分信息("1020","张强","大数据科学")。

```
INSERT INTO XS  (学号,姓名,专业名)
```

```
VALUES ("1020","张强","大数据科学");
```

例 3.56　向 SC 表插入一条记录("09801","002",89,5)。

```
INSERT INTO SC VALUES("09801","002",89,5);
```

2. 插入子查询结果

子查询嵌套在 INSERT 语句中，可以用来生成批量数据，用于数据的插入操作。

```
INSERT INTO <表名> [(<属性列1> [,<属性列2>...])]子查询;
```

功能：将子查询结果批量数据插入指定表中。子查询结果中属性列数目与 INTO 子句的属性列数目相同，否则会出现错误。

例 3.57　对 XS 表进行性别人数统计，并把结果存入数据表。

```
CREATE TABLE STU(性别 tinyint,人数 int);
INSERT INTO STU(性别,人数)
SELECT 性别, COUNT(*) FROM XS GROUP BY 性别;
```

无论是插入单个元组，还是插入子查询结果，DBMS 在执行插入语句时都会自动检查所插入的元组是否破坏表上已定义的完整性规则(实体完整性、参照完整性、用户定义的完整性)：

①对于有 NOT NULL 约束的属性列是否提供了非空值；

②对于有 UNIQUE 约束的属性列是否提供了非重复值；

③对于有值域约束的属性列所提供的属性值是否在值域范围内。

3.4.2　更新语句

更新语句修改数据表中的某一个记录的值或修改多个记录的值，又称更新(UPDATE)操作。

```
UPDATE <表名> SET <列名> = <表达式>[,<列名> = <表达式>]...[WHERE <条件>];
```

功能：修改指定表中满足 WHERE 子句条件的记录。其中，SET 子句指定修改方法，用 <表达式> 取代相应列值；WHERE 子句指定要修改的记录的范围，默认表示修改表中所有记录。

1. 修改某一个元组的值

例 3.58　将 XS 表中张强学生的总学分增加 8 分。

```
UPDATE XS SET 总学分 = 总学分 + 8  WHERE  姓名 = "张强";
```

2. 修改多个元组的值

例 3.59　将 XS 表中所有学生的总学分增加 10 分。

```
UPDATE XS SET 总学分 = 总学分 + 10;
```

3. 带子查询的修改语句

例 3.60　将所有选修"计算机导论"这门课的学生成绩修改为 0 分。

```
UPDATE SC
SET 成绩 = 0
WHERE 课程号 = (SELECT 课程号 FROM Course WHERE 课程名 = "计算机导论" );
```

3.4.3　删除语句

删除语句用于删除(DELETE)数据表中指定的记录，有删除某一条记录的值、删除多条记录的值、带子查询的删除三种方式。

```
DELETE FROM <表名> [WHERE <条件>];
```

功能：删除指定表中满足 WHERE 子句条件的记录。

1. 删除某一条记录的值

例 3.61　删除“大数据处理”这门课的信息。

```
DELETE
FROM Course
WHERE 课程名 = "大数据处理";
```

2. 删除多条记录的值

例 3.62　删除所有学生的课程信息。

```
DELETE FROM Course;
```

3. 带子查询的删除

例 3.63　删除选修 002 这门课程的学生的记录。

```
DELETE  FROM XS
WHERE 学号 =(SELETE 学号 FROM SC WHERE 课程号 ="002");
```

3.5　视　　图

视图与基本表不同，其数据本身并不存在于数据库中，是一个虚表。数据库只存储视图的定义，从用户的角度来看，视图和基本表是一样的。实际上，视图是从若干个基本表或视图导出来的表，视图可以使用户以多种角度观察数据库中的数据，不会出现数据冗余。当基本表中的数据发生变化时，用户从视图中查询出的数据也随之变化。视图定义后，可以和基本表一样被用户查询、更新，但通过视图来更新基本表中的数据要有一定的限制。

3.5.1　生成视图

建立视图的语句格式如下。

```
CREATE VIEW <视图名>[(<列名>[,<列名>]...)]
AS
<子查询>
[WITH CHECK OPTION];
```

(1) <列名>为可选项，省略时，视图的列名由子查询的结果决定。

在以下几种情况下，输出列名不可省略：

①视图由多个表连接得到，在不同的表中存在同名列，则需指定列名；

②当某个目标列是聚集函数或列表达式，多表连接时筛选出了几个同名列作为视图的字段时，需指明列名；

③需要在视图中为某个列启用新的、更合适的名字。

(2)[WITH CHECK OPTION]表示对视图进行 UPDATE、INSERT、DELETE 操作时要保证更新、插入或删除的记录满足视图定义设置的条件。

(3)在 CREATE VIEW 语句中，不能包括 ORDER BY 子句或 DISTINCT 关键词。只有使用 TOP 关键字时，才能包括 ORDER BY 子句。

例 3.64 创建来自辽宁省学生的视图。

```
CREATE VIEW LN_Stusheng1
AS
SELECT 姓名,省份 FROM XS   WHERE 省份= "辽宁省";
```

例 3.65 创建来自辽宁省学生的信息档案,输出的列是学号、姓名、专业名。

```
CREATE VIEW LN_Stusheng2(学号,姓名,专业名)
AS
SELECT 学号,姓名,专业名  FROM XS    WHERE 省份="辽宁省";
```

例 3.66 创建视图,输出学生的平均学时。

```
CREATE VIEW Stuage(平均学时)
AS
SELECT   AVG(学时)
FROM   Course;
```

例 3.67 创建视图,查询专业是网络安全的吉林省份学生姓名。

```
CREATE VIEW   tu(姓名)
AS
SELECT 姓名 FROM   XS
WHERE 省份 ="吉林"AND 专业名 ="网络安全";
```

例 3.68 创建视图,查询来自青海的学生学号、姓名。

```
CREATE VIEW   EW_Stusheng(学号,姓名)
AS
SELECT 学号,姓名
FROM XS WHERE 学号   WHERE 省份="青海";
```

3.5.2 更新视图

更新视图包括 UPDATE(更新)、INSERT(插入)、DELETE(删除)三类操作,但是更新操作是受数据库完整性规则约束机制限制的,下面几种情况下不允许进行更新操作:

(1)视图定义时,视图的数据源来自两个基本表或视图;

(2)视图定义时,视图的字段是通过计算得到值,如表达式、常量、聚集函数等;

(3)视图定义时,使用了 GROUP BY 和 HAVING 子句;

(4)视图定义时,使用了 DISTINCT 关键词;

(5)视图定义时,含有嵌套查询,涉及多个表或视图;

(6)视图定义时,引用了不可更新视图。

例 3.69 将视图 EW_Stusheng 中姓名为“刘大利”的同学改为“刘晓东”。

```
UPDATE EW_Stusheng SET 姓名 ="刘晓东" WHERE 姓名 ="刘大利";
```

例 3.70 向视图 EW_Stusheng 中插入一个新的学生记录(“090908”,“赵明”)。

```
INSERT INTO   EW_Stusheng   VALUES("090908","赵明");
```

例 3.71 删除视图 EW_Stusheng 中姓名为“李婷”的记录。

```
DELETE FROM   EW_Stusheng WHERE 姓名 ="李婷";
```

3.5.3 删除视图

删除视图与表的删除不同,对视图删除只是定义的删除,删除视图不会影响基本表中的数据。若在视图上建立了其他数据对象,则应手动删除,因为删除视图不会影响到引用该视图的其他视图,这样才不会导致操作它时发生错误。

```
DROP VIEW <视图名>
```

例 3.72　删除视图 EW_Stusheng。

```
DROP VIEW EW_Stusheng;
```

对视图的操作还有修改视图和查看视图,如下面例子。

例 3.73　使用 ALTER VIEW 修改视图 EW_Stusheng。

```
ALTER VIEW EW_Stusheng
AS
SELECT 学号,姓名
FROM XS WHERE 学号    WHERE 省份 = "湖南省";
```

例 3.74　使用系统存储过程 sp_help 显示视图的信息,使用 sp_helptext 显示视图在系统表中的定义,使用 sp_depends 显示该视图所依赖的对象。

(1)查看视图 EW_Stusheng 的基本信息:

```
sp_help EW_Stusheng
```

(2)查看视图 EW_Stusheng 的定义信息:

```
sp_helptext  EW_Stusheng
```

(3)查看视图 EW_Stusheng 的依赖信息:

```
sp_depends  EW_Stusheng
```

3.6 小　　结

SQL 是关系数据库标准语言,已在众多的 DBMS 产品中得到支持。SQL 的主要功能包括数据查询、数据定义、数据操纵和数据控制。

SQL 数据查询可以分为单表查询和多表查询。多表查询的实现方式有连接查询和子查询。其中,子查询可分为相关子查询和非相关子查询。在查询语句中可以利用表达式函数以及分组操作 GROUP BY、HAVING,排序操作 ORDER BY 等进行处理。查询语句是 SQL 的重要语句,它内容复杂、功能丰富,读者要通过上机实践才能逐步掌握。

SQL 数据定义包括对基本表、视图、索引的创建和删除。SQL 数据操纵包括数据的插入、删除、修改等操作。SQL 还提供了完整性约束机制。

3.7 习　　题

1. 安装 MYSQL 服务器和 MYSQL 界面工具。
2. 利用 MYSQL 客户端访问数据库。
3. 设某商场有若干名职工,请按表 3.7 的要求使用 SQL 命令建立职工表,见表 3.8。

表 3.7　职工结构情况表

字段名	数据类型	宽度	可空性	备注
NO_ID	CHAR	7		设为主键
NAME	CHAR	10	NULL	
SEX	CHAR	2	NULL	默认值为“男”
AGE	INT			NULL
DEPT	VARCHAR	50	NULL	
PHONE	VARCHAR	20	NULL	
NOTES	VARCHAR	50	NULL	

说明:NO_ID 代表职工号;NAME 代表职工姓名;SEX 代表职工性别;AGE 代表职工年龄;DEPT 代表职工所在部门;PHONE 代表职工电话;NOTES 代表职工联系方式。

表 3.8　职工表

NO_ID	NAME	SEX	AGE	DEPT	PHONE	NOTES
001091	王明	女	39	销售部	15601539849	电话
001092	张海	女	40	策划部	15987446229	电话
001093	刘逵	男	21	销售部	13569187146	电话
001094	赵云	男	51	策划部	13245687958	电话
001095	郑羽	男	52	市场部	13674143858	电话
001096	侯云	女	46	市场部	13558822296	电话

(1)检索姓“李”的职工有哪些;
(2)检索年龄大于 45 岁的男职工的职工号和姓名;
(3)检索销售部的职工有哪些;
(4)检索电话号前三位是“159”的职工;
(5)建立性别是“男”的视图,名称是 S_view;
(6)插入职工(001007,王明,男,40,销售部,15864795231,电话)记录。

4. 现有学生表、课程表、系表和学生选课表四个关系,具体内容见表 3.9 ~ 3.12。

表 3.9　学生基本表(Student)

学号	NAME	SEX	AGE	系别
100010091	刘一宁	女	20	04
100010092	冯君	女	21	06
100010093	李宁	男	22	03
100010094	赵强	男	20	06
100010095	王晓红	女	22	06
100010096	孙立国	男	20	04

表 3.10 课程表(Course)

课程号	课程名	教师
102	高等数学	成明
103	英语	吴晓娜
106	哲学	张红

表 3.11 系部表(Dept)

系别	SDEPT
04	计算机科学
02	人工智能
03	大数据科学

表 3.12 学生选课表(SC)

课程号	学号	成绩
102	100010091	99
103	100010092	86
103	100010093	76
106	100010094	60
102	100010093	86
102	100010091	55
106	100010092	81

(1)建立一个学生选课表 SC,它由学号 Sno、课程号 Cno、修课成绩 Grade 组成,其中(Sno,Cno)为主码;

(2)查询选修了 101 号课程学生的学号;

(3)统计每个人的平均成绩;

(4)查询没有选课的同学;

(5)删除成绩不及格的学生的信息;

(6)把所有成绩加 10 分;

(7)在 SC 表的"Grade"学生表中加入一列"考试时间",其数据类型为日期型;

(8)查询所有"人工智能"系的学生的信息,并按学号排序;

(9)查询所有选修了"张红"老师的课程的学生;

(10)创建"大数据科学"视图。

第 4 章　关系数据库设计与理论

关系数据库是以数学理论为基础的。1970 年，E. F. Codd 发表了题为《大型共享数据库数据的关系模型》的论文，把关系的概念引入数据库，自此人们开始了数据库关系方法和关系数据理论的研究，在层次和网状数据库系统之后，形成了以关系数据模型为基础的关系数据库系统。本章主要介绍关系数据库的规范化理论以及在关系数据库的设计过程中，如何减少数据冗余，避免出现异常；如何对数据库模式进行系统设计；了解数据冗余和更新异常产生的根源；理解关系模式规范化的途径；准确理解第一范式、第二范式、第三范式和 BC 范式的含义、联系与区别；深入理解模式分解的原则，熟练掌握模式分解的方法，能正确而熟练地将一个关系模式分解成属于第三范式或 BC 范式的模式；了解多值依赖和第四范式、第五范式的概念，掌握把关系模式分解成属于第四范式的模式的方法。

本章导读

- 函数依赖
- 范式
- 关系模式的分解

4.1　函 数 依 赖

关系数据模型是对数据间联系的一种抽象化描述，它利用关系描述现实世界。一个关系就是一个实体。客观事物之间彼此联系，这种联系包含两种联系：一是实体与实体之间的联系；二是实体内部特征即属性之间的联系。如果这两种联系在设计中考虑不周全，就会引发一系列问题，其中最突出的问题就是数据冗余。数据在系统中多次重复出现，造成的数据冗余是影响系统性能最大的问题，并会引起操作异常（插入异常、删除异常、更新异常等）。

例 4.1　设有一个教学关系模式 R，希望从关系模式中得到学生的基本情况，学生学习课程和成绩信息，则教学关系模式为

教学关系模式 R（学号，姓名，年龄，性别，系名，系主任，课程名，成绩）

根据实际的语义推出此关系模式 R 的主码为（学号，课程名）。

教学关系模式 R 见表 4.1。

表 4.1　教学关系模式 R

学号	姓名	年龄	性别	系名	系主任	课程名	成绩
00091	张量月	22	男	计算机	李南	JAVA 程序设计	90
00092	王明月	20	女	计算机	李南	机器学习	56
00093	李玫益	22	女	计算机	李南	分布式系统	89
00094	李海花	23	女	计算机	李南	深度学习	78
00095	赵一明	22	男	网络安全	高丽强	可视化技术	56
00096	李丹	20	男	网络安全	高丽强	信息网络安全	96
00097	王一丹	22	男	网络安全	高丽强	算法分析	90
00098	张亚东	23	女	智能机器人	田丽丽	R 语言数据分析	56
00099	李南	22	女	智能机器人	田丽丽	大数据编程	89
000910	张强	20	女	智能机器人	田丽丽	数据挖掘	78

虽然这个关系模式只有八个属性,但是在操作过程中会出现以下几个问题。

(1)数据冗余。每个系名、系主任等存储的次数伴随着该系学生的增加要重复出现,数据的冗余量很大,浪费了存储空间。

(2)插入异常。如果新成立一个“大数据”系,但是该系还没有招生,就无法将信息存储到关系中。因为在这个关系中主码是(学号,课程名),根据关系实体完整性约束,主码不允许有空值,这就出现了插入异常。

(3)更新异常。如果“计算机”的系主任被更换,那么所有计算机系主任的名字就要修改,稍有不慎,就破坏了数据的完整性。

(4)删除异常。如果某个系的学生全部毕业,如“网络安全”学生全都是毕业生,那么就要删除全部记录,而现实中这个“网络安全”系依然存在,但在数据库中却无法找到相应的信息。

由于存在以上述操作异常的问题,因此可以说 R 不是一个“好”的关系模式。因为一个“好”的关系模式应当不会发生上述的插入异常、删除异常和更新异常,同时应当减少数据冗余。那么,怎样才能得到一个好的关系模式呢? 现在把例 4.1 的关系模式 R 分解为 ST(学号,姓名,年龄,性别,系名)、CT(系名,系主任)、GD(学号,课程名,成绩)三个结构简单的关系模式,见表 4.2、表 4.3、表 4.4。

表 4.2　学生表 ST

学号	姓名	年龄	性别	系名
00091	张量月	22	男	计算机
00092	王明月	20	女	计算机
00093	李玫益	22	女	计算机
00094	李海花	23	女	计算机
00095	赵一明	22	男	网络安全
00096	李丹	20	男	网络安全

续表 4.2

学号	姓名	年龄	性别	系名
00097	王一丹	22	男	网络安全
00098	张亚东	23	女	智能机器人
00099	李南	22	女	智能机器人
000910	张强	20	女	智能机器人

表 4.3　系部表 *CT*

系名	系主任
计算机	李南
网络安全	高丽强
智能机器人	田丽丽

表 4.4　课程表 *GD*

学号	课程名	成绩
00091	JAVA 程序设计	90
00092	机器学习	56
00093	分布式系统	89
00094	深度学习	78
00095	可视化技术	56
00096	信息网络安全	96
00097	算法分析	90
00098	R 语言数据分析	56
00099	大数据编程	89
000910	数据挖掘	78

通过分解后的这三个关系模式，就可以消除表 4.1 中的冗余和异常现象：*ST* 中的存储的信息与“系部表”和“课程表”信息无关；*CT* 中存储系部的信息与 *ST* 学生信息无关；*GD* 存放学生课程信息。

当新成立系部时，只要向 *CT* 中添加一条记录就可以了，不会因为没有学生而无法存储，这样就避免了插入异常。

当一个系部成员全部毕业时，只要在 *ST* 关系模式中删除有关他们的全部记录，而 *CT* 中有关该系部的信息仍然保留，就不会引起删除异常。

当一个系部系主任发生变化时，只要在 *CT* 中更改一条记录即可，不会引起更新异常。

经过上述分析，一个好的关系模式应该具备以下六个最基本条件：

①元组的每个分量必须是不可分的数据项。

②数据库中的数据冗余应尽可能少。

③数据库不能因为数据更新操作而引起数据不一致问题。

④数据库中的数据不能在执行数据插入时产生插入异常现象。

⑤数据库中的数据不能在执行数据删除时产生删除异常问题。

⑥数据库设计应考虑查询要求,数据组织应合理。

“分解”是解决数据冗余最主要的方法。但是将 R 分解成 ST、CT、GD 这三个关系模式是否是最好的呢？也不是绝对的,分解的关系模式越多,连接操作也就越多,系统开销就越大。因此,要按实际情况进行分解,也就是说按照一定的规范设计,将结构复杂的关系分解成结构简单的多个关系。但是分解后的关系也并不一定都是好关系,这是因为数据库中每个关系模式间都需要满足某种内在的必然联系和相互制约关系,这种关系也称数据依赖。数据依赖通常分为函数依赖、多值依赖和连接依赖。

4.1.1　函数依赖的定义

先介绍函数依赖(Functional Dependency)的定义。

定义 4.1　设 $R(U)$ 是属性集 U 上的关系模式,X 和 Y 分别是 U 的属性子集,r 是 $R(U)$ 中任意给定的一个关系实例。若对于 r 中的任意两个元组 s 和 t,当 $s[X]=t[X]$ 时,就有 $s[Y]=t[Y]$,则称 X 函数决定 Y,或 Y 函数依赖于 X,否则就称 X 函数不决定 Y 或称 Y 函数不依赖于 X。

当 Y 函数依赖于 X 时,则记为 $X \to Y$。如果 $X \to Y$,也称 X 为决定因素(Determinant Factor),Y 为依赖因素(Dependent Factor)。

如果 $X \to Y$,且 $Y \to X$,则记为 $X \leftrightarrow Y$。

当 Y 函数不依赖 X 时,则记为 $X \nrightarrow Y$。

函数依赖不是指关系模式 R 中某个或某些关系满足约束条件,而是指 R 的一切关系均要满足约束条件。

设 X、Y 均是 U 的子集,则有:

①X 和 Y 分别是 R 的属性子集,如果对于 X 中的任一具体值,Y 中至多有一个值与之对应,对于 Y 中的任一具体值,X 中也至多有一个值与之对应,则 X 和 Y 间的联系是 1:1,$X \to Y$,$Y \to X$;

②X 和 Y 分别是 R 的属性子集,如果对于 X 中的任一具体值,Y 中可以找到多个值与之对应,而对于 Y 中的任一具体值,X 中至多只有一个值与之对应,则 X 和 Y 间的联系是 1:M,$X \to Y$;

③如果对于 X 中的任一具体值,Y 中有 M 个值与之对应,而对于 Y 中的任一具体值,X 中也有 N 个值与之对应,则 X 和 Y 间的联系是 M:N,X、Y 间不存在函数依赖。

例 4.2　教学关系模式 R(学号,姓名,年龄,性别,系名,系主任,课程名,成绩)。

对于教学关系模式:

R<U,F>;

U={学号,姓名,年龄,性别,系名,系主任,课程名,成绩};

F={学号→姓名,学号→年龄,学号→性别,学号→系名,系名→系主任,

(学号,课程名)→成绩}。

4.1.2　函数依赖的分类

1. 非平凡函数依赖

定义 4.2　在关系模式 $R(U)$ 中，对于 U 的子集 X 和 Y，如果 $X \to Y$，但 Y 不为 X 的子集，则称 $X \to Y$ 是非平凡的函数依赖(Nontrivial Functional Dependency)。

2. 平凡函数依赖

定义 4.3　在关系模式 $R(U)$ 中，对于 U 的子集 X 和 Y，若 $X \to Y$，但 Y 为 X 的子集，则称 $X \to Y$ 是平凡的函数依赖(Trivial Functional Dependency)。

当 Y 是 X 的子集时，Y 函数依赖于 X，这里“依赖”不反映任何新的语义。不特别声明时，后面提到的函数依赖一般都是指非平凡函数依赖。

3. 完全函数依赖

定义 4.4　在关系模式 $R(U)$ 中，对于 U 的子集 X 和 Y，满足 $X \to Y$，且对任何 X 的真子集 X' 都有 Y 不依赖于 X，则称 Y 完全依赖于 X(Full Functional Dependency)，记作 $X \xrightarrow{F} Y$。

说明：依赖关系的左项中没有多余属性，从数据依赖角度来看，U 中不存在数据“冗余”。

例如，在教学关系模式 R 中，学号和课程名为主码。有些非主属性完全依赖于主属性，如(学号，课程名)$\xrightarrow{F}$成绩。

4. 部分函数依赖

定义 4.5　在关系 $R(U)$ 中，对于 U 的子集 X 和 Y，X' 是 X 的真子集，若 $X \to Y$，且 $X' \to Y$，则称 Y 部分依赖 X(Partial Functional Dependency)，记作 $X \xrightarrow{P} Y$。

说明：当 X 为复合属性组时，才有可能出现部分函数依赖。如果 Y 对 X 部分函数依赖，X 中的“部分”就可以确定对 Y 的关联，从数据依赖的角度来看，U 中应该存在数据“冗余”。

例如，在教学关系模式 R 中，学号和课程名为主码。有些非主属性部分依赖于主属性，如(学号，课程名)$\xrightarrow{P}$姓名。

5. 传递函数依赖

定义 4.6　在关系 $R(U)$ 中，X、Y、Z 是 U 的子集，在 $R(U)$ 中，且 $X \to Y$，但 $Y \nrightarrow X$，且 $Y \to Z$，则 $X \to Z$，称 Z 传递函数依赖于 X(Transitive Functional Dependency)，记作 $X \xrightarrow{T} Z$。

说明：传递函数依赖定义中之所以要加上条件 $Y \nrightarrow X$，是因为如果 $Y \to X$，则 $X \nrightarrow Y$，这实际上是 Z 直接依赖于 X，而不是传递函数了。

例如，在教学关系模式 R 中，因为存在学号→系名，系名→系主任，所以也存在学号→系主任。

按照函数依赖的定义可知，如果 Z 传递依赖于 X，则 Z 必然函数依赖于 X。如果 Z 传递依赖于 X，说明 Z 是“间接”依赖于 X，从而表明 X 和 Z 之间的关联较弱，表现出间接的弱数据依赖，因此亦是产生数据冗余的原因之一。

4.1.3　码

定义 4.7　设 K 是关系模式 $R(U,F)$ 中的属性或属性组合，K' 是 K 的任一子集。若 $K \xrightarrow{F} U$，而不存在 $K' \to U$，则 K 称为 R 的候选码(Candidate Key)，若关系模式 R 有多个候选

码,则定义其中的一个作为主码(Primary Key)。

①包含在任一候选码中的属性称为主属性(Primary Attribute);

②不包含在任何码中的属性称为非主属性(Nonprime Attribute)或非码属性(Nonkey Attribute);

③若候选码多于一个,则选其中的一个为主码;

④只有一个单个属性是码,称为单码(Single Key);

⑤所有属性组是都是码,称为全码(All - Key)。

例如,对于超市商品(商品名,产地,商场)。假设一个商品来源于不同产地,一个产地可以产出多种商品,一个商品可以在多个超市销售,一个超市也可销售多种商品。这个关系模式的码为(商品名,产地.商场),即全码。

定义 4.8　有两个关系 R 和 S,X 是分别是 R 和 S 的属性或属性组,并且 X 不是 R 的码,但 X 是 S 的码,则称 X 是 R 的外部码(Foreign Key),也称外码或外键。

例 4.3　下面有三个关系模式分别是 ST、CT、GD,分析它们各自的码。

学生表 ST(学号,姓名,年龄,性别,系名)

系部表 CT(系名,系主任)

课程表 GD(学号,课程名,成绩)

①在关系模式 ST 中,学号是主码,姓名、年龄、性别、系名是非主属性。

②在关系模式 CT 中,系名是主码,系主任是非主属性,系名是 ST 的外码。

③在关系模式 GD 中,(学号,课程名)是主码,学号、课程名分别是组成主码的属性。

4.2　范　　式

数据库范式在数据库设计中有着至关重要的地位,是数据库设计中必不可少的知识。对范式的理解和运用不当,就无法设计出高效率、安全的数据库。数据库范式主要的任务是消除关系模式中的数据冗余,消除数据存在不合理的依赖,解决数据插入、删除、更新操作中造成的数据不一致性。把关系数据库在规范化的过程中设立的不同标准称为范式(Normal Form)。范式是英国人 E. F. Codd 在 20 世纪 70 年代提出关系数据库模型后总结出来的,范式是关系数据库理论的基础,也是在设计数据库结构过程中所要遵循的规则和指导方法。从 1971 年起,E. F. Codd 相继提出了关系规范化形式,即 1NF、2NF、3NF 范式。1974 年,Boyce 和 E. F. Codd 共同提出了 BCNF 范式。1976 年,Fagin 提出了 4NF 范式,现在还有 5NF、DKNF、6NF。

下面主要介绍第一范式(1NF)、第二范式(2NF)、第三范式(3NF)、BCNF 范式、第四范式(4NF)和第五范式(5NF)。

4.2.1　第一范式

定义 4.9　在关系模式 R 中,如果所有属性都是不可再分的最小数据项,则称 R 是第一范式(1NF)的关系(同一列中不能有多个属性值,即实体中的某个属性不能有多个值或者不能有重复的属性),记作 $R \in$ 1NF。

说明:在任何一个关系数据库中,第一范式(1NF)是对关系模式的基本要求,不满足第一范式(1NF)的数据库就不是关系数据库。

例如,前面提到的教学关系模式 R(学号,姓名,年龄,性别,系名,系主任,课程名,成绩),所有属性都是不可再分的,记作 $R \in 1NF$。

但是一个关系模式仅属于第一范式是不够的,教学关系模式 R(学号,姓名,年龄,性别,系名,系主任,课程名,成绩)属于第一范式,但是它具有大量的数据冗余,同时存在插入异常、删除异常、更新异常等问题。

由此可见,在关系模式 R 中,既存在完全函数依赖,又存在部分函数依赖和传递函数依赖,这种情况说明这个关系模式 R 不是一个好的关系模式,在数据库设计中是不允许的。

4.2.2　第二范式

定义 4.10　在关系模式 $R \in 1NF$,R 中的每个非主属性都完全依赖于任意一个候选码,则称关系 R 是属于第二范式(2NF)的关系,记作 $R \in 2NF$。

说明:2NF 符合 1NF,并且非主属性完全依赖于码。如果 R 的码为单属性,或 R 的码为全码,则 $R \in 2NF$。

例如,分析教学关系模式 R(学号,姓名,年龄,性别,系名,系主任,课程名,成绩)的函数依赖,看它是否服从 2NF。如果 R 不服从 2NF,可以根据 2NF 的定义对它进行分解,使之服从 2NF。在关系模式 R 中,有

主码 = (学号,课程名)

属性集 = {姓名,年龄,性别,系名,系主任,成绩}

非主属性对码的函数依赖集 = {(学号,课程名)$\xrightarrow{P}$姓名,(学号,课程名)$\xrightarrow{P}$年龄,(学号,课程名)$\xrightarrow{P}$性别,(学号,课程名)$\xrightarrow{P}$系名,(学号,课程名)$\xrightarrow{P}$系主任,(学号,课程名)$\xrightarrow{F}$成绩}

显然,教学关系模式 R 不服从 2NF,根据 2NF 的定义,将关系模式 R 分解为

关系模式 R2(学号,姓名,年龄,性别,系名,系主任);

关系模式 GD(学号,课程名,成绩)

再用 2NF 的标准衡量 $R2$ 和 GD,会发现它们都服从 2NF,即 $R2 \in 2NF$;$GD \in 2NF$。

4.2.3　第三范式

定义 4.11　在关系模式 $R \in 2NF$,R 中的每个非主属性对任何候选关键字都不存在传递依赖,则称关系 R 是属于第三范式(3NF)的关系,记作 $R \in 3NF$。

说明:3NF 符合 2NF。

例如,分析关系模式 $R2$(学号,姓名,年龄,性别,系名,系主任)的函数依赖,看它是否服从 3NF,如果 R 不服从 3NF,可以根据定义对它进行分解,使之服从。

在关系模式 $R2$ 中存在学号→系名,系名→系主任,则学号$\xrightarrow{T}$系主任。因此 $R2$ 不属于 3NF。为消除传递函数依赖,把 $R2$ 分解成 ST 和 CT,分解后的关系模式为

学生表 ST(学号,姓名,年龄,性别,系名);

系部表 CT(系名,系主任)。

所以分解后的各个子模式均属于 3NF。

4.2.4 BCNF 范式

定义 4.12 关系模式 $R(U,F) \in 1NF$,如果关系模式 $R(U,F)$ 的所有属性(包括主属性和非主属性)都不传递依赖于 R 的任何码,或每个决定因素都包含关键字(而不是被关键字包含),则称关系 R 是属于 BC 范式(BCNF)的关系,记作 $R(U,F) \in BCNF$。

①BCNF 符合 3NF,是对 3NF 关系进行投影,消除原关系中主属性对码的部分与传递依赖,得到一组 BCNF 关系,并且主属性不依赖于主属性。

②所有非主属性对每一个码都是完全函数依赖。

③所有主属性都完全函数依赖于每个不包含它的候选码。

④没有任何属性完全函数依赖于非码的任何一组属性。

⑤由于 $R \in BCNF$ 不存在任何属性对码的传递依赖与部分依赖,因此 $R \in 3NF$。

⑥若 $R \in BCNF$,则必有 $R \in 3NF$,但是 $R \in 3NF$,则 R 未必属于 BCNF。

例如,对关系模式 R(专卖店,生产厂家,服装品牌)出现的问题主要是存在主属性服装品牌依赖生产厂家,即主属性服装品牌部分依赖于码(专卖店,生产厂家)。如果把它进行投影分解为 BCNF 范式,即将 R 分解为两个关系模式:

①ZC(专卖店,生产厂家);

②CP(生产厂家,服装品牌)。

其中,ZC 关系的码为专卖店;CP 关系的码为生产厂家。

它们存在的函数依赖关系如下。

①ZC 的函数依赖。专卖店→生产厂家。

②CP 的函数依赖。生产厂家→服装品牌。

分解后的 R 关系模式中没有任何属性存在对码的部分函数依赖和传递函数依赖,解决了插入异常、删除异常、更新异常、数据冗余度大的问题,因此 $ZC \in BCNF$,$CP \in BCNF$。

4.2.5 多值依赖

前面讨论的函数依赖最优的模式属于 BCNF 范式,那么 BCNF 范式是不是最优、最完美的呢?先看下面的例子。

例 4.4 假设某院校一门课可以由多名教师讲授,上课地点可以使用编号为 1～6 的几个多媒体教室。用关系模式 $CTR(C,T,R)$,C 代表课程,T 代表教师,R 代表多媒体教室,用表 4.5 中的非规范化关系 CTR 来表示课程 C、教师 T 和多媒教室 R 的关系。

如果把表 4.5 的关系 CTR 转化成规范化关系,则见表 4.6。可以看到,规范的关系模式 CTR 的码是(C,T,R),是全码,因此 CTR 属于 BCNF 范式,但是关系模式 CTR 还是存在问题。

表 4.5　非规范化关系 *CTR*

课程 *C*	教师 *T*	多媒体教室 *R*
数据库原理	王小梅 张成	多媒体教室 1 多媒体教室 5 多媒体教室 6
高等数学	刘立 赵明明 李小建	多媒体教室 2 多媒体教室 4 多媒体教室 3

表 4.6　规范化关系 *CTR*

课程 *C*	教师 *T*	多媒体教师 *R*
数据库原理	王小梅	多媒体教室 1
数据库原理	王小梅	多媒体教室 6
数据库原理	王小梅	多媒体教室 5
数据库原理	张成	多媒体教室 1
数据库原理	张成	多媒体教室 6
数据库原理	张成	多媒体教室 5
高等数学	刘立	多媒体教室 2
高等数学	刘立	多媒体教室 4
高等数学	刘立	多媒体教室 3
高等数学	赵明明	多媒体教室 2
高等数学	赵明明	多媒体教室 4
高等数学	赵明明	多媒体教室 3
高等数学	李小建	多媒体教室 2
高等数学	李小建	多媒体教室 4
高等数学	李小建	多媒体教室 3

(1)数据冗余大。每一门课程上课的多媒体教室是固定的几个，但是在 *CTR* 关系中可能存在这样问题：如果同一门课程有多名教师教，上课多媒体教室就要存储多次，造成大量的数据冗余。

(2)插入异常。当某一门课程增加一名讲授教师时，该课程有多少个多媒体教室，就必须添加多个元组。如“数据原理”课程增加一名讲授教师“孙明”，那么必须插入三个元组，分别是(数据库原理，孙明，多媒体教室 1)、(数据库原理，孙明，多媒体教室 6)和(数据库原理，孙明，多媒体教室 5)。

(3)删除异常。如果某一门课程要去掉一个多媒体教室，该课程有 *N* 名教师，就必须删除 *N* 个元组，如“高等数学”课程要去掉“多媒体教室 2”，则需要删除三个元组：(高等数学，刘立，多媒体教室 2)、(高等数学，赵明明，多媒体教室 2)和(高等数学，李小健，多媒体教室 2)。这会造成删除的复杂性，操作不当会造成删除异常。

(4) 更新异常。如果某一门课要修改上课的多媒体教室，该课程有 N 名教师，就必须更新 N 条元组。

产生以上问题的主要原因有以下两个方面。

(1) 对于关系模式 CTR 中的 C 和 T 之间，C 的一个具体值有多个 T 值与其对应，C 和 R 之间也存在这样问题。

(2) 对于关系模式 CTR 中的一个确定的 C 值，它所对应的一组 T 值与 R 值无关。如“数据库原理”课程对应的一组教师与该课程的多媒体教室没有关系。

BCNF 的关系模式 CTR 会产生上述问题，是因为关系模式 CTR 中存在一种新的数据依赖——多值依赖。

定义 4.13　设 $R(U)$ 是一个属性集 U 上的一个关系模式，X、Y 和 Z 是 R 的子集，且 $Z=U-X-Y$，当且仅当对 R 的任一关系 r，对于 X 的一个确定值，存在 Y 的一组值与之对应，且 Y 的这组值仅取决于 X 值而与 Z 值无关，称 Y 多值依赖于 X，或 X 多值决定 Y，记作 $X\to\to Y$。若 $Z=U-X-Y\neq\varnothing$，则称 $X\to\to Y$ 是非平凡的多值依赖，否则称为平凡的多值依赖。

例 4.5　在关系模式 CTR 中，对于某一 C、R 属性值组合(数据库原理，多媒体教室 1)来说，有一组 T 值{王小梅，张成}与之对应，这组值仅取决于课程 C 上的值“数据库原理”。也就是说，对于另一个 C、R 属性值组合(数据库原理，多媒体教室 6)，它对应的一组 T 值仍是{王小梅，张成}，尽管这时多媒体教室 R 的值已经改变了。因此，T 多值依赖于 C，即 $C\to\to T$。多值依赖如图 4.1 所示。

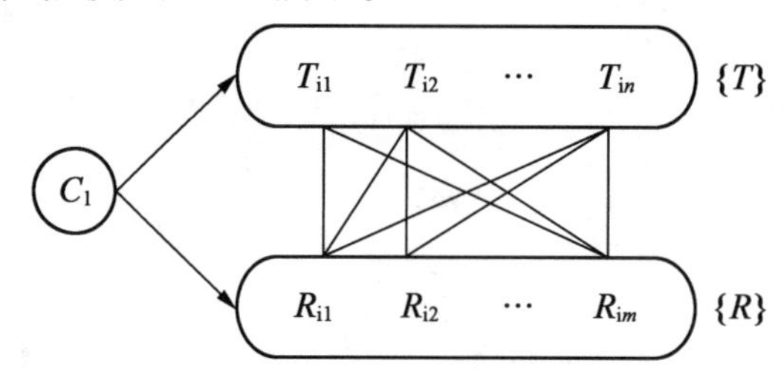

图 4.1　多值依赖

多值依赖的性质有以下几点。

(1) 多值依赖具有对称性。即若 $X\to\to Y$，则 $X\to\to Z$，其中 $Z=U-X-Y$。如 $CTR(C,T,R)$ 中，已经知道 $C\to\to T$，根据多值依赖的对称性必须有 $C\to\to R$。

(2) 多值依赖具有传递性。若 $X\to\to Y$，$Y\to\to Z$，则 $X\to\to Z-Y$。

(3) 函数依赖是多值依赖的特殊情况。即若 $X\to Y$，则 $X\to\to Y$ 一定成立。如果 $X\to Y$，对 X 的每个一 $X'\in X$，Y 有一个确定的值 $Y'\in Y$ 与之对应，所以 $X\to\to Y$。

(4) 若 $X\to\to Y$，$X\to\to Z$，则 $X\to\to Y\subseteq Z$。

(5) 若 $X\to\to Y$，$X\to\to Z$，则 $X\to\to Y\cap Z$。

(6) 若 $X\to\to Y$，$X\to\to Z$，则 $X\to\to Y-Z$，$X\to\to Z-Y$。

(7) 有效性。多值依赖的有效性与属性集的范围有关，若 $X\to\to Y$ 在 U 上成立，则在 $W(XYWU)$ 上也一定成立；反之则不然，即 $X\to\to Y$ 在 $W(WU)$ 上成立，在 U 上并不一定成立。多值依赖的定义中不仅涉及属性组 X 和 Y，而且涉及 U 中其余属性 Z。

通常情况下，在 $R(U)$ 上若有 $X\rightarrow\rightarrow Y$ 在 $W(WU)$ 上成立，则称 $X\rightarrow\rightarrow Y$ 为 $R(U)$ 的嵌入型多值依赖。

但是函数依赖 $X\rightarrow Y$ 的有效性仅决定于 X 和 Y 这两个属性集的值，与其他属性无关。只要 $X\rightarrow Y$ 在属性集 W 上成立，则 $X\rightarrow Y$ 在属性 $U(WU)$ 上也必定成立。

(8)若函数依赖 $X\rightarrow Y$ 在 $R(U)$ 上成立，则对于任何 $Y'Y$ 均有 $X\rightarrow Y'$ 成立。多值依赖 $X\rightarrow\rightarrow Y$ 若在 $R(U)$ 上成立，不能断言对于任何 $Y'\subseteq Y$ 有 $X\rightarrow\rightarrow Y'$ 成立。

(9)关系中不能有超过1个多值依赖。

4.2.6　第四范式

定义4.14　关系模式 $R(U,F)\in 1NF$，如果对于 R 的每个非平凡多值依赖 $X\rightarrow\rightarrow Y(Y\not\subset X)$，$X$ 都含有候选码，则 $R\in 4NF$。

说明：

(1)如果一个关系模式满足BCNF范式，并且不是多值依赖，且关系模式 $R\in 4NF$，则有关系模式 $R\in BCNF$。也就是说，4NF中所有的函数依赖都满足BCNF。

(2)4NF取决于多值依赖的概念。函数依赖（$X\rightarrow Y$ 表示：X 函数决定 Y，或 Y 函数依赖于 X），主要解决了关系模式 R 中属性值之间的M∶1联系，即属性 X 与属性 Y 是M∶1关系。

(3)多值依赖主要是解决属性值之间的1∶M联系，即属性 X 与属性 Y 是1∶M关系。

(4)4NF中可能的多值依赖都是非平凡多值依赖。

在前面讨论关系模式 *CTR* 中存在非平凡的多值依赖 $C\rightarrow\rightarrow T$，且 C 不是候选码，因此 *CTR* 不属于4NF。原因是存在数据冗余、插入和删除操作复杂等弊端。现在如果按投影的分解法分解为两个4NF，即把关系模式 *CTR* 进行分解，得到关系模式 *CT* 和关系模式 *CR*，见表4.7和表4.8。

```
CT(C,T)
CR(C,R)
```

表4.7　关系模式 *CT*

课程 *C*	教师 *T*
数据库原理	王小梅
数据库原理	张成
高等数学	刘立
高等数学	赵明明
高等数学	李小建

表 4.8　关系模式 CR

课程 C	多媒体教室 R
数据库原理	多媒体教室 1
数据库原理	多媒体教室 6
数据库原理	多媒体教室 5
高等数学	多媒体教室 2
高等数学	多媒体教室 4
高等数学	多媒体教室 3

CT 中虽然有 $C \to\to T$,但这是平凡多值依赖,即 CT 中已经不存在非平凡函数的多值依赖。因此,CT 属于 4NF,同理,CR 也属于 4NF。分解后,CTR 关系中的数据冗余、操作异常的问题可以得到解决。

函数依赖和多值依赖是两种最重要的数据依赖。在函数依赖范畴内,BCNF 的关系模式目前已经是最高范式了;如果考虑多值依赖,则 4NF 的关系模式是最高范式。

4.2.7　连接依赖

数据依赖中除函数依赖和多值依赖之外,还有一种连接依赖。引入多值依赖之后,函数依赖就成为多值依赖的一种特例,而引入连接依赖概念之后,多值依赖就可以作为连接依赖的特例。但连接依赖不像函数依赖和多值依赖可由语义直接导出,而是在关系的连接运算时才反映出来。存在连接依赖的关系模式仍可能遇到数据冗余及插入、修改、删除异常等问题。如果消除了属于 4NF 的关系模式中存在的连接依赖,则可以进一步投影分解为 5NF 的关系模式。到目前为止,5NF 是最终范式。

1. 关系分解的无损连接性

设关系模式 R,如果把它分解为两个(或多个)子模式 R_1 和 R_2,相应一个 R 关系中的数据就要被分成 R_1、R_2 两个(或多个)子表。假如将这些子表自然连接,即进行 R_1R_2 操作,得到的结果与原来关系中的数据一致,信息并没有丢失,则称该分解具有无损连接性;否则,如果 R 不等于 R_1R_2,则称该分解不具有无损连接性。

2. 连接依赖

定义 4.15　设有关系模式 $R(U)$,$\{R_1, R_2, \cdots, R_n\}$ 是 U 的子集,同时满足 $U = R_1 \cup R_2 \cup \cdots \cup R_n$,关系模式集合 $\rho = \{R_1, \cdots, R_n\}$ 是 R 的一个模式分解,其中 R_i 是对应于 $U_i(i=1, 2, \cdots, n)$ 的关系模式。如果对于 R 的每一个关系实例 r,$r = \prod_{R_i}(r) \bowtie \prod_{R_2}(R) \bowtie \cdots \bowtie \prod_{R_n}(r)$ 都成立,则称连接依赖(Join Dependence)在关系模式 R 上成立,记为 $\bowtie(R_1, R_2, \cdots, R_n)$。

连接依赖也是一种数据依赖,它不能直接从语义中推出,只能从连接运算中反映出来。

例如,设有一个关系模式 R(GNO,LNO,XNO)。其中,GNO 表示供应商号;LNO 表示零件号;XNO 表示项目号。如果将 R 模式分解为 R_1、R_2 和 R_3,并进行 $R_1 \bowtie R_2$ 及 $R_1 \bowtie$

$R_2 \bowtie R_3$ 的自然连接，其操作数据及连接结果见表4.9～4.14。

表4.9　R 表

GNO	LNO	XNO
S1	P1	J2
S1	P2	J1
S2	P1	J1
S1	P1	J1

表4.10　R_1 表

GNO	LNO
S1	P1
S1	P2
S2	P1
S1	P1

表4.11　R_2 表

LNO	XNO
P1	J2
P2	J1
P1	J1
P1	J1

表4.12　R_3 表

XNO	GNO
J2	S1
J1	S1
J1	S2
J1	S1

表4.13　$R_1 \bowtie R_2$ 表

GNO	LNO	XNO
S1	P1	J2
S1	P1	J1
S1	P2	J2
S1	P2	J1
S2	P1	J2
S2	P1	J1

表4.14　$R_1 \bowtie R_2 \bowtie R_3$ 表

GNO	LNO	XNO
S1	P1	J2
S1	P2	J1
S2	P1	J1
S1	P1	J1

可以看出，R 中存在连接依赖 $\bowtie[R_1][R_2][R_3]$。

4.2.8　第五范式

定义4.16　假设关系模式 $R(U)$ 上任意一个非平凡连接依赖 $(R_1,R_2,\cdots,R_n)$ 都由 R 的某个候选键所蕴涵，则关系模式 R 称第五范式，记为 $R(U)\in$5NF。第五范式也称为投影连接范式(Project－join Normal Form)。

这里所说的由 R 的候选键所蕴涵，是指 $\bowtie(R_1,R_2,\cdots,R_n)$ 可以由候选键推导得到。如果 $\bowtie(R_1,R_2,\cdots,R_n)$ 中的某个 R_i 就是 R，那么这个连接依赖是平凡的连接依赖；如果连接依赖中的某个 R_i 包含 R 的键，那么这个连接依赖可以用CHASE方法验证。

例4.6　设有关系模式 $CTR(C,T,R)$，其中 C、T 和 R 分别表示课程编号、教师编号和教室编号。如果令关系模式 CTR 分解成三个二元投影 $CT(C,T)$，$TR(T,R)$ 和 $RC(R,C)$ 连接，则存在连接依赖 $\bowtie(CT,TR,RC)$，此时分解是无损分解，并且每一个模式都是5NF，可以消除冗余及三种操作异常现象。

一些特别情况下,一个关系有冗余和非法更新的情况,却不能通过分解成两种关系来解决。在这种情况下,可通过使用5NF将它分解成三个或更多关系来解决问题。

(1)5NF处理的是连接依赖,是由多值依赖泛化来的(多值依赖是它的一种特例)。

(2)5NF的目标是将关系分解到不能再分解的地步。

(3)5NF无法通过几个更小的关系构建出来。

(4)不同级别范式之间关系为

$$5NF \subseteq 4NF \subseteq BCNF \subseteq 3NF \subseteq 2NF \subseteq 1NF$$

4.3　关系模式的分解

一个关系模式分解为多个关系模式之后,如果分解后关系模式中的分量都是不可再分的数据项,它就是规范化的关系,但这只是最基本的规范化。关系模式的规范化就是根据一个关系属性间不同的依赖情况,把第一范式分解为第二范式、第三范式直到第五范式,把不合理的结构转换为合理的结构,减少数据冗余,消除插入异常、更新异常和删除异常。

4.3.1　关系模式的规范化

关系模式的规范化的过程是通过对关系模式的分解来实现的。把低一级的关系模式分解为若干个高一级的关系模式,这个过程称为关系模式的规范化。

1. 分解规范化遵循的原则

分解规范化遵从概念单一化、"一事一地"的原则,即一个关系模式描述一个实体或实体间的一种联系。规范的实质就是概念的单一化。

2. 分解规范化的方法

将关系模式投影分解成两个或两个以上的关系模式,具体可以分为以下几步。

(1)对1NF关系模式进行投影,消除原来关系模式中的非主属性对码的部分函数依赖,将1NF关系模式转换成N个2NF关系模式。

(2)对2NF关系模式进行投影,消除原来关系模式中的非主属性对码的传递函数依赖,将2NF关系模式转换成N个3NF关系模式。

(3)对3NF关系模式进行投影,消除原来关系模式中的主属性对码的部分函数依赖和传递函数依赖,使决定因素都包含一个候选码,得到较高级的关系模式。

(4)对BCNF关系模式进行投影,消除关系模式中非平凡且非函数依赖的多值依赖,得到一组4NF。

因为4NF关系模式转换为5NF属于多值依赖的范畴,所以在这里不做具体介绍。

关系规范化的基本步骤如图4.2所示。

3. 分解规范化的要求

分解后的关系模式集合应当与原来的关系模式"等价",并且分解还需要满足一定的约束条件,不能破坏原来的语义。模式分解要具有无损连接性并保持函数的依赖特性,即分解的自然连接可以恢复原来的关系而不丢失信息,并保持属性间合理的联系。分解的主要任务是避免数据不一致性,降低数据冗余度,提高对关系的操作效率,同时满足应用需求。

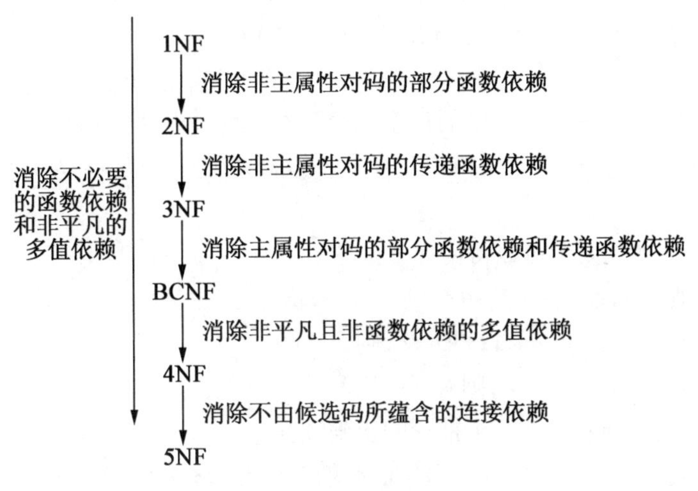

图 4.2　关系规范化的基本步骤

在数据库开发过程中,并不一定要求全部模式都非达到 BCNF 不可,有时故意保留部分冗余可能更方便数据查询,尤其对于那些更新频度不高,查询频度却极高的数据库系统更是如此。

4.3.2　Armstrong 公理

对于关系模式 R,通常会满足一些函数依赖,如果根据这些依赖关系再推导出另外一些函数依赖,就需要一套形式推理规则。函数依赖的推理规则最早出现在 1974 年 W. W. Armstrong 的论文里,这些规则常称为"Armstrong 公理"。这套公理系统也是模式分解算法的理论基础。

1. Armstrong 公理

设 U 是关系模式 R 的属性集合,F 是 R 上的一组函数依赖。函数依赖的推理规则有以下三条。

(1)自反律(Reflexivity)。若属性集 Y 包含于属性集 X,且有 YXU,则 $X \to Y$ 在 R 上成立。

(2)增广律(Augmentation)。若 $X \to Y$ 在 R 上成立,且有属性集 ZU,则 $XZ \to YZ$ 在 R 上成立。

(3)传递律(Transitivity)。若 $X \to Y$、$Y \to Z$ 在 R 上成立,则 $X \to Z$ 在 R 上成立。

说明:由自反定律得到的函数依赖属于平凡函数依赖。

定理 4.1　Armstrong 公理规则的正确性。所有函数依赖的推理规则都可以使用这三条规则推导出。

(1)自反律。

设 $Y \subseteq X \subseteq U$,则 $X \to Y$ 为 F 所蕴涵。对关系模式 R 的任一关系 r 中的任意两个元组 t 和 s,如果 $t[X]=s[X]$,并且 $Y \subseteq X$,有 $t[Y]=s[Y]$,那么 $X \to Y$ 成立,自反律得证。

(2)增广律。

对关系模式 R 的任一关系 r 中的任意两个元组 t 和 s,如果 $t[XZ]=s[XZ]$,则一定有 $t[X]=s[X]$,并且 $t[Z]=s[Z]$,又根据 $X \to Y$ 可有 $t[Y]=s[Y]$,由 $t[Y]=s[Y]$ 和 $t[Z]=s[Z]$ 可得出 $t[XZ]=s[XZ]$,从而推导出 $t[YZ]=s[YZ]$。

(3)传递律。

对关系模式 R 的任一关系 r 中的任意两个元组 t 和 s,若 $X \to Y, Y \to Z, t[X]=s[X]$,由于 $X \to Y$,因此 $t[Y]=s[Y]$,再由 $Y \to Z$ 有 $t[Z]=s[Z]$,所以 $X \to Z$ 为 F 所蕴涵,传递律得证。

从定理4.1推理规则中可以得出如下推论。

(1)合并规则。如果 $X \to Y, X \to Z$,则有 $X \to YZ$。

(2)伪传递规则。如果 $X \to Y, YW \to Z$,则有 $XW \to Z$。

(3)分解规则。如果 $X \to YZ$,则有 $X \to Y, X \to Z$。

定理4.2　Armstrong 公理三个推论的正确性。

(1)合并规则。因 $X \to Y$,故 $X \to XY$。根据增广律有 $XX \to XY, XY \to XY$,根据传递律有 $X \to YZ$,合并规则得证。

(2)伪传递规则。因 $X \to Y$,故 $YW \to Z$。根据增广律有 $WX \to WY$,根据传递律有 $XW \to Z$,伪传递规则得证。

(3)分解规则。因 $X \to Y$,故 $X \to ZY$。根据自反律有 $YZ \to Y, YZ \to Z$,根据传递律分别有 $X \to Y, X \to Z$,分解规则得证。

2. Armstrong 公理系统的有效性和完备性

(1) Armstrong 公理系统的有效性。对于关系模式 R,根据 Armstrong 公理系统推导出来的每一个函数依赖一定是关系模式 R 所逻辑蕴涵的函数依赖。

(2) Armstrong 公理系统的完备性。对于关系模式 R 所逻辑蕴涵的每一函数依赖,必定可以由 R 出发根据 Armstrong 公理系统推导出来。

3. 模式分解的标准

将一个关系模式分解为若干个关系模式,必须按照一定规则分解,分解后产生的模式和原来的模式等价,并且要满足下列要求。

①模式分解是具有无损连接性的;

②模式分解是保持函数依赖的;

③模式分解既要具有无损连接又要保持函数依赖。

定义4.17　设有关系模式 $R(U,F)$ 分解为若干个关系模式 $R1(U_1,F_1), R_2(U_2,F_2), \cdots, R_n(U_n,F_n)$(其中 $U=U_1U_2\cdots U_n$, R_1 为 F 在 U_1 上的投影)。如果对于关系模式 R 的任一关系 r 都有 $r=\pi_{U_1}(r)\ \pi_{U_2}(r)\pi_{U_n}(r)$,则称这个分解为满足依赖集 F 的无损连接。

通过对关系 $r_1, r_2, \cdots, r_n$ 的自然连接运算重新得到关系 r 中的所有信息,或将关系 r 投影为 $r_1, r_2, \cdots, r_n$ 时并不会丢失信息,但是对 $r_1, r_2, \cdots, r_n$ 做自然连接可能会产生一些原来 r 中没有的元组,从而造成操作异常,即丢失了数据库中应该存在的数据。

例4.7　设关系模式 R(SNO,CNO,DEP),SNO 代表“学号”,CNO 代表班级号,DEP 代表所在系,在某一时刻的关系模式 r 见表4.15。

表4.15　关系模式 R

SNO	CNO	DEP
200905001	计算机3	信息系
200905002	计算机5	电子系
200905003	电子信息1	电子系
200905004	计算机5	信息系

(1)若按无损连接性将关系模式 R 分解为 SD(SNO,DEP)和 CD(CNO,DEP),则将 R 投影到 SD 和 CD 的属性上,得到分解后的关系模式 SD 见表4.16,分解后的关系模式 CD 见表4.17。

表4.16　分解后的关系模式 SD

SNO	DEP
200905001	信息系
200905002	电子系
200905003	电子系
200905004	信息系

表4.17　分解后的关系模式 CD

CNO	DEP
计算机3	信息系
计算机5	电子系
电子信息1	电子系

(2)对分解后的两个关系 $SD \bowtie CD$ 进行自然连接,得到结果见表4.18。

表4.18　$SD \bowtie CD$

SNO	CNO	DEP
200905001	计算机3	信息系
200905001	计算机5	信息系
200905002	电子信息1	电子系
200905003	电子信息1	电子系
200905004	计算机3	信息系
200905004	计算机5	信息系

SD $\bowtie$ CD 比关系 R 的元组多了两个元组(200905001,计算机5,信息系)和(200905004,计算机3,信息系),因此无法知道原来 R 中究竟有哪些元组,所以此分解方法仍然产生数据冗余。

(3)使分解后的模式既具有无损连接又保持函数依赖。

把 R 分解成 SC 和 SD,分解后的关系模式 SC 见表4.19,分解后的关系模式 SD 见表4.20。

表 4.19　分解后的关系模式 *SC*

SNO	CNO
200905001	计算机 3
200905002	计算机 5
200905003	电子信息 1
200905004	计算机 5

表 4.20　分解后的关系模式 *SD*

SNO	DEP
200905001	信息系
200905002	电子系
200905003	电子系
200905004	信息系

对 $SC \bowtie SD$ 关系进行自然连接的结果见表 4.21。

表 4.21　$SC \bowtie SD$

SNO	CNO	DEP
200905001	计算机 3	信息系
200905002	计算机 5	电子系
200905003	电子信息 1	电子系
200905004	计算机 5	信息系

对 $SC \bowtie SD$ 与 R 关系模式完全一样,因此按第三种方式的模式分解既具有无损连接又保持函数依赖,没有丢失信息。

分解具有无损连接和分解保持函数依赖是两个互相独立的标准。具有无损连接性的分解不一定能够保持函数依赖,同理,保持函数依赖的分解也不一定具有无损连接性。

4.4　小　　结

本章主要介绍规范化思想。规范化是一种理论,它研究如何通过规范以解决数据冗余及其所带来的异常现象。在数据库实际设计中,由于现实世界的复杂性,因此在构造关系模式时必须要考虑到多种因素。如果模式分解过多,就会在数据查询过程中用到较多的连接运算,而这必然影响到查询速度。因此,在实际问题中,如何用这种规范化思想来指导设计一个好的关系模式是至关重要的。

函数依赖是数据库的最基本的一种联系,本章主要介绍了两种最重要的数据依赖,分别是函数依赖和多值依赖。

范式是衡量一个模式好坏的标准,能够体现出模式中数据依赖之间应该满足的联系。范式的级别越高,出现的数据冗余和操作异常相对来说就越少。本章主要介绍了六种范式,分别是第一范式、第二范式、第三范式、BCNF 范式、第四范式和第五范式。它们的关系是 5NF⊆4NF⊆BCNF⊆3NF⊆2NF⊆1NF。

关系模式的分解过程实际是要解决数据冗余和操作异常问题,主要方法是把一个模式分解为多个关系模式,把不合理的结构转换为更合理的结构,减少数据冗余,消除插入异常、更新异常和删除异常。

4.5　习　　题

一、选择题

1. 消除了非主属性对码的部分函数依赖的1NF的关系模式必定是(　　)。

A. 1NF　　B. 2NF　　C. 3NF　　D. BCNF

2. 已知关系模式 $R(A,B,C,D,E)$ 及其函数依赖集合 $F=\{A\to D,B\to C,E\to A\}$,该关系模式的候选码是(　　)。

A. AB　　B. BE　　C. CD　　D. DE

3. 对于关系模型 R,如果 R 满足2NF的模式,则 R(　　)。

A. 可能是1NF　　B. 必定是1NF　　C. 必定是3NF　　D. 必定是BCNF

4. 对2NF关系模式进行投影,消除原关系模式中的非主属性对码的传递函数依赖,将2NF关系模式转换成 N 个(　　)关系模式。

A. 1NF　　B. 2NF　　C. 3NF　　D. BCNF

5. 关系模式 $R(U,F)\in$1NF,如果对于 R 的每个非平凡多值依赖 $X\to\to Y(Y\not\subset X)$,$X$ 都含有候选码,则 R 属于(　　)。

A. 2NF　　B. 3NF　　C. 4NF　　D. BCNF

6. 如果在多值依赖中 $X\to\to Y,Y\to\to Z$,则 $X\to\to Z-Y$,说明多值依赖具有(　　)。

A. 对称性　　B. 传递性　　C. 特殊性　　D. 相反性

7. 学生表(SNO,Name,Sex,Age,ClassNO,Classname),存在的函数依赖是SNO→{SNO,Name,Sex,Age,ClassNO};ClassNO→Classname,其满足(　　)。

A. 1NF　　B. 2NF　　C. 3NF　　D. BCNF

8. (　　)不是1NF可能存在的问题。

A. 更新异常　　B. 删除异常　　C. 插入异常　　D. 实体联系少

9. BCNF符合3NF,是对(　　)关系进行投影,将消除原关系中主属性对码的部分与传递依赖,得到一组BCNF关系。

A. 1NF　　B. 2NF　　C. 3NF　　D. BCNF

10. 关系模式的候选码可以有1个或多个,而主码有(　　)。

A. 1个　　B. 多个　　C. 0个　　D. 1个或多个

11. 设 U 是所有属性的集合,X、Y、Z 都是 U 的子集,若 $X\to\to Y$,则 $X\to\to Z$,其中 $Z=U-X-Y$,则这是多值依赖(　　)特性。

A. 对称性　　B. 传递性　　C. 特殊性　　D. 相反性

12. 关系数据库规范化是为了解决关系数据库中的(　　)问题而引入的。

A. 提高查询速度

B. 减少或消除插入异常、删除异常和数据冗余

C. 保证数据的安全性和完整性

D. 数据库管理的需要

13. 在关系模式 R 中所有属性都是不可再分的最小数据项，则称 R 是(　　)范式。

A. 1NF　　B. 2NF　　C. 3NF　　D. BCNF

14. 下列不属于分解规范化方法的是(　　)。

A. 对 1NF 关系模式进行投影，消除原关系模式中的非主属性对码的部分函数依赖，将 1NF 关系模式转换成 N 个 2NF 关系模式。

B. 对 2NF 关系模式进行投影，消除原关系模式中的主属性对码的传递函数依赖，将 2NF 关系模式转换成 N 个 3NF 关系模式。

C. 对 3NF 关系模式进行投影，消除原关系模式中的主属性对码的部分函数依赖和传递函数依赖，使决定因素都包含一个候选码，得到比 3NF 更高级别的 BCNF 关系模式。

D. 对 BCNF 关系模式进行投影，消除关系模式中非平凡且非函数依赖的多值依赖，得到一组 4NF。

二、填空题

1. 一个关系就是一个实体。客观事物之间彼此联系，这种联系包含两种联系：一是____________的联系；二是____________的联系。

2. 在一个关系 R 中，若每个数据项都是不可再分割的，那么 R 一定属于____________。

3. 数据操作过程出现的操作异常是指____________、____________和____________。

4. 若关系 R 为 1NF，R 中的每个非主属性都完全依赖于任意一个候选码，则称关系 R 属于____________。

5. 如果有一个关系模式属于 BCNF 范式，那么它一定属于____________范式。

6. 如果 $X \to Y$ 和 $X \to Z$ 成立，那么 $X \to YZ$ 也成立，这个推理规则称为____________。

7. 范式是英国人____________在 20 世纪 70 年代提出关系数据库模型后总结出来的。

8. 若关系模式 R 是 2NF，R 中的每个非主属性对任何候选关键字都不存在传递依赖，则关系 R 属于____________关系模式。

9. 在函数依赖中，平凡函数依赖是可以根据 Armstrong 推理规则的____________律推出的。

10. 设关系 $R(U)$，X 和 Y 是 U 的属性，$X \to Y$ 是 R 的一个函数依赖，如果存在 $X' \to Y$ 成立，则称函数依赖 $X \to Y$ 是____________函数依赖。

三、简答题

1. 解释下列术语：

主码、函数依赖、部分函数依赖、完全函数依赖、传递依赖。

2. 给出 1NF、2NF、3NF、BCNF 的定义，并指出它们之间的联系和区别。

3. 什么是数据依赖？常用的数据依赖有哪几种？

4. 什么是关系模式的无损分解和保持函数依赖分解？

5. 设关系模式 R 有 N 个属性，在模式 R 上可能成立的函数依赖有多少个？其中平凡函数依赖有多少个？非平凡函数依赖有多少个？

6. 为什么说数据冗余会引起数据操作异常？

7. 设有关系模式 $R(CTD)$，F 是 R 上成立的函数依赖集合，$F=\{C\to T, T\to D\}$。C 代表课程名字，T 代表教师名，D 代表教师所在系，见表 4.22。

表 4.22　关系 R

C	T	D
C_1	张蓝梅	大数据科学系
C_2	刘一畅	大数据科学系
C_3	李玫益	智能机器人系
C_4	王雪红	大数据科学系

(1) 关系模式 R 是第几范式？说明原因。

(2) 关系模式 R 是否存在操作异常和数据冗余？如果存在请给出说明。

(3) 如何将关系模式 R 分解成最适合的范式？

(4) 写出关系模式 R 的函数依赖集合与主码。

8. 列举一个实例说明多值依赖和函数依赖的区别。

9. 下述结论中哪些是正确的？哪些是不正确的？正确的说明理由，不正确的请举出反例。

(1) 任何一个二元关系模式都属于 3NF 模式；

(2) 任何一个二元关系模式都属于 BCNF 模式；

(3) 任何一个二元关系模式都属于 4NF 模式；

(4) 任何一个二元关系模式都属于 5NF 模式；

(5) 在 $R(XYZ)$ 中，如有 $X\to Y$ 和 $Y\to Z$，则有 $X\to Z$；

(6) 在 $R(XYZ)$ 中，如有 $X\to Y$ 和 $X\to Z$，则有 $X\to YZ$；

(7) 在 $R(XYZ)$ 中，如有 $Y\to X$ 和 $Z\to X$，则有 $YZ\to X$；

(8) 在 $R(XYZ)$ 中，如有 $YZ\to X$，则有 $Y\to X$ 和 $Z\to X$。

10. 试由 Armstrong 公理的三个推论证明下面的规则是正确的。

(1) 合并规则。如果 $X\to Y, X\to Z$，则有 $X\to YZ$；

(2) 伪传递规则。如果 $X\to Y, YW\to Z$，则有 $XW\to Z$；

(3) 分解规则。如果 $X\to YZ$，则有 $X\to Y, X\to Z$。

第 5 章　数据库管理

数据库管理的主要目的是防止不合法的用户对数据库进行非法操作,实现数据库的安全性;防止不合法数据进入数据库,实现数据库的完整性。本章从数据库管理系统的角度讲述数据库管理的原理和方法,主要介绍数据库的安全性以及完整性约束,并以 MYSQL 数据库管理系统为例进行具体说明。

本章导读

- 数据库安全性控制概述
- 用户标识和鉴别
- 存取控制
- 数据库的完整性

5.1　数据库安全性控制概述

数据库的安全性是指保护数据库以防止非法用户访问数据库造成数据泄露、更改或破坏。由于数据库中集中存放着大量的企业、事业、金融等数据,大多数数据是非常关键的,并为许多用户直接共享,数据库的安全性相对于其他系统显得尤其重要,因此实现数据库的安全性是数据库管理系统的重要指标之一。

数据库的安全性不是孤立的。在网络环境下,数据库的安全性与三个层次相关:网络系统层、操作系统层、数据库管理系统层。这三层共同构筑起数据库的安全体系,它们与数据库的安全性逐步紧密,重要性逐层加强,从外到内保证数据库的安全性。在规划和设计数据库的安全性时,要综合每一层的安全性,使三层之间相互协调,互为补充,形成一个比较完善的数据库安全与保障体系,提高整个系统的安全性。

本章只讨论数据库管理系统对数据库进行安全管理的问题,网络系统层和操作系统层的安全性不做介绍。

数据共享和数据的独立性是数据库主要特点之一。数据库安全性控制就是尽可能地杜绝对数据库所有可能的非法访问,而不管他们是有意的还是无意的。数据库安全性的控制目标是在不影响用户的前提下,通过节约成本的方式将由预期事件导致的损失最小化。

数据库的安全性控制包括许多方面,从数据库角度而言,保证安全性所采取的措施有用户认证和鉴定,访问控制、视图,数据加密等。

一般来说,造成数据库中数据不正确、被破坏的原因是多方面的,但归纳起来主要有以下四个方面。

(1)数据库遭受破坏。自然的或人为的破坏,如火灾、计算机病毒以及未被授权人有意篡改数据等。

(2)数据丢失。对数据库数据的更新操作有误,如操作时输入的数据有误或存取数据库的应用程序有错等。

(3)数据不一致。数据库的并发操作引起的数据不一致。

(4)数据库管理系统故障。计算机软、硬件故障造成数据被破坏。

在一般计算机系统中,安全措施是一级一级地层层设置的,计算机系统的安全模型如图 5.1 所示。

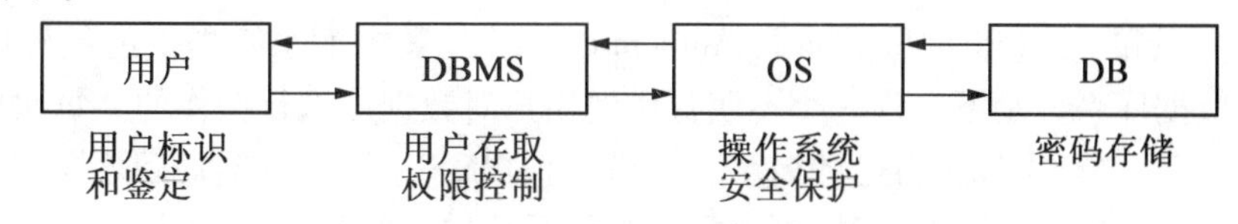

图 5.1　计算机系统的安全模型

在图 5.1 的安全模型中,用户要求进入计算机系统时,系统首先根据输入的用户标识进行用户身份鉴定,只有合法的用户才准许进入计算机系统。对已进入系统的用户,DBMS 还要进行存取控制,只允许合法的数据库用户执行合法的数据库操作。操作系统一般也会有自己的保护措施。

影响数据库安全性的因素很多,不仅有软、硬件因素,还有环境和人的因素;不仅涉及技术问题,还涉及管理问题、政策法律问题等。其内容包括计算机安全的理论、策略、技术,计算机安全的管理、评价、监督,计算机安全有关的犯罪、侦察与法律等。概括起来,计算机系统的安全性问题可分为三大类,即技术安全类、管理安全类和政策法律类。此处只在技术层面介绍数据库的安全性。

为准确地测定和评估计算机系统的安全性能指标,规范和指导计算机系统的生产,人们逐步建立和发展出了一套“可信计算机系统评测标准”。其中最重要的是 1985 年美国国防部(DoD)颁布的《DoD 可信计算机系统评估标准》(Trusted Computer System Evaluation Criteria, TCSEC,也称橘皮书)和 1991 年美国国家计算机安全中心(NCSC)颁布的可信计算机系统评估标准的《可信数据库系统的解释》(Trusted Database Interpretation,TDI,也称紫皮书)。TDI 将 TCSEC 扩展到数据库管理系统,定义了数据库管理系统的设计与实现中需要满足和用于进行安全性级别评估的标准。

TCSEC/TDI 将系统划分为 DCBA 四组,D、C1、C2、B1、B2、B3、A1 从低到高共七个等级。较高安全等级提供的安全保护要包含较低等级的所有保护要求,同时提供更多更完善的保护能力。在数据库安全管理中主要采用 B1 级标准,即标记安全保护(Labeled Security Protection),对系统的数据加以标记,并对标记的主体和客体实施强制存取控制(Mandatory Access Control,MAC)。B1 级能够较好地满足大型企业或一般政府部门对于数据的安全需求,这一级别的产品才认为是真正意义上的安全产品。满足此级别的产品多冠以“安全”(Security)或“可信的”(Trusted)字样,作为区别于普通产品的安全产品出售。

在数据库管理系统方面有 Oracle 公司的 Trusted Oracle 7、Sybase 公司的 Secure SQL Server version 11.0.6、Informix 公司的 Incorporated INFORMIX – OnLine Secure5.0 等。

从分级标准可以看出,支持自主存取控制(DAC)的 DBMS 属于 C1 级,支持审计功能的 DBMS 属于 C2 级，支持强制存取控制（MAC）的 DBMS 则可以达到 B1 级。B2 以上的系统标准更多地还处于理论研究阶段，产品化和商品化的程度都不高，其应用也多限于一些特殊的部门（如军队）等。下面以 B1 级标准中的用户标识和鉴别、存取控制（DAC 和 MAC）、审计等功能进行介绍。

5.2　用户标识和鉴别

用户标识和鉴别（Identification & Authentication）是数据库系统提供的最外层安全保护措施。数据库系统是不允许一个不明身份的用户对数据库进行操作的。每次用户在访问数据库之前，必须先标识自己的名字和身份，由 DBMS 系统通过鉴别后才提供系统使用权。用户标识的鉴别方法有多种，可以委托操作系统进行鉴别，也可委托专门的全局验证服务器进行鉴别。一般的数据库管理系统都提供用户标识和鉴别机制。

用户标识包括用户名（User Name）和口令（Password）两部分。DBMS 有一张用户口令表，每个用户有一条记录，其中记录着用户名和口令两项数据。用户在访问数据库前，必须先在 DBMS 中进行登记备案，即标识自己（输入用户名和口令）。为保密起见，用户在终端上输入的口令不会直接显示在屏幕上，系统核对口令以鉴别用户身份。

通过用户名和口令来鉴定用户的方法简单易行，但用户名与口令容易被人窃取，因此还可以用更复杂的方法。在数据库使用过程中，DBMS 根据用户输入的信息来识别用户的身份是否合法，这种标识鉴别可以重复多次，采用的方法也可以多种多样。鉴别用户身份，常驻机构用的方法有以下三种。

1. 使用只有用户掌握的特定信息鉴别用户

最广泛使用的就是口令。用户在终端输入口令，若口令正确则允许用户进入数据库系统，否则不能使用该系统。

口令是在用户注册时系统和用户约定好的，可以是一个别人不易猜出的字符串，也可以是由被鉴别的用户回答系统的提问，问题答对了也就证实了用户的身份。

在实际应用中，系统还可以采用更复杂的方法来核实用户，如设计比较复杂的变换表达式，甚至可以加进与环境有关的参数，如年龄、日期和时间等。例如，系统给出一个随机数 X，然后按 $T(X)$ 对 X 完成某种变换，把结果 Y（等于 $T(X)$）输入系统，此时系统也根据相同的转换来验证与 Y 值是否相等。假设用户注册一个变换表达式 $T(X)=5X+10$，当系统给出随机数为 6 时，如果用户回答为 40，就证明该用户身份是合法的。这种方式与口令相比的优点就是不怕别人偷看。系统每次都提供不同的随机数，即使用户的回答被他人看到了也没关系，要猜出用户的变换表达式是困难的。用户可以约定比较简单的计算过程或函数，以便计算起来方便；也可以约定比较复杂的计算过程或函数，以便安全性更好。

2. 使用只有用户具有的物品鉴别用户

磁卡就属于鉴别物之一，其使用较为广泛。磁卡上记录有用户的用户标识符，使用时，数据库系统通过磁卡阅读装置读入信息并与数据库内的存档信息进行比较来鉴别用户的身份，但应该注意磁卡有丢失或被盗的危险。

3. 使用用户的个人特征鉴别用户

这种方式是利用用户的个人特征,如指纹、签名、声音等进行鉴别。相对于以用户身份鉴别的方法,需要昂贵、特殊的鉴别装置,这种方法得到了推广和使用。

5.3　存取控制

在数据库系统中,为了保证数据库的安全,要求用户只能访问允许范围内的数据,因此必须针对使用该数据库的用户进行授权,来确保数据库的安全。

用户数据库安全控制主要是指 DBMS 的存取控制机制。保障数据库安全最重要的一点就是确保只有授权用户访问数据库,同时令所有未被授权的人员无法接近数据,这主要通过数据库系统的存取控制机制实现。

5.3.1　定义用户权限

用户权限是指不同的用户对于不同的数据对象允许执行的操作权限。系统必须提供适当的语言定义用户权限,这些定义经过编译后存放在数据字典中,称为安全规则或授权规则。用户的权限由两部分构成,一部分是数据对象,另一部分是操作类型。数据库权限见表5.1。

表5.1　数据库权限

数据对象	操作类型
模式	Create Schema
数据库	Create Database
表	Create Table、Alter Table
视图	Create View
索引	Create Index
行、列	Select、Insert、Update、Delete、References、ALL、Privileges

5.3.2　检查合法权限

每当用户发出存取数据的操作请求后(请求一般应包括操作类型、操作对象和操作用户等信息),DBMS 查找数据字典,根据安全法则进行合法权限检查,若用户的操作请求超出了定义的权限,系统将拒绝执行此操作。

用户权限定义和合法权检查机制一起组成了 DBMS 的安全子系统。前面已经讲到,当前大型的 DBMS 一般都支持 C2 级中的自主存取控制(DAC),有些 DBMS 同时还支持 B1 级中的强制存取控制(MAC)。

自主存取控制方法和强制存取控制方法的简单定义如下。

(1)自主存取控制方法。用户对于不同的数据对象有不同的存取权限,不同的用户对同一对象也有不同的权限,而且用户还可将其拥有的存取权限转授给其他用户。因此,自主存取控制非常灵活。

(2)强制存取控制方法。每一个数据对象被标以一定的密级,每一个用户也被授予某一个级别的许可证。对于任意一个对象,只有具有合法许可证的用户才可以存取。因此,强制存取控制相对比较严格。

5.3.3 自主存取控制方法

自主存取控制(DAC)是在用户标识和鉴别的基础上对用户进行授权。大型数据库管理系统几乎都支持自主存取控制,目前的 SQL 标准也对自主存取控制提供支持,这主要通过 SQL 的 GRANT 语句和 REVOKE 语句来实现。

用户权限是由四个要素组成的:权限授出用户(Grantor)、权限接受用户(Grantee)、数据对象(Object)和操作类型(Operate)。定义一个用户的存取权限就是权限授出用户定义权限接受用户可以在哪些数据对象上进行哪些类型的操作。在数据库系统中,定义存取权限称为授权(Authorization)。

用户、数据库对象和授给用户操作的权限共同组成了安全性子系统,授权的实例见表 5.2。

表 5.2 授权的实例

用户名	数据库对象(关系名)	操作权限
RuFang	XS	INSERT
LangPai	XS	SELECT
RuFang	Course	ALL
LangPai	Course	UPDATE
…	…	…
WuDong	SC	SELECT
WuDong	SC	UPDATE

授权机制是指用户使用该数据库对象的范围有多大,就是授权的粒度。授权的粒度越大,授权子系统的灵活性就会越差一些;相反,数据对象粒度越小,授权子系统就越灵活,提供的安全性就越完善。

数据对象的建立者(拥有者)和超级用户(DBA)自动拥有数据对象的所有操作权限,包括授出的权限;接受权限用户可以是系统中标识的任何用户;数据对象不仅有表和属性列等数据本身,还有模式、外模式、内模式等数据字典中的内容。常见的数据对象有基本表(Table)、视图(View)、过程(Procedure)等;操作类型有建立(CREATE)、增加(INSERT)、修改(UPDATE/ALTER)、删除(DELETE/DROP)、检索(SELECT)等。

5.3.4 授权与回收

在 SQL 中通常用 GRANT 语句对用户授予数据库及数据对象的操作权限,用 REVOKE 语句收回用户的权限。

(1)GRANT。

```
GRANT <权限1>[,<权限2>,…,<权限n>]
ON   <对象类型>   <对象名>[,<对象类型><对象名>[…]]
TO   <用户1>[,<用户2>…<用户n>]
[WITH GRANT OPTION];
```

(2)REVOKE。

```
REVOKE   <权限1>[,<权限1>,…,<权限n>]
ON   <对象类型>   <对象名>[,<对象类型><对象名>[…]]
FROM   <用户1>[,<用户2>…<用户n>]
[WITH  GRANT OPTION];
```

例 5.1　基本表 XS 和 Course 的建立者 user 使用 GRANT 语句将 XS 表的操作权限授予不同的用户,使用 REVOKE 收回权限。

①授予用户 WangPai 对 XS 查询的权限。

```
GRANT SELECT
ON XS TO WangPai;
```

②授予用户 TanGai 对 Course 插入、更新、删除的权限。

```
GRANT INSERT,UPDATE,DELETE
ON Course TO TanGai;
```

③授予用户 TanGai 对 Course 操作的所有权限。

```
GRANT ALL Privileges
ON Course TO  TanGai;
```

④授予所有用户对 SC 插入、更新、删除的权限。

```
GRANT INSERT,UPDATE,DELETE
ON SC TO PUBLIC;
```

⑤授予用户 YuNong 对 SC 查询、插入、更新、删除的权限。

```
GRANT SELECT,INSERT,UPDATE,DELETE
ON SC TO YuNong;
```

⑥授予用户 MuHai 对 SC、XS 操作的所有权限。

```
GRANT all Privileges
ON SC,XS TO MuHai;
```

⑦收回用户 WangPai 对 XS 查询的权限。

```
REVOKE SELECT
ON XS From WangPai;
```

⑧收回用户 TanGai 对 Course 插入、更新、删除的权限。

```
REVOKE INSERT, UPDATE,DELETE
On Course From TanGai;
```

⑨收回用户 MuHai 对 SC、XS 操作的所有权限。

```
REVOKE all Privileges
On SC,XS From MuHai;
```

授权粒度越细,授权子系统就越灵活,但系统定义与检查权限的开销也会相应地增大。例如,上面的授权定义可精细到字段级,而有的系统只能对关系授权。关系数据库中授权的数据对象粒度有数据库、表、属性列等。

衡量授权子系统精巧程度的另一个尺度是能否提供与数据值有关的授权。上例的授权定义是独立于数据值的,即用户能否对某类数据对象执行的操作与数据值无关,完全由数据名决定;反之,若授权依赖于数据对象的内容,则称为与数据值有关的授权。

有的系统还允许存取谓词引用系统变量,如一天中的某个时刻、某台终端的设备号等。这样用户只能在某台终端、某时间段内存取有关数据,这就是与时间和地点有关的存取权限。

数据库管理系统一般都支持视图数据对象,允许使用视图机制实现属性列的授权和与数据值有关的授权。将属性列的存取限制和数据值的存取限制定义在合适的视图中,然后针对视图进行授权。

例 5.2 XS 表的建立者 user 建立视图 v_student,并授权 LiJia 查询的权限。其中,属性列只选择学号、姓名、专业名,其他列不能存取;只选取专业名为"计算机"的记录,其他记录不能查询。

```
CREATE VIEW v_student AS
SELECT 学号,姓名,专业名 FROM XS WHERE 专业名 = "计算机";
GRANT SELECT ON v_student TO LiJia;
```

自主存取控制能够通过授权机制有效地控制其他用户对敏感数据的存取。但是由于用户对数据的存取权限是"自主"的,因此用户可以自由地决定将数据的存取权限授予何人,决定是否也将"授权"的权限授予别人。在这种授权机制下,仍可能存在数据的"无意泄露"。

如用户 usera 将数据对象权限授予用户 LiJia,usera 的意图是只允许 LiJia 操纵这些数据,但是 LiJia 可以在 usera 不知情的情况下进行数据备份并进行传播。出现这种问题的原因是这种机制仅仅通过限制存取权限进行安全控制,而没有对数据本身进行安全标识。解决这一问题需要对所有数据进行强制存取控制。

1. 数据库角色

数据库角色是指被命名的一组与数据库操作相关的权限。从概念讲,它与操作系统用户是完全无关的。数据库角色属于用户权限对某个数据库操作的集合。通过角色,可以方便快捷地把用户集中到某些数据库类型的操作中,然后对这些操作授予具体的权限。对角色授予、回收权限时,将对其中的所有成员生效。因此,减少了在用户接受或离开某项工作时,反复地进行授予、回收每个用户的权限。

角色的创建用 SQL 语言中 CREATE ROLE 语句;角色的删除用 SQL 语言中 DROP ROLE 语句。

(1)创建角色。

```
CREATE ROLE name;
```

说明:name 的命名遵循 SQL 标识符的规则。

(2)给角色授权。

```
GRANT <权限1>[,<权限2>][,…,<权限n>]
ON <对象类型>对象名
TO <角色1> <角色2>…,<角色n>]…
```

(3)回收角色。

```
REVOKE <权限>[,<权限2>1[…,<权限n>]
ON <对象类型>对象名
FROM <角色1>[ <角色2>….,<角色n>]
```

(4)删除角色。

```
DROP ROLE  name;
```

说明:DROP ROLE 删除指定的角色。只有超级用户有权限删除一个超级用户角色,要删除普通用户角色,必须是创建角色(CREATE ROLE)的用户。

例 5.3　角色操作的例子。

(1)创建角色 YY1。

```
CREATE ROLE YY1;
```

(2)对 YY1 这个角色赋予对表 Course 的 Insert、Update、Delete 权限。

```
Grant Insert,Update,Delete
ON TABLE Course To YY1;
```

(3)通过 YY1 这个角色赋予 X2、X3、X4 权限,使这三个用户拥有 YY1 的全部权限。

```
Grant YY1
TO X2,X3,X4;
```

(4)通过 YY1 角色可以收回 X3 用户所拥有的所有权限。

```
Revoke YY1
From X3;
```

(5)对 YY1 角色增加 Select 权限。

```
Grant Select
ON TABLE Course
To YY1 ;
```

2. 强制存取控制方法

所谓强制存取控制方法(MAC),是指系统为保证更高程度的安全性,按 TDI/TCSEC 标准中安全策略的要求采取的强制存取的检查手段,它不是用户能直接感知或进行控制的。MAC 适用于那些对数据有严格而固定密级分类的部门,如军事部门或政府部门。

在 MAC 中,DBMS 所管理的全部实体被分为主体和客体两大类。

主体是系统中的活动实体,既包括 DBMS 所管理的实际用户,也包括代表用户的各进程。客体是系统中的被动实体,是受主体操纵的,包括文件、基本表、索引、视图等。对于主体和客体,DBMS 为它们每个实例(值)指派一个敏感度标记(Label)。

敏感度标记被分成若干个级别,如绝密(Top Secret)、机密(Secret)、可信(Confidential)、公开(Public)等。主体的敏感度标记称为许可证级别(Clearance Level),客体的敏感度标记称为密级(Classification Level)。MAC 机制就是通过对比主体的 label 和客体的 label,最终确定主体是否能够存取客体。

当某一用户(或某一主体)以标记 label 注册入系统时,系统要求他对任何客体的存取必须遵循如下规则:

(1)仅当主体的许可证级别大于或等于客体的密级时,该主体才能读取相应的客体;

(2)仅当主体的许可证级别等于客体的密级时,该主体才能写相应的客体。

这两个规则的共同点在于它们均禁止了拥有高许可证级别的主体更新低密级的数据对象,从而防止了敏感数据的泄露。

强制存取控制是对数据本身进行密级标记,无论数据如何复制,标记与数据是一个不可分的整体,只有符合密级标记要求的用户才可以操纵数据,从而提供了更高级别的安全性。在实现 MAC 时要首先实现 DAC,即 DAC 与 MAC 共同构成 DBMS 的安全机制。系统首先进行 DAC 检查,对通过 DAC 检查的允许存取的数据对象再由系统自动进行 MAC 检查,只有通过 MAC 检查的数据对象方可存取。

5.3.5　视图机制

出于数据独立性考虑,SQL 提供有视图定义功能。实际上这种视图机制还可以提供一定的数据库安全性保护。

在数据库安全性问题中,一般用户使用数据库时,需要对其使用范围设定必要的限制,即每个用户只能访问数据库中的一部分数据。这种必需的限制可以通过使用视图实现。具体来说,就是根据不同的用户定义不同的视图,通过视图机制将具体用户需要访问的数据加以确定,而将要保密的数据对无权存取这些数据的用户隐藏起来,使得用户只能在视图定义的范围内访问数据,不能随意访问视图定义以外的数据,从而自动地对数据提供相应的安全保护。

例 5.4　在学生基本表中只允许用户查询男生的数据。

```
GREATE VIEW S_male
  AS SELECT *
  FROM XS
  WHERE 性别 = "男"
```

需要指出的是,视图机制最主要的功能在于提供数据独立性,因此"附加"提供的安全性保护功能尚不够精细,往往不能达到应用系统的要求。在实际应用中,通常是将视图机制与存取控制配合使用,首先用视图机制屏蔽掉一部分保密数据,然后在视图上面再进一步定义存取权限。

5.3.6　审计跟踪

上面所介绍的数据库安全性保护措施都是正面的预防性措施,它防止非法用户进入 DBMS 并从数据库系统中窃取或破坏保密的数据。而审计跟踪则是一种事后监视的安全性保护措施,它跟踪数据库的访问活动,以发现数据库的非法访问,达到安全防范的目的。

按照 TDI/TCSEC 标准中安全策略的要求,"审计"功能就是 DBMS 达到 C2 以上安全级别必不可少的一项指标。DBMS 的跟踪程序可对某些保密数据进行跟踪监测,并记录有关数据的访问活动。当发现潜在的窃密活动(如重复的、相似的查询等)时,一些有自动报警功能 DBMS 就会发出警报信息。对于没有自动报警功能的 DBMS,也可根据这些跟踪记录信息进行事后分析和调查。审计跟踪的结果记录在一个特殊的文件上,这个文件称为"跟踪审查记录文件"。

审记跟踪记录一般包括下列内容:

①操作类型(如修改、查询等);

②操作终端标识与操作者标识;

③操作日期和时间;

④所涉及的数据;

⑤数据的前像和后像。

除对数据访问活动进行跟踪审查外,跟踪程序对每次成功或失败的注册以及成功或失败的授权或取消授权也进行记录。跟踪审查一般由 DBA 控制,或由数据的所有者控制。DBMS 提供相应的语句供施加和撤销跟踪审查之用。

审计通常是很费时间和空间的,所以 DBMS 往往都将其作为可选特征,允许 DBA 根据应用对安全性的要求,灵活地打开或关闭审计功能。审计功能一般主要用于安全性要求较高的部门。

通常情况下,用 SQL 语句中 AUDIT 语句进行审计,用 NOAUDIT 语句来取消审计。

例 5.5　对表 XS 结构的修改进行审计。

```
AUDIT ALTER
ON XS;
```

例 5.6　取消对 Studenta 表结构的修改审计。

```
NOAUDIT ALTER
ON Studenta;
```

例 5.7　取消对 Studenta 表的所有审计。

```
NOAUDIT ALL
ON Studenta;
```

5.3.7　数据加密

对于高度敏感性数据,如财务数据、军事数据、国家机密等,除以上安全性措施外,还可以采用数据加密技术。

数据加密是防止数据库中数据在存储和传输中失密的有效手段。加密的基本思想是根据一定的算法将原始数据(术语为明文,Plain Text)变换为不可直接识别的格式(术语为密文,Cipher Text),从而使得不知道解密算法的人无法获知数据的内容。

加密方法主要有两种。一种是替换方法,使用密钥(Encryption Key)将明文中的每一个字符转换为密文中的一个对应字符;另一种是置换方法,仅将明文的字符按不同的顺序重新排列。单独使用这两种方法的任意一种都是不够安全的,但是将这两种方法结合起来就能提供相当高的安全程度。采用这种结合算法的例子是美国 1977 年制定的官方加密标准——数据加密标准(Data Encryption Standard,DES)。

有关 DES 密钥加密技术及密钥管理问题在这里不讨论,可参考有关书籍。

目前有些数据库产品提供了数据加密例行程序,可根据用户的要求自动对存储和传输的数据进行加密处理。另一些数据库产品虽然本身未提供加密程序,但提供了接口,允许用户用其他厂商的加密程序对数据加密。

由于数据加密与解密也是比较费时的操作,而且数据加密与解密程序会占用大量系统资源,因此数据加密功能通常也作为可选特征,允许用户自由选择,以便只对高度机密的数据加密。

5.4　数据库的完整性

数据库的完整性指数据的正确性和相容性。与数据库的安全性不同,数据库的完整性是为防止数据库中存在不符合语义规定的数据、系统输入/输出无效信息,同时还要使存储在不同副本中的同一个数据保持一致性而提出的。而安全性防范对象是非法用户和非法操作。维护数据库的完整性是数据库管理系统的基本要求。

为维护数据库的完整性,数据库管理系统(DBMS)必须提供一种机制来检查数据库中的数据是否满足语义约束条件。这些加在数据库数据之上的语义约束条件称为数据库的完整性约束条件。DBMS 检查数据是否满足完整性约束条件的机制称为完整性检查。

5.4.1 完整性控制的含义

数据库的完整性包括数据的正确性、有效性和一致性。其中,正确性是指输入数据的合法性。例如,一个数据值型数据只能有 0,1,…,9,不能含有字母和特殊字符,有了就是不正确,就失去了完整性。有效性是指所定义数据的有效范围。例如,人的性别不能有"男、女"之外的值;人的一天最多工作时间不能超过 24 h;工龄不能大于年龄等。一致性是指描述同一事实的两个数据应相同,如一个人不能有两个不同的性别、年龄等。

1. 数据库完整性控制的作用

数据库完整性控制对数据库系统是非常重要的,其作用主要体现在如下所述的几个方面。

(1)数据库完整性约束能够防止合法用户使用数据库时向数据库中添加不符合语义规定的数据。

(2)利用基于 DBMS 的完整性控制机制来实现业务规划,易于定义,容易理解,而且可降低应用程序的复杂性,提高应用程序的运行效率。

(3)基于 DBMS 的完整性控制机制是集中管理的,因此比应用程序更容易实现数据库的完整性。

(4)合理的数据库完整性设计,能够同时兼顾数据库的完整性和系统的效能。

(5)在应用软件的功能测试中,完善的数据库完整性有助于尽早发现应用软件的错误。

2. 对数据库完整性的破坏

通常情况下,对数据库的完整性破坏来自以下几个方面:

(1)操作人员或终端用户的错误或疏忽;

(2)应用程序(操作数据)错误;

(3)数据库中并发操作控制不当;

(4)数据冗余,引起某些数据在不同副本中不一致;

(5)DBMS 或者操作系统出错;

(6)系统中任何硬件(如 CPU、磁盘、通道、I/O 设备等)出错。

数据库的数据完整性随时都有可能遭到破坏,应尽量减少被破坏的可能性,在数据遭到破坏后能尽快地恢复到原样。因此,完整性控制是一种预防性的策略。完整性控制能够保证各个操作的结果得到正确的数据,即只要能确保输入数据的正确,就能够保证正确的操作产生正确的数据输出。

5.4.2 完整性约束条件

数据库的完整性是指数据的正确性和相容性。数据库是否具备完整性关系到数据库系统能否真实地反映现实世界。因此,维护数据库的完整性是非常重要的。

为维护数据库的完整性,DBMS 必须提供一种机制来检查数据库中的数据,看其是否满足语义规定的条件。这些加在数据库数据之上的语义约束条件称为数据库完整性约束条件,它们作为模式的一部分存入数据库中。而 DBMS 中检查数据是否满足完整性条件的机制称为完整性检查。

1. 完整性约束条件分类

完整性检查是围绕完整性约束条件进行的,因此完整性约束条件是完整性控制机制的核心。

完整性约束条件作用的对象可以是关系、元组、列三种。其中,列约束主要是列的类型、取值范围、精度、排序等约束条件。元组的约束是元组中各个字段间的联系的约束。关系的约束是若干个元组间、关系集合上以及关系之间的联系的约束。

完整性约束条件涉及的这三类对象,其状态可以是静态的,也可以是动态的。所谓静态约束,是指数据库每一确定状态时的数据对象所应满足的约束条件,它是反映数据库状态合理性的约束,是最重要的一类完整性约束。动态约束是指数据库从一种状态转变为另一种状态时新、旧值之间所应满足的约束条件,它是反映数据库状态变迁的约束。

综上所述,可以将完整性约束条件分为以下六类。

(1)静态列级约束。静态列级约束是对一个列的取值域的说明,这是最常用,也是最容易实现的一类完整性约束,包括以下几个方面。

①对数据类型的约束。包括数据的类型、长度、单位、精度等。例如,stuname 类型为字符型,长度为 8;货物质量单位,使取值在正常范围内;性别的取值集合为[男,女],则可以为性别字段创建 CHECK 约束。

②对空值的约束。用 NOT NULL 来设定某列值不能为空。如果设定某列为 NOT NULL,则在添加记录时,此列必须插入数据。空值表示未定义或未知的值,与零值和空格不同。可以设置列不能为空值,如学生 ID 号不能为空值,而学生来自的省份可以为空值。

③其他约束。

(2)静态元组约束。一个元组是由若干个列值组成的,静态元组约束就是规定元组各个列之间的约束关系。

(3)静态关系约束。在一个关系的各个元组之间或者若干个关系之间常常存在各种联系或约束。常见的静态关系约束如下。

①实体完整性约束。

②参照完整性约束。

实体完整性约束和参照完整性约束是关系模型的两个极其重要的约束,称为关系的两个不变性。

③函数依赖约束。大部分函数依赖约束都在关系模式中定义。

④统计约束。指字段值与关系中多个元组的统计值之间的约束关系。

(4)动态列级约束。动态列级约束是修改列定义或列值时应满足的约束条件,包括下面两方面。

①修改列定义时的约束。例如,将允许空值的列改为不允许空值时,如果该列目前已存在空值,则拒绝这种修改。

②修改列值时的约束。修改列值有时需要参照其旧值,并且新旧值之间需要满足某种约束条件,如职工工资调整不得低于其原来工资、学生年龄只能增长等。

(5)动态元组约束。动态元组约束是指修改元组的值时,元组中各个字段间需要满某种约束条件，如职工工资调整时新工资不得低于原工资＋工龄×1.6等。

（6）动态关系约束。动态关系约束是加在关系变化前后状态上的限制条件，如事务一致性、原子性等约束条件。

2. 完整性控制

DBMS的完整性控制机制应具有以下三个方面的功能。

（1）定义功能。提供定义完整性约束条件的机制。

（2）检查功能。检查用户发出的操作请求是否违背了完整性约束条件。

（3）违约提示。如果发现用户的操作请求使数据违背了完整性约束条件，则采取一定的动作来保证数据的完整性。

5.4.3　完整性规则

为实现对数据库完整性的控制，DBA应向DBMS提出一组适当的完整性规则，这组规则规定用户在对数据库进行更新操作时对数据检查什么、检查出错误后怎样处理等。

完整性规则规定了触发程序条件、完整性约束、违反规则的响应。触发程序条件是指什么时候使用完整性规则进行检查；完整性约束是指规定系统要检查什么样的错误；违反规则的响应，指查出错误后应该怎样处理。

完整性规则是由DBMS提供、由系统加以编译并存放在系统数据字典中的，但在实际的系统中常常会省去某些部分。进入数据库系统后，就开始执行这些规则。这种方法的主要优点是违约响应所查出的错误由系统来处理，而不是让用户的应用程序来处理。另外，其规则集中存放在数据字典中，而不是散布在各个应用程序中，这样容易从整体上理解和修改。

5.4.4　实现参照完整性要考虑的问题

在关系数据库系统中，最重要的完整性约束是实体完整性和参照完整性，其他完整性约束条件则可以归入用户定义的完整性中。目前DBMS系统中提供了定义和检查实体完整性、参照完整性和用户定义完整性的功能。对于违反实体完整性和用户定义完整性的操作，一般拒绝执行；而对于违反参照完整性的操作，不是简单拒绝，而是根据语义执行一些附加操作，以保证数据库的正确性。下面详细讨论实现参照完整性要考虑的几个问题。

1. 外码能否接受空值问题

例如，学生基本信息表XS和成绩表SC关系中，XS关系的主码为学号，SC关系的主码为学号和课程号，外码为学号，称SC为被参照关系，XS为参照关系。SC关系中某一元组的课程号若为空值，则表示这个学生还没有选课，这和应用环境的语意是相符的，因此SC关系的课程号列可以取空值。

因此，在实现参照完整性时，系统除应提供定义外码的机制外，还应提供定义外码列是否允许空值的机制。

2. 在被参照关系中删除元组的问题

一般地，当删除被参照关系的某个元组时，若参照关系存在若干个元组，其外码值与被参照关系删除元组的主码值相同，这时可有以下三种不同的策略。

（1）级联删除（Cascades）。将参照关系外码值与被参照关系中要删除元组主码值相同的元组一起删除。

(2)受限删除(Restricted)。仅当参照关系中没有任何元组的外码值与被参照关系中要删除元组的主码值相同时,系统才执行删除操作,否则拒绝此删除操作。

(3)置空值删除(Nullifies)。删除被参照关系的元组,并将参照关系中相应元组的外码值置空值。

3. 在参照关系中插入元组时的问题

一般地,当参照关系插入某个元组,而被参照关系不存在相应的元组时,其主码值与参照关系插入元组的外码值相同,这时可以有以下策略。

(1)受限插入。仅当被参照关系中存在相应的元组,其主码值与参照关系插入元组的外码值相同时,系统才允许插入,否则拒绝插入。

(2)递归插入。首先向被参照关系中插入相应的元组,其主码值等于参照关系插入元组的外码值,然后向参照关系插入元组。

4. 修改关系中主码的问题

(1)不允许修改主码。在有些 RDBMS 中,不允许修改关系主码。例如,上例中不能修改 XS 表中的学号。如果要修改,只能先删除,然后再增加。

(2)允许修改主码。在有些 RDBMS 中,允许修改关系主码,但必须保证主码的唯一性和非空,否则拒绝修改。当修改的关系是被参照关系时,还必须检查参照关系。

从上面的讨论中可以看到,DBMS 在实现参照完整性时,除要提供定义主码、外码的机制外,还需要提供不同的策略供用户选择。选择哪种策略,都要根据应用环境的要求来确定。

5.4.5　完整性的定义

1. 实体完整性

一个实体就是指表中的多条记录,而实体完整性是指在表中不能存在完全相同的两条或两条以上的记录,而且每条记录都要具有一个非空且不重复的主键值。

用 SQL 语句实现实体完整性的格式如下:

```
Create Table 表名
(列名1  类型 Primary KEY,
列名2  类型[ NOT NULL],
列名3  类型,
列名n  类型);
```

例5.8　将 XS 表中的学号属性定义为主码。

```
CREATE Table XS
    (学号      char(6)      not null   PRIMARY KEY, /* 在列级约束 * /
    姓名      char(8)      not null,
    专业名    char(10)      null,
    性别      tinyint(1)   not null   default 1,
    出生日期  date        not null,
    省份      char(10)      null,
    总学分     tinyint(1)   null);
```

或为

```
CREATE Table XS
```

```
    (学号      char(6)     not null,
    姓名      char(8)     not null,
    专业名    char(10)     null,
    性别      tinyint(1)   not null   default 1,
    出生日期  date        not null,
    省份      char(10)     null,
    总学分    tinyint(1)   null,
PRIMARY KEY (学号)    /* 在表级约束 */
);
```

2. 域完整性

域完整性是指向表的某列添加数据时，添加的数据类型必须与该列字段数据类型、格式及有效的数据长度相匹配。通常情况下，域完整性是通过 CHECK 约束、外键约束、默认约束、非空定义、规则以及在建表时设置的数据类型实现的。

例 5.9　添加 CHECK 约束

(1)创建 Phone 表的同时创建约束。

```
CREATE TABLE Phone
(姓名  char(8),
年龄  int,
电话号码  char(8))
CONSTRAINT  Phone_CK
Check(电话号码 Code like " [0-9] [0-9] [0-9] [0-9] [0-9] [0-9]
[0-9] [0-9] [0-9][0-9] [0-9]");
```

(2)对 Phone 表添加约束。

```
ALTER TABLE Phone ADD
CONSTRAINT yy_ch CHECK(年龄>0);
```

3. 参照完整性

参照完整性是指通过主键与外键建立两个或两个以上表的连接，建立连接的字段的类型和长度要保持一致。参照完整性是通过外键约束实现的。下面就是一个典型的通过外键约束例子。

```
CREATE TABLE SC(
学号      char(6)      not null,
课程号    char(3)      not null,
成绩 tinyint(1)      null,
学分 tinyint(1)      null,
PRIMARY KEY(学号,课程号),
FOREIGN KEY 学号 REFERENCES XS(学号),
On update cascade FOREIGN KEY 课程号 REFERENCES Course(课程号)
On delete reject
);
```

4. 用户自定义完整性

用户定义的完整性是根据具体的应用领域所要遵循的约束条件由用户自己定义的特定的规则。

5.5 小　　结

计算机网络技术的发展,使数据的共享性日益加强,数据的安全性问题也日益突出。DBMS作为数据库系统的数据管理核心,自身必须具有一套完整而有效的安全性机制。实现数据库安全的技术和方法有多种,其中最重要的是存取控制技术。

数据库的完整性是为了保证数据库中存储的数据是正确的,而"正确"的含义是指符合现实世界的语义。数据库的安全性是为了防止非法用户访问数据库,DBMS使用用户标识和密码防止非法用户进入数据库系统;存储控制防止非法用户对数据库对象的访问;审计记录了对数据库的各种操作;数据库的完整性防止不合法数据进入数据库。DBMS通过实体完整性、参照完整性和用户定义的完整性实现完整性控制。实体完整性就是定义关系的主码,参照完整性就是定义关系的外码。

关于完整性的基本要点是DBMS关于完整性实现的机制,其中包括完整性约束机制、完整性检查机制以及违背完整性约束条件时DBMS应当采取的措施等。需要指出的是,完整性机制的实施会极大地影响系统性能。但随着计算机性能和存储容量的提高以及数据库技术的发展,各种商用数据库系统对完整性的支持会越来越好。

5.6 习　　题

一、选择题

1.(　　)不属于实现数据库系统安全性的主要技术和方法。

A.存取控制技术　　B.视图技术

C.审计技术　　D.出入机房登记和加防盗门

2.SQL中的视图机制提高了数据库系统的(　　)。

A.完整性　　B.并发控制　　C.隔离性　　D.安全性

3.SQL语言的GRANT和REVOKE语句主要是用来维护数据库的(　　)。

A.完整性　　B.可靠性　　C.安全性　　D.一致性

4.在数据库的安全性控制中,授权的数据对象的(　　),授权子系统就越灵活。

A.范围越小　　B.约束越细致　　C.范围越大　　D.约束范围越大

二、填空题

1.数据库的安全性是指保护数据库以防止不合法的使用所造成的____________。

2.计算机系统有三类安全性问题,即____________、____________和____________。

3.用户标识和鉴别的方法有很多种,而且在一个系统中往往是多种方法并举,以获得更强的安全性。常用的方法有通过输入____________和____________来鉴别用户。

4.____________和____________一起组成了DBMS的安全子系统。

5.当前大型的DBMS一般都支持____________,有些DBMS同时还支持____________。

6. 用户权限是由__________和__________两个要素组成的。

7. 在数据库系统中,定义存取权限称为__________。SQL 用__________语句向用户授予对数据的操作权限,用__________语句收回授予的权限。

8. 对数据库模式的授权由 DBA 在__________时实现。

9. 一个 DBA 用户可以拥有__________、__________和__________权限。

10. 数据库角色是被命名的一组与__________相关的权限,角色是__________的集合。

11. 通过__________可以把要保密的数据对无权存取的用户隐藏起来,从而自动地对数据提供一定程度的安全保护。

三、简答题

1. 什么是数据库的安全性?

2. 试说明数据库的完整性的含义及分类。

3. 什么是角色,怎样给角色授权? 请举例说明。

4. 鉴别用户身份有几种方法? 请举例说明。

第6章　事务管理

在数据库操作过程中，如果失败，可能会造成数据丢失现象，所以要保证数据的一致性，防止数据的丢失，就要求这些操作是一个完整的执行单元，一定要全部完成。事务处理技术就是保证所有指令在事务执行的过程中全部执行成功或者回滚到初始状态。

事务处理技术主要包括数据库恢复技术和并发控制技术。数据库的并发控制和恢复技术与事务密切相关，事务是并发控制和恢复的基本单位。本章介绍数据库数据的一致性、并发控制、安全性、数据库备份和恢复以及事务等内容。

本章导读

- 事务
- 并发控制
- 数据库故障与恢复

6.1　事　　务

数据库中的数据是共享的资源，因此允许多个用户同时访问相同的数据。当多个用户同时操作相同的数据时，如果不采取任何措施，则会造成数据异常。事务是为防止这种情况发生而产生的概念。

6.1.1　事务的概念

事务（Transaction）是用户定义的一个数据库操作序列，这些操作要么全做，要么全不做，是一个不可分割的工作单位。一个事务可以是一条 SQL 语句，也可以是一组 SQL 语句。

例如，甲账户转账给乙账户 n 元钱，这个活动包含以下两个动作。

①第一个动作。甲账户 $-n$。

②第二个动作。乙账户 $+n$。

可以设想，假设第一个动作成功了，但第二个动作因某种原因而没有成功（如突然停电等），那么在系统恢复运行后，甲账户的金额是减 n 之前的值还是减 n 之后的值呢？如果乙账户的金额没有变化（没有加上 n），则正确的情况应该是甲账户的金额也是没有做减 n 操作之前的值。怎样保证在系统恢复之后，甲账户中的金额是减 n 操作之前的值呢？这就需要用到事务的概念。事务可以保证在一个事务中的全部操作全部成功或者全部失败。也就是说，当第二个动作没有成功完成时，系统会自动撤销第一个动作。这样当系统恢复正常时，甲账户和乙账户中的数据就不会丢失，从而保持数据的一致。

必须明确地告诉数据库管理系统哪几个动作属于一个事务，这可以通过标记事务的开始与结束实现。不同的事务处理模型中，事务的开始标记不完全一样，但无论是哪种事务处理模型，事务的结束标记都是一样的。事务的结束标记有两个：一个是正常结束，用COMMIT(提交)表示，也就是事务中的所有操作都会物理地保存到数据库中，成为永久的操作；另一个是异常结束，用ROLLBACK(回滚)表示，也就是事务中的全部操作被撤销，数据库回到事务开始之前的状态。事务中的操作一般是对数据的更新操作。

在SQL语言中，事务控制的语句有BEGIN TRANSACTION、COMMIT和ROLLBACK。如果用户没有指明事务的开始和结束，则DBMS按默认规定自动划分事务。用户以BEGIN TRANSACTION开始事务，以COMMIT或ROLLBACK结束事务。COMMIT表示提交事务，用于正常结束事务。ROLLBACK表示回滚，在事务执行过程中发生故障，事务不能继续时，用于撤销事务中所有已完成的操作，回到事务开始前的状态。

6.1.2　事务的特征

事务具有四个特征，即原子性(Atomicity)、一致性(Consistency)、隔离性(Isolation)和持久性(Durability)。由于事务四个性质的英文术语的第一个字母分别为A、C、I和D，因此这四个特征也简称为事务的ACID特征。

1. 原子性

事务的原子性是指事务是数据库的逻辑工作单位。事务中的操作，要么都做，要么都不做。

2. 一致性

事务的一致性是指事务执行的结果必须是使数据库从一个一致性状态变到另一个一致性状态。如前所述的转账事务，当事务成功提交时，数据库就从事务开始前的一致性状态转到了事务结束后的一致性状态。同样，如果因为某种原因，在事务尚未完成时就出现了故障，那么就会出现事务中的一部分操作已经完成，而另一部分操作还没有做的情况，这样就有可能使数据库产生不一致的状态。因此，事务中的操作如果有一部分成功，一部分失败，为避免数据库产生不一致状态，系统会自动将事务中已完成的操作撤销，使数据库回到事务开始前的状态。事务的一致性与原子性是密切相关的。

3. 隔离性

事务的隔离性是指数据库中一个事务的执行不能被其他事务干扰，即一个事务内部的操作及使用的数据对其他事务是隔离的，并发执行的各个事务不能相互干扰。

4. 持久性

事务的持久性也称为永久性(Permanence)，指事务一旦提交，则对数据库中数据的改变就是永久的，以后的操作或故障不会对事务的操作结果产生任何影响。

事务是数据库并发控制和恢复的基本单位，保证事务的ACID特性是事务处理的重要任务。事务的ACID特性可能遭到破坏的因素如下：

(1)多个事务并行运行时，不同事务的操作存在交叉的情况；

(2)事务在运行过程中被强迫停止。

在情况(1)下，数据库管理系统必须保证多个事务在交叉运行时不影响这些事务的原子性；在情况(2)下，数据库管理系统必须保证被强迫中止的事务对数据库和其他事务没有任何影响。

例6.1 小王从账号A转移资金500元到账号B。

```
BEGIN TRANSACTION
    READ A
A← A - 500
    IF A < 500
    THEN
BEGIN
DISPLAY "A账号不足500元"
ROLLBACK
            END
    ELSE
BEGIN
B← B + 500
DISPLAY "500元转账完成"
    COMMIT
END
```

这是对一个简单事务完整的描述。该事务有两个出口:当A账号的款项不足时,事务以ROLLBACK(回滚)命令结束,即回滚该事务的影响;另一个出口是以COMMIT(提交)命令结束,完成从账号A到账号B的拨款。在COMMIT之前,即在数据库修改过程中,数据可能是不一致的,事务本身也可能被回滚。只有在COMMIT之后,事务对数据库产生的变化才对其他事务开放,这就可以避免其他事务访问不一致或不存在的数据。

以上这些工作都是由数据库管理系统的恢复和并发控制机制完成的。

6.1.3 SQL Server中的事务

事务有两种类型:一种是隐式事务;另一种是显式事务。隐式事务是指每一条数据操作语句都自动地成为一个事务;显式事务是有显式的开始和结束标记的事务。对于显式事务,不同的数据库管理系统有不同的形式,一类是采用ISO制定的事务处理模型,另一类是采用T-SQL的事务。

T-SQL使用的事务处理模型对每个事务都有显式的开始和结束标记。事务的开始标记是BEGIN TRANSACTION(TRANSACTION可简写为TRAN),事务的结束标记有如下两个:

```
COMMIT [TRANSACTION|TRAN]:正常结束
ROLLBACK [TRANSACTION|TRAN]:异常结束
```

前面的转账例子用T-SQL事务处理模型可描述如下:

```
BEGIN TRANSACTION
UPDATE 支付表 SET 账户总额 = 账户总额 - n
    WHERE 账户名 = "A"
UPDATE 支付表 SET 账户总额 = 账户总额 + n
    WHERE 账户名 = "B"
COMMIT
```

6.2 并发控制

数据库的共享性是数据库系统的一个主要特点,这些共享的数据库资源可供多个用户使用。为提高数据库系统的利用率,充分利用数据库资源,允许多个用户同时进行存取(读写)数据库,这就是通常所说的并发操作。

但是多个用户在同时访问数据库时,这些用户有的在读数据库的数据,有的在向数据库中写数据,因此这种访问方式一定会造成不同用户从数据库中读的数据不一致的情况。例如,飞机订票系统的数据库、银行系统的数据库等都是典型多个用户共享的数据库。在这样的系统中,在同一时刻同时运行的事务可达数百个。若对多个用户的并发操作不加控制,就会造成数据存取的错误,破坏数据的一致性和完整性。

事务是并发控制的基本单位。如果事务是按顺序执行的,即一个事务完成之后,再开始另一个事务,则称这种执行方式为串行执行,串行执行的示意图如图 6.1(a)所示。如果数据库管理系统可以同时接受多个事务,并且这些事务在时间上可以重叠执行,则称这种执行方式为并发执行。在单 CPU 系统中,同一时间只能有一个事务占据 CPU,各个事务交叉地使用 CPU,这种并发方式称为交叉并发,交叉并发执行的示意图如图 6.1(b)所示。在多 CPU 系统中,多个事务可以同时占有 CPU,这种并发方式称为同时并发。这里主要讨论的是单 CPU 中的交叉并发的情况。

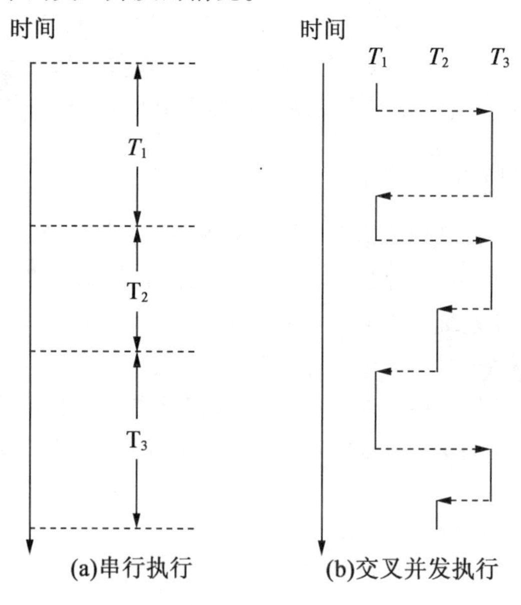

图 6.1 多个事务的执行情况

在单道处理机系统中,事务并行执行实际上是这些事务交替轮流地被执行,这种并行执行方式称为交叉并行方式(Interleaved Concurrency)。在多处理机系统中,每个处理机可以运行一个事务,多个处理机可以运行多个事务,真正实现多个事务的并行运行,这种并行执行方式称为同时并行方式(Simultaneous Concurrency)。

当多个事务被并行执行时,称这些事务为并发事务。并发事务可能产生多个事务存取同一数据的情况,如果不对并发事务进行控制,就可能出现存取不正确的数据,破坏数据的一致性。对并发事务进行调度,使并发事务所操作的数据保持一致性的整个过程称为并发控制。并发控制是数据库管理系统的重要功能之一。

6.2.1　并发操作的问题

数据库中的数据是可以共享的资源,因此会有很多用户同时使用数据库中的数据,也就是说在多用户系统中可能同时运行着多个事务,而事务的运行需要时间,并且事务中的操作需要在一定的数据上完成。那么当系统中同时有多个事务运行时,特别是当这些事务使用同一段数据时,彼此之间就有可能产生相互干扰的情况。

事务是并发控制的基本单位,保证事务的 ACID 特性是事务处理的重要任务,而事务的 ACID 特性会因多个事务对数据的并发操作而遭到破坏。为保证事务之间的隔离性和一致性,数据库管理系统应该对并发操作进行正确的调度。

下面看一下并发事务之间可能出现的相互干扰情况。

假设有两个飞机订票点甲和乙,如果甲、乙两个订票点恰巧同时办理同一架航班的飞机订票业务,其操作过程及顺序如下。

①甲订票点(执行事务 T_1)读出某航班目前的机票余额数 A,假设为 10 张。

②乙订票点(执行事务 T_2)读出同一航班目前的机票余额数 A,也为 10 张。

③甲订票点订出 6 张机票,修改机票余额为 $10-6=4$,并将 4 写回数据库中。

④乙订票点订出 5 张机票,修改机票余额为 $10-5=5$,并将 5 写回数据库中。

由此可见,这两个事务不能反映出飞机票数不够的情况,明明卖出 11 张机票,但数据库中车票余额只减少了 5 张,而 T_2 事务还覆盖了 T_1 事务对数据的修改,导致 T_1 事务的修改丢失,这种情况称为丢失修改,丢失数据修改见表 6.1。

表 6.1　丢失数据修改

顺序	事务 T_1	事务 T_2
①	读 A = 10	
②		读 A = 10
③	写 A = 4	
④		写 A = 5

在并发操作情况下产生数据的不一致,这是因为系统对 T_1、T_2 两个事务的操作序列的调度是随机的。这种情况在现实当中是不允许发生的。因此,数据库管理系统必须想办法避免出现这种情况,这就是数据库管理系统在并发控制中要解决的问题。

并发操作所带来的数据不一致情况大致可以概括为四种:丢失数据修改、读"脏"数据、不可重复读和产生"幽灵"数据。下面分别进行介绍。

1. 丢失数据修改

丢失数据修改是指两个事务 T_1 和 T_2 读入同一数据后并进行修改,事务 T_2 提交的结果破坏了事务 T_1 提交的结果,导致事务 T_1 的修改被事务 T_2 覆盖。上述飞机订票系统就属于这种情况。

2. 读“脏”数据

读“脏”数据是指一个事务读了某个失败事务运行过程中的数据，即事务 T_1 修改了某一数据，并将修改结果写回磁盘，然后事务 T_2 读取了同一数据（是事务 T_1 修改后的结果），但事务 T_1 后来因某种原因撤销了它所做的操作，这样被事务 T_1 修改过的数据又恢复为原来的值，那么 T_1 读到的值就与实际的数据值不一致了。这时就说事务 T_2 读的数据为事务 T_1 的“脏”数据或不正确的数据。读“脏”数据的原因是读取了未提交事务的数据，所以又称为未提交数据。读“脏”数据见表 6.2。

①事务 T_1 读 A = 10；

②事务 T_1 写 A = 5；

③事务 T_2 读 A = 5；

④事务 T_1 撤销，使 A 恢复原值 A = 10。

表 6.2　读“脏”数据

顺序	事务 T_1	事务 T_2
①	读 A = 10	
②	写 A = 5	
③		读 A = 5
④	撤销，A = 10	

3. 不可重复读

不可重复读是指事务 T_1 读取数据 A 后，事务 T_2 执行更新 A 操作，修改了事务 T_1 读取的数据。事务 T_1 操作完数据后，又重新读取了同样的数据，但这次读完之后，当事务 T_1 再对这些数据进行相同操作时，所得的结果与前一次不一样。读数据称为检索，所以又称为检索不一致。

①事务 T_1 读 A = 10；

②事务 T_2 读 A = 10；

③事务 T_2 写 A = 5；

④事务 T_1 验证原来的 A = 10，再读，此时 A = 5。

如果事务 T_1 开始读 A = 10，而后面读 A = 5，重新读 A 结果与前次结果不同，则称为不可重复读。除修改外，不可重复读包括事务 T_2 增加记录和删除记录的情况。如果事务 T_1 按一定条件从数据库中读取了某些记录，事务 T_2 删除了其中部分记录，事务 T_1 再次按相同条件读取数据时发现某些记录消失。如果事务 T_1 按一定条件从数据库中读取了某些记录，事务 T_2 增加了一些记录，事务 T_1 再次按相同条件读取数据时，发现多了一些记录。不可重复读见表 6.3。

表6.3 不可重复读

顺序	事务 T_1	事务 T_2
①	读 A = 10	
②		读 A = 10
③		写 A = 5
④	验证 A = 10 读 A = 5	

4. 产生“幽灵”数据

产生“幽灵”数据实际属于不可重复读的范畴。“幽灵”数据是指当事务 T_1 按一定条件从数据库中读取了某些数据记录后，事务 T_2 删除了其中的部分记录，或者在其中添加了部分记录。那么当事务 T_1 再次按相同条件读取数据时，发现其中莫名其妙地少了（删除）或多了（插入）一些记录。这样的数据对事务 T_1 来说就是“幽灵”数据，或称“幻影”数据。

产生这四种数据不一致现象的主要原因是并发操作破坏了事务的隔离性。并发控制就是要用正确的方法来调度并发操作，使一个事务的执行不受其他事务的干扰，从而避免造成数据的不一致情况。

多个事务的并行执行是正确的，当且仅当其结果与按某一次序串行执行它们时的结果相同，这种调度策略称为可串行化（Serializable）的调度。可串行性是并发事务正确性的准则。按这个准则规定，一个给定的并发调度，当且仅当它是可串行化的时，才认为是正确调度。

6.2.2 封锁

并发控制方法主要有封锁（Locking）方法、时间戳（Timestamp）方法和乐观（Optimistic）方法等。这里主要介绍在 DBMS 中使用较多的并发控制方法——封锁。

封锁就是事务 T 在对某个数据对象操作之前，先向系统发出请求，对其加锁。加锁后事务 T 就对该数据对象有一定的控制权，在事务 T 释放它的锁之前，其他的事务不能更新此数据对象。

在数据库环境下，进行并发控制的主要方式是使用封锁机制，即加锁（Locking）。加锁是一种并行控制技术，用来调整对共享目标（如数据库中共享记录）的并行存取。事务通过向封锁管理程序的系统组成部分发出请求而对记录加锁。对前面提到的甲订票点和乙订票点同时进行售票，甲订票点在进行售票交易时，先把当前数据表锁定，那么当乙订票点想进行售票交易时，就不能进行交易，如果进行交易，就会被警告，所以乙订票点交易失败。等到甲订票点交易结束后，对数据表解除锁定，这时乙订票点再进行售票交易时，可以将当前数据表进行锁定，就没有问题了。

以飞机订票系统为例，当事务 T 要修改订票数时，在读出订票数前先封锁此数据，然后再对数据进行读取和修改操作。这时，其他事务就不能读取和修改订票数，直到事务 T 修改完成并将数据写回数据库，解除对此数据的封锁之后，才能由其他事务使用这些数据。

加锁就是限制事务内和事务外对数据的操作。加锁是实现并发控制的一个非常重要的技术。

1. 封锁的类型

对事务的具体控制由锁的类型决定。基本的锁类型有两种:排他锁(Exclusive Locks,简记为X锁或写锁)和共享锁(Share Locks,简记为S锁或读锁)。

(1)排他锁。若事务T给数据对象A加了X锁,则允许T读取和修改A,但不允许其他事务再给A加任何类型的锁和进行任何操作,直到T释放A上的锁为止。这就保证了其他事务在T释放A上的锁之前不能再读取和修改A,即一旦一个事务获得了对某一数据的排他锁,则任何其他事务均不能对该数据进行任何封锁,其他事务只能进入等待状态,直到第一个事务撤销了对该数据的封锁为止。

(2)共享锁。若事务T给数据对象A加了S锁,则事务T可以读A,但不能修改A,其他事务可以再给A加S锁,但不能加X锁,直到T释放了A上的S锁为止。这就保证了其他事务可以读A,但在T释放A上的S锁之前其他事务不能对A做任何修改。即对于读(检索)操作来说,可以有多个事务同时获得共享锁,但阻止其他事务对已获得共享锁的数据进行排他封锁。

共享锁的操作基于这样的事实,查询操作并不改变数据库中的数据,而更新操作(插入删除和修改)才会真正使数据库中的数据发生变化。加锁的真正目的在于防止更新操作带来的使数据不一致的问题,而对查询操作则可放心地并行进行。

排他锁和共享锁的控制方式可以用加锁类型的相容矩阵来表示,见表6.4。

表6.4　加锁类型的相容矩阵

T_2	T_1		
	X	Y	—
X	N	N	Y
S	N	Y	Y
—	Y	Y	Y

在表6.4的加锁类型相容矩阵中,最上面一行表示事务 T_1 已经获得的数据对象上的锁的类型,其中横线"—"表示没有加锁。最左边一列表示另一个事务 T_2 对同一数据对象发出的加锁请求,T_2的加锁请求能否被满足,在矩阵中分别用Y和N表示。Y表示事务 T_2 的加锁请求与 T_1 已有的锁兼容,加锁请求可以满足;N表示事务 T_2 的加锁请求与 T_1 已有的锁冲突,加锁请求不能满足。

2. 封锁协议

在运用X锁和S锁给数据对象加锁时,还需要约定些规则,如何时申请X锁或S锁、持锁时间、何时释放锁等,称这些规则为封锁协议或加锁协议(Locking Protocol)。对封锁方式规定不同的规则,就形成了各种不同级别的封锁协议。不同级别的封锁协议所能达到的系统一致性级别是不同的。

下面介绍三级封锁协议。对并发事物的不正确调度可能会带来丢失修改、不可重复读和读"脏"数据等不一致性问题,三级封锁协议分别在不同程度上解决了这些问题,为并发事物的正确调度提供一定的保证。

(1)一级封锁协议。对事务T要修改的数据加X锁,直到事务结束(包括正常结束

(COMMIT)和非正常结束(ROLLBACK))时才释放。

一级封锁协议可以防止丢失修改,并保证事务T是可恢复的,没有丢失修改见表6.5。事务T_1要对A进行修改,因此它在读A之前先对A加了X锁。当T_2要对A进行修改时,它也申请给A加X锁,但由于A已经被事务T_1加了X锁,因此T_2的申请被拒绝,只能等待,直到T_1释放了对A加的X锁为止。当T_2能够读取A时,它所得到的已经是T_1更新后的值了。因此,一级封锁协议可以防止丢失修改。

在一级封锁协议中,如果仅仅是读数据而不对其进行修改,是不需要加锁的,所以它不能保证不读"脏"数据和可重复读。

表6.5 没有丢失修改

顺序	事务T_1	事务T_2
①	XlockA	
②	读A=20	XlockA
③	写A=19	等待
④	COMMIT	等待
⑤	UnXlockA	获取XlockA
⑥		读A=19
⑦		写A=18
⑧		UnXlock A
⑨		其他操作
⑩		COMMIT

(2)二级封锁协议。在一级封锁协议的基础上,再对事务T要读取的数据加S锁,读完后即释放S锁。

二级封锁协议除可以防止丢失修改外,还可以防止读"脏"数据。由于读完后即可释放S锁,因此不能保证可重复读。使用二级封锁协议防止读"脏"数据的情况见表6.6。

表6.6 使用二级封锁协议防止读"脏"数据的情况

顺序	事务T_1	事务T_2
①	XlockA	
②	读A=10	SlockA
③	写A=5	等待
④	ROLLBACK(A=10)	等待
⑤	UnXlockA	获取SlockA
⑥		读A=10
⑦		UnSlock A
⑧		COMMIT

在表 6.6 中,事务 T_1 要对 A 进行修改,先对 A 加 X 锁,修改后将值写回数据库中。这时,T_2 要读 A 的值,申请对 A 加 S 锁,由于 T_1 已在 A 上加 X 锁,因此 T_2 只能等待。当 T_1 因某种原因撤销了它所做的操作时,A 恢复为原来的值 10,然后 T_1 释放对 A 加的 X 锁,因此 T_2 获得了对 A 的 S 锁。当 T_2 能够读 A 时,A 的值仍然是原来的值,即 T_2 读到的是 10,因此避免了读"脏"数据。

在二级封锁协议中,由于事务 T 读完数据即释放 S 锁,因此不能保证可重复读数据。

(3)三级封锁协议。在一级封锁协议的基础上,再对事务 T 要读取的数据加 S 锁,直到事务结束才释放。三级封锁协议除可以防止丢失数据修改和不读"脏"数据之外,还进一步防止了不可重复读。为使用三级封锁协议防止不可重复读的情况见表 6.7。

在表 6.7 中,事务 T_1 要读取 A 的值,先对 A 加 S 锁,这样其他事务只能再对 A 加 S 锁,而不能加 X 锁,即其他事务只能对 A 进行读取操作,而不能进行修改操作。因此,当 T_2 为修改 A 而申请对 A 加 X 锁时被拒绝,T_2 只能等待。T_1 为验算再读 A 的值,这时读出的值仍然是 A 原来的值,即可重复读。直到 T_1 释放了在 A 上加的锁,T_2 才能获得对 A 的 X 锁。

表 6.7　使用三级封锁协议防止不可重复读的情况

顺序	事务 T_1	事务 T_2
①	SlockA	
②	读 A = 10	XlockA
③	读 A = 10(验证)	等待
④	COMMIT	等待
⑤	UnSlockA	获取 XlockA
⑥		读 A = 10
⑦		写 A = 5
⑧		COMMIT
⑨		UnXlock A

三个封锁协议的主要区别在于哪些操作需要申请锁以及何时释放锁。不同级别的封锁协议见表 6.8。

表 6.8　不同级别的封锁协议

封锁协议	X 锁 (对写数据)	S 锁 (对只读数据)	不丢失数据 修改(写)	不读"脏" 数据(读)	可重复 读(读)
一级	事务全程加锁	不加	√		
二级	事务全程加锁	事务开始加锁,读完即释放锁	√	√	
三级	事务全程加锁	事务开始加锁,事务结束放锁	√	√	√

6.2.3 活锁与死锁

封锁可以解决系统在并发操作中的数据不一致性问题,但是封锁同时也会引起活锁和死锁等问题。

1. 活锁

如果事务 T_1 封锁了数据 R,事务 T_2 也请求封锁 R,则 T_2 等待数据 R 上锁的释放,这时又有 T_3 请求封锁数据 R,也进入等待状态。当 T_1 释放了数据 R 上的封锁之后,若系统首先批准了 T_3 对数据 R 的请求,则 T_2 继续等待。然后又有 T_4 请求封锁数据 R。若 T_3 释放了 R 上的锁之后,系统又批准了 T_4 对数据 R 的请求……则 T_2 可能永远在等待,这就是活锁的情形。活锁示意见表 6.9。

表 6.9 活锁示意

顺序	事务 T_1	事务 T_2	事务 T_3	事务 T_4
①	Lock R			
②		Lock R		
③		等待	Lock R	
④	Unlock	等待	等待	Lock R
⑤		等待	Lock R	等待
⑥		等待		等待
⑦		等待	Unlock	等待
⑧		等待		Lock R
⑨		等待		

避免活锁的简单方法是采用先来先服务的策略。当多个事务请求封锁同一数据对象时,数据库管理系统按先请求先满足的事务排队策略,当数据对象上的锁被释放后,让事务队列中的第一个事务获得锁。

2. 死锁

(1)产生死锁的原因。如果事务 T_1 封锁了数据 R_1,T_2 封锁了数据 R_2,然后 T_1 又请求封锁 R_2,由于 T_2 已经封锁了 R_2,因此 T_1 等待 T_2 释放 R_2 上的锁。然后 T_2 又请求封锁 R_1,由于 T_1 已经封锁了 R_1,因此 T_2 也只能等待 T_1 释放 R_1 上的锁。这样就会出现 T_1 等待 T_2 先释放 R_2 上的锁,而 T_2 又等待 T_1 先释放 R_1 上的锁的局面,此时 T_1 和 T_2 都在等待对方先释放锁,因此形成死锁。死锁示意见表 6.10。

表 6.10 死锁示意

顺序	事务 T_1	事务 T_2
①	Lock R_1	
②		Lock R_2
③	请求 Lock R_2	

续表 6.10

顺序	事务 T_1	事务 T_2
④	等待	请求 Lock R_2
⑤	等待	等待
⑥	永远等待	永远等待

(2)死锁的预防。在数据库中,产生死锁的原因是两个或多个事务都已封锁了一些数据对象,然后又都请求对已被其他事务封锁的数据对象加锁,从而导致死锁。防止死锁的发生其实就是要破坏产生死锁的条件。预防死锁通常有以下两种方法。

①一次封锁法。每个事务一次将所有要使用的数据全部加锁,否则就不能继续执行。例如,对于表 6.10 中的死锁例子,如果事务 T_1 将数据对象 R_1 和 R_2 一次全部加锁,则 T_2 在加锁时就只能等待,这样就不会造成 T_1 等待 T_2 释放锁的情况,也就不会产生死锁。

一次封锁法的问题是封锁范围过大,降低了系统的并发性。由于数据库中的数据不断变化,因此原来可以不加锁的数据在执行过程中可能变成被封锁对象,进一步扩大了封锁范围,从而进一步降低了并发性。

②顺序封锁法。预先对数据对象规定一个封锁顺序,所有事务都按这个顺序封锁。这种方法的问题是若封锁对象很多,则它们随着插入、删除等操作会不断变化,使维护这些资源的封锁顺序很困难,另外事务的封锁请求可随事务的执行而动态变化,因此很难事先确定每个事务的封锁数据及其封锁顺序。

可见,用一次封锁法和顺序封锁法可以预防死锁,但是不能从根本上消除死锁,因此 DBMS 在解决死锁的问题上还要有诊断并解除死锁的方法。

(3)死锁的诊断与解除。数据库管理系统中诊断死锁的方法与操作系统类似,一般使用超时法和事务等待图法。

①超时法。如果一个事务的等待时间超过了规定的时限,则认为发生了死锁。超时法的优点是实现起来比较简单,但不足之处也很明显:一是可能产生误判的情况,如果事务因某些原因造成等待时间比较长,超过了规定的等待时限,则系统会误认为发生了死锁;二是若时限设置的比较长,则不能对发生的死锁进行及时处理。

②事物等待图法。事务等待图是一个有向图 G = (T,U)。T 为节点的集合,每个节点表示正在运行的事务; U 为边的集合,每条边表示事务等待的情况。若 T_1 等待 T_2,则 T_1 和 T_2 之间画一条有向边,从 T_1 指向 T_2。事务等待图动态地反映了所有事务的等待情况。并发控制子系统周期性地(比如每隔 1 min)检测事务等待图,如果发现图中存在回路,则表示系统中出现了死锁。

DBMS 的并发控制子系统一旦检测到系统中存在死锁,就要设法解除。通常采用的方法是选择一个处理死锁代价最小的事务,将其撤销,释放此事务持有的所有的锁,使其他事务得以继续运行。当然,对撤销的事务所执行的数据修改操作必须加以恢复。

图 6.2(a)所示为事务 T_1 等待 T_2,T_2 等待 T_1,因此产生了死锁。图 6.2(b)所示为事务 T_1 等待 T_2,T_2 等待 T_3,T_3 等待 T_2,T_3 等待 T_4,T_4 又等待 T_1,因此也产生了死锁。

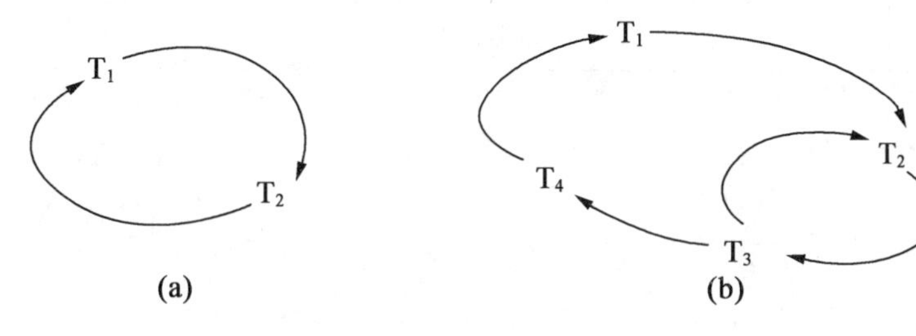

图6.2　事务等待图

6.2.4　并发调度

数据库管理系统对并发事务中操作的调度是随机的，而不同的调度会产生不同的结果，那么哪个结果是正确的，哪个是不正确的呢？直观地看，如果多个事务在某个调度下的执行结果与这些事务在某个串行调度下的执行结果相同，那么这个调度就一定是正确的。之所以说所有事务的串行调度策略一定是正确的，是因为以不同的顺序串行执行事务可能会产生不同的结果，但都不会将数据库置于不一致的状态，因此都是正确的。

多个事务的并发执行是正确的，当且仅当其结果与按某一顺序串行执行的结果相同时，称这种调度为可串行化的调度。

可串行性是并发事务正确性的准则。根据这个准则，对一个给定的并发调度，当且仅当它是可串行化的调度时，才认为是正确的调度。

例如，有两个事务，分别包含如下操作。

①事务 T_1。读 B；A = B + 1；写回 A。

②事务 T_2。读 A； B = A + 1；写回 B。

假设 A、B 的初值均为 4，则按 $T_1 \rightarrow T_2$ 的顺序执行，其结果为 A = 5，B = 6；如果按 $T_2 \rightarrow T_1$ 的顺序执行，则其结果为 A = 6，B = 5。因此，当并发调度时，如果执行的结果是这两者之一，则认为都是正确的结果。并发事务的不同调度策略见表 6.11。

表 6.11　并发事务的不同调度策略

串行调度		串行调度		不可串行化调度		可串行化调度	
T_1	T_2	T_1	T_2	T_1	T_2	T_1	T_2
B 加 S 锁			A 加 S 锁	B 加 S 锁		B 加 S 锁	
Y = B = 4			X = A = 4	Y = B = 4		Y = B = 4	
B 释放 S 锁			A 释放 S 锁		A 加 S 锁	B 释放 S 锁	
A 加 X 锁			B 加 X 锁		X = A = 4	A 加 X 锁	
A = Y + 1			B = X + 1	B 释放 S 锁			A 加 S 锁
写回 A(5)			写回 B(5)		A 释放 S 锁	A = Y + 1	等待
A 释放 X 锁			B 释放 X 锁	A 加 X 锁		写回 A(5)	等待

续表 6.11

串行调度		串行调度		不可串行化调度		可串行化调度	
T_1	T_2	T_1	T_2	T_1	T_2	T_1	T_2
	加 S 锁	B 加 S 锁		A = Y + 1		A 释放 X 锁	等待
	X = A = 5	Y = B = 5		写回 A(5)			X = A = 5
	A 释放 S 锁	B 释放 S 锁			B 加 X 锁		A 释放 S 锁
	B 加 X 锁	A 加 X 锁			B = X + 1		B 加 X 锁
	B = X + 1	A = Y + 1			写回 B(5)		B = X + 1
	写回 B(6)	写回 A(6)		A 释放 X 锁			写回 B(6)
	B 释放 X 锁	A 释放 X 锁			B 释放 X 锁		B 释放 X 锁

为保证并发操作的正确性,数据库管理系统的并发控制机制必须提供一定的手段来保证调度是可串行化的,因为这样能让用户充分共享数据库资源,降低事务的并发性。目前的数据库管理系统普遍采用封锁方法来实现并发操作的可串行性,从而保证调度的正确性。从理论上讲,若在某一事务执行过程中禁止执行其他事务,则这种调度策略一定是可串行化的,但这种方法实际上不可行。

6.2.5　两段锁协议

两段锁(Two - Phase Locking ,2PL)协议是保证并发调度可串行性的封锁协议,除此之外还有一些其他的方法,如乐观方法等,保证调度的正确性。这里只介绍两段锁协议。

两段锁协议是指所有的事务必须分为两个阶段对数据进行加锁和解锁,其具体内容如下。

(1)对任何数据进行读写操作之前,首先要获得对该数据的封锁。

(2)在释放一个封锁之后,事务不再申请和获得任何其他封锁。

两段锁协议是实现可串行化调度的充分条件。

两段锁的含义是可以将每个事务分成两个时期:申请封锁期(开始对数据操作之前)和释放封锁期(结束对数据操作之后)。申请期要进行封锁,释放期要释放所占有的封锁。在申请期不允许释放任何锁,在释放期不允许申请任何锁,这就是两段式封锁。若某事务遵守两段锁协议,则两段锁协议示意图如图 6.3 所示。

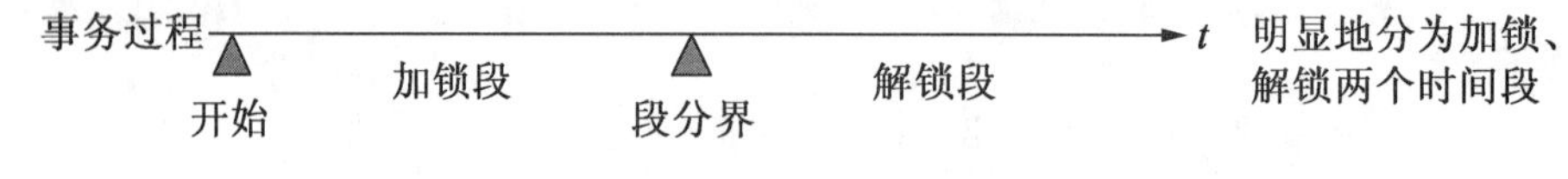

图 6.3　两段锁协议示意图

可以证明,若并发执行的所有事务都遵守两段锁协议,则这些事务的任何并发调度策略都是可串行化的。但若并发事务的某个调度是可串行化的,并不意味着这些事务都遵守两段锁协议。可串行化调度见表 6.12。表 6.12 中,(a)遵守两段锁协议,(b)没有遵守两段锁协议,但(a)和(b)都是可串行化调度的。

表 6.12 可串行化调度

(a)遵守两段锁协议		(b)不遵守两段锁协议	
T_1	T_2	T_1	T_2
B 加 S 锁		B 加 S 锁	
Y = B = 4		Y = B = 4	
	A 加 S 锁	B 释放 S 锁	
	等待	A 加 X 锁	
A 加 X 锁	等待		A 加 S 锁
A = Y + 1	等待	A = Y + 1	等待
写回 A(5)	等待	写回 A(5)	等待
B 释放 S 锁	等待	B 释放 X 锁	等待
A 释放 S 锁	等待		
			X = A = 5
	A 加 S 锁		A 释放 S 锁
	X = A = 5		B 加 X 锁
	B 加 X 锁		B = X + 1
	B = X + 1		写回 B(6)
	写回 B(6)		B 释放 X 锁
	A 释放 S 锁		
	B 释放 X 锁		

6.2.6 封锁的粒度

封锁对象的大小称为封锁粒度(Granularity)。封锁对象可以是逻辑单元,也可以是物理单元。以关系数据库为例,封锁对象可以是属性值、属性值的集合、元组、关系、索引项、整个索引直至整个数据库这样的一些逻辑单元,也可以是页(数据页或索引页)、块等这样的一些物理单元。

封锁粒度与系统的并发度和并发控制的开销密切相关。封锁的粒度越大,数据库所能够封锁的数据单元就越少,并发度就越小,系统开销也越小;反之,封锁的粒度越小,并发度越高,但系统开销也就越大。

例如,若封锁对象是数据页,事务 T_1 需要修改元组 L_1,则 T_1 必须对包含 L_1 的整个数据页 A 加锁。如果 T_1 对 A 加锁后事务 T_2 要修改 A 中元组 L_2,则 T_2 被迫等待,直到 T_1 释放 A 为止。如果封锁对象是元组,则 T_1 和 T_2 可以同时对 L_1 和 L_2 加锁,不需要互相等待,提高了系统的并行度。又如,事务 T 需要读取整个表,若封锁对象是元组,则 T 必须对表中的每一个元组加锁,显然开销极大。

因此,在一个系统中同时支持多种封锁粒度供不同的事务选择是比较理想的,这种封锁方法称为多粒度封锁(Multiple Granularity Locking)。选择封锁粒度时应该同时考虑封锁开销和并发度两个因素,适当选择封锁粒度以求得最优的效果。一般来说需要处理大量元组的事务可以以关系为封锁粒度;需要处理多个关系的大量元组的事务可以以数据库为封锁粒度;而对于一个处理少量元组的用户事务,以元组为封锁粒度比较合适。

1. 多粒度封锁

下面讨论多粒度封锁。首先定义多粒度树。多粒度树的根节点是整个数据库,表示最大的数据粒度,而叶节点表示最小的数据粒度。图 6.4 所示为一个三级粒度树,根节点为数据库,数据库的子节点为关系,关系的子节点为元组。

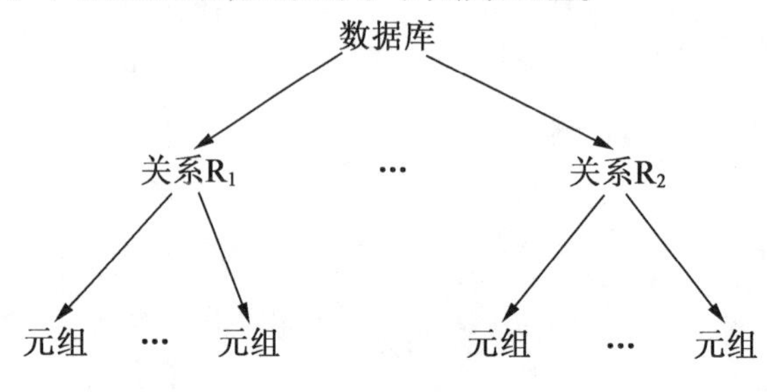

图 6.4　三级粒度树

下面讨论多粒度封锁的封锁协议。多粒度封锁协议允许多粒度树中的每个节点被独立地加锁。对一个节点加锁意味着这个节点的所有后裔节点也被加以同样类型的锁。因此,在多粒度封锁中,一个数据对象可能以两种方式封锁——显式封锁和隐式封锁。

显式封锁是应事务的要求直接加到数据对象上的封锁;隐式封锁是该数据对象没有独立加锁,是由于其上级节点加锁,因此该数据对象加上了锁。

在多粒度封锁方法中,显式封锁和隐式封锁的效果是一样的,因此系统检查封锁冲突时不仅要检查显式封锁,还要检查隐式封锁。例如,事务 T 要对关系 R_1 加 X 锁,系统必须搜索其上级节点的数据库的关系 R_1 以及 R_1 中的每一个元组,如果其中某一个数据对象已经加了不相容锁,则 T 必须等待。

一般对某个数据对象加锁 ,系统不仅要检查该数据对象上有无显式封锁与之冲突,还要检查其所有上级节点,看本事务的显式封锁是否与该数据对象上的隐式封锁(即由上级节点已加的封锁造成的)冲突。此外,还要检查其所有下级节点,看上面的显式封锁是否与本事务的隐式封锁(将加到下级节点的封锁)冲突,显然这样的检查方法效率很低。为此,人们引进了一种新型锁,称为意向锁(Intention Lock)。

2. 意向锁

意向锁的含义是如果对一个节点加意向锁,则对该节点的下层节点也要加锁。对任意一个节点加锁时,必须先对它的上层节点加意向锁。

例如,对任意一个元组加锁时,必须先对它所在的关系加意向锁。

于是,事务 T 要对关系 R_1 加 X 锁时,系统只需检查根节点数据库和关系 R_1 是否已加了不相容的锁,而不再需要搜索和检查 R_1 中的每一个元组是否加了锁。

下面介绍三种常用的意向锁:意向共享锁(Intention Share Lock,IS 锁)、意向排他锁(Intention Exclusive Lock,IX 锁)和共享意向排他锁(Share Intention Exclusive Lock,SIX 锁)。

(1)IS 锁。如果对一个数据对象加 IS 锁,则表示它的后裔节点拟(意向)加 S 锁。例如,要对某个元组加 S 锁,则要首先对关系和数据库加 IS 锁。

(2)IX锁。如果对一个数据对象加IX锁,则表示它的后裔节点拟(意向)加X锁。例如,要对某个元组加X锁,则要首先对关系和数据库加IX锁。

(3)SIX锁。如果对一个数据对象加SIX锁,则表示对它加S锁,再加IX锁,即SIX = S + IX。例如,对某个表加SIX锁,则表示该事务要读整个表(要对该表加S锁),同时会更新个别元组(要对该表加IX锁)。

数据锁的相容矩阵见表6.13,从中可以发现这五种锁的强度的偏序关系,如图6.5所示。所谓锁的强度,是指它对其他锁的排斥程度。一个事务在申请封锁时以强锁代替弱锁是安全的,反之则不然。

表6.13　数据锁的相容矩阵

T_2	T_1					
	—	S	X	IS	IX	SIX
S	Y	N	Y	N	N	Y
X	N	N	N	N	N	Y
IS	Y	N	Y	Y	Y	Y
IX	N	N	Y	Y	N	Y
SIX	N	N	Y	N	N	Y
—	Y	Y	Y	Y	Y	Y

注:Y—Yes,表示相容的请求;N—No,表示不相容的请求。

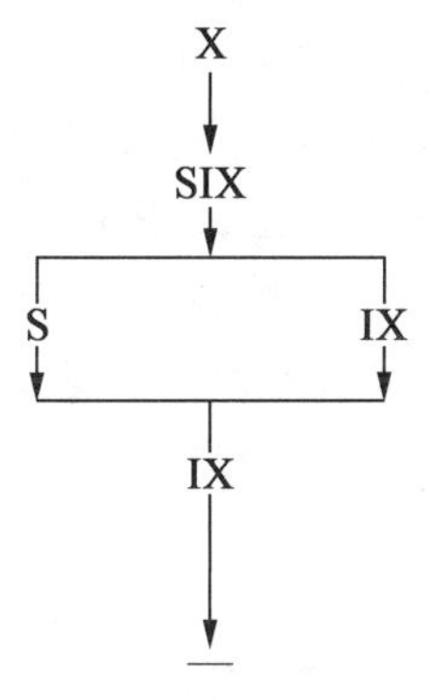

图6.5　锁的强度的偏序关系

在多粒度封锁方法中,任意事务T要对一个数据对象加锁,必须先对它的上层节点加意向锁。申请封锁时应该按自上而下的次序进行,释放封锁时则应该按自下而上的次序进行。

具有意向锁的多粒度封锁方法提高了系统的并发度,减少了加锁和解锁的开销,它已经在实际的数据库管理系统产品中得到了广泛应用。

6.3　数据库故障与恢复

在系统运行过程中,可能会导致数据库中数据的不一致或数据的丢失及破坏,为保证数据库系统长期而稳定运行,必须采取固定的措施。故障发生后,数据库管理系统必须具有把数据库从错误(不一致)状态恢复到已知的正确(一致)状态的功能,这就是数据库的恢复(Recover)功能。数据库恢复子系统不仅是 DBMS 中的一个重要组成部分,而且还相当庞大,常常占整个系统代码的 10% 以上。各种现有的数据库系统运行情况表明,数据库管理系统的恢复功能是否行之有效,不仅对系统的可靠性起决定性的作用,而且对系统的运行效率也有很大影响,是衡量系统性能优劣的重要指标。

通常,故障发生后,可利用数据库备份(Backup)进行还原(Restore),在还原的基础上利用日志文件(Log)进行恢复,重新建立一个完整的数据库,然后继续运行。恢复的基础是数据库的备份和还原以及日志文件。有了完整的数据库备份和日志文件,才能有完整的恢复。

6.3.1　数据库系统故障概述

尽管数据库系统采取了各种保护措施来防止数据库的安全性和完整性被破坏,保证并发事务的正确执行,但是计算机系统中硬件的故障、软件的错误、操作员的失误以及恶意的破坏仍是不可避免的。这些故障轻则造成运行事务的非正常中断,影响数据库中数据的正确性,重则破坏数据库,使数据库中全部或部分的数据丢失,因此数据库管理系统(恢复子系统)必须具有把数据库从错误状态恢复到某一已知的正确状态(也称致状态或完整状态)的功能,这就是数据库的恢复。下面分类介绍几种故障。

1. 事务内部的故障

事务内部故障意味着事务没有达到预期的终点(COMMIT 或者显式的 ROLLBACK),因此数据库可能处于不正确状态。恢复程序要在不影响其他事务运行的情况下,强行回滚(ROLLBACK)该事务,即撤销该事务已经做出的任何对数据库的修改,使得该事务好像根本没有启动一样,这类恢复操作称为事务撤销(UNDO)。

事务内部的故障有的是可以通过事务程序本身发现并处理的(见下面转账事务的例子),有的则是非预期的,不能由事务程序处理。

例 6.2　银行汇款事务把一笔金额从账户甲汇给账户乙。

```
BEGIN TRANSACTION
读账户甲的余额 BALANCE;
BALANCE = BALANCE - AMOUNT; (AMOUNT 为转账金额)
IFBALANCE(0) THEN
{打印"金额不足,不能转账";
ROLLBACK;(撤销刚才的修改,恢复事务)}
ELSE
{读账户乙的余额 BALANCE1;
BALANCE1 = BALANCE1 + AMOUNT;
写回 BALANCE1;
COMMIT;}
```

这个例子所包括的两个更新操作要么全部完成,要么全部不做,否则就会使数据库处于不一致状态。例如只把账户甲的余额减少了而没有把账户乙的余额增加。

在这段程序中,若产生账户甲余额不足的情况,应用程序可以发现并让事务回滚,撤销已做的修改,恢复数据库到正确状态。

事务内部更多的故障是非预期的,是不能由应用程序处理的。如运算溢出,并发事务发生死锁而被选中撤销该事务,违反了某些完整性限制等。本章后面所介绍的事务内部故障仅指这类非预期的故障。

2. 系统故障

系统故障是指造成系统停止运转,使得系统必须重新启动的任何事件。例如,特定类型的硬件错误(CPU 故障)、操作系统故障,DBMS 代码错误和突然停电等。这类故障影响正在运行的所有事务,但不破坏数据库。这时主存内容,尤其是数据库缓冲区(在内存)中的内容都会丢失,所有运行的事务都被非正常中止。发生系统故障时,一些尚未完成的事务的结果可能已送入物理数据库,有些已完成的事务可能有一部分甚至全部留在缓冲区,尚未写回磁盘上的物理数据库中,从而造成数据库可能处于不正确的状态。为保证数据一致性,恢复子系统必须在系统重新启动时让所有非正常中止的事务回滚,强行撤销(Undo)所有未完成事务,重做(Redo)所有已提交的事务,以将数据库真正恢复到一致的状态。

3. 介质故障

系统故障常称为软故障(Soft Crash),介质故障称为硬故障(Hard Crash)。硬故障指外存故障,如磁盘损坏磁头碰撞和瞬时强磁场干扰等。这类故障将破坏数据库或部分数据库,并影响正在存取这部分数据的所有事务。这类故障比前两类故障发生的可能性小得多,但破坏性最大。

4. 计算机病毒

计算机病毒是具有破坏性、可以自我复制的计算机程序。计算机病毒已成为计算机系统的主要威胁,自然也是数据库系统的主要威胁。因此,数据库一旦被破坏,仍要用恢复技术使数据库得以恢复。

总结各类故障,对数据库的影响有两种可能性:一是数据库本身被破坏;二是数据库没有被破坏,但数据可能不正确,这通常是因为事务的运行被非正常中止造成的。

恢复的基本原理十分简单,可以用一个词来概括:冗余。这就是说,数据库中任何一部分被破坏的或不正确的数据可以根据存储在系统别处的冗余数据来重建。尽管恢复的基本原理很简单,但实现技术的细节却相当复杂。下面将略去部分细节,介绍数据库恢复的实现技术。

6.3.2 数据恢复技术

恢复机制涉及的两个关键问题是:第一,如何建立冗余数据;第二,如何利用这些冗余数据实施数据库恢复。

建立冗余数据最常用的技术是数据转储和登录日志文件。通常在一个数据库系统中,这两种方法是一起使用的。

1. 数据转储

所谓转储,即 DBA 定期地将整个数据库复制到磁带或另一个磁盘上保存起来的过程。这些备用的数据文本称为后备副本或后援副本。

当数据库遭到破坏后可以将后备副本重新装入,但重装后备副本只能将数据库恢复到转储时的状态,要想恢复到故障发生前的状态,必须重新运行自转储以后的所有更新事务。例如,在图 6.6 所示的数据转储中,系统在 T_a 时刻停止运行事务进行数据库转储,在

T_b 时刻转储完毕，得到了 T_b 时刻的数据库一致性副本。系统运行到 T_f 时刻发生故障。为恢复数据库，首先由 DBA 重装数据库后备副本，将数据库恢复至 T_b 时刻状态，然后重新运行自 T_b 至 T_f 时刻的所有更新事务，这样数据库就恢复到故障发生前的状态了。

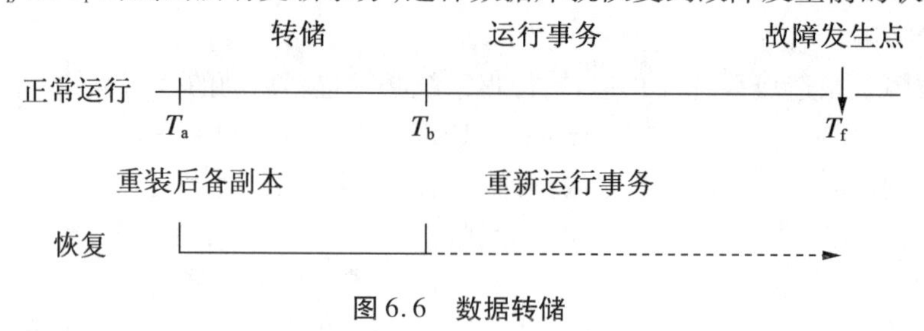

图 6.6　数据转储

转储是十分耗费时间和资源的，不能频繁进行。DBA 应该根据数据库的使用情况确定适当的转储周期。

转储可分为静态转储和动态转储。

(1)静态转储。是在系统中无运行事务时进行的转储操作。即转储操作开始时，数据库处于一致性状态，而转储期间不允许(或不存在)对数据库的任何存取、修改活动。显然，静态转储得到的一定是一个符合数据一致性的副本 。

静态转储简单，但转储必须等待正运行的用户事务结束才能进行，同样，新的事务必须等待转储结束才能执行。显然，这会降低数据库的可用性。

(2)动态转储。是指转储期间允许对数据库进行存取或修改，即转储和用户事务可以并发执行。

动态转储可克服静态转储的缺点，它不用等待正在运行的用户事务结束，也不会影响新事务的运行。但是，转储结束时后援副本上的数据并不能保证正确有效。例如，在转储期间的某个时刻 T_c，系统把数据 A = 100 转储到磁带上，而在下一时刻 T_d，某一事务将 A 改为 200。转储结束后，后援副本上的 A 已是过时的数据了。为此，必须把转储期间各事务对数据库的修改活动登记下来，建立日志文件(Log File)。这样，后援副本加上日志文件就能把数据库恢复到某一时刻的正确状态。

转储还可以分为海量转储和增量转储两种方式。海量转储是指每次转储全部数据库；增量转储则指每次只转储上一次转储后更新过的数据。从恢复的角度看，使用海量转储得到的后备副本进行恢复一般会更方便些。但如果数据库很大，事务处理又十分频繁，则增量转储方式更实用、有效。

数据转储有两种方式，分别可以在两种状态下进行，因此数据转储方法可以分为四类：动态海量转储、动态增量转储、静态海量转储和静态增量转储。

2. 登记日志

(1)日志文件的格式和内容。日志文件是用来记录事务对数据库更新操作的文件。不同数据库系统采用的日志文件格式并不完全一样。一般来说，日志文件主要有两种格式：以记录为单位的日志文件和以数据块为单位的日志文件。

对于以记录为单位的日志文件，日志文件中需要登记的内容包括：

①各个事务的开始(BEGIN TRANSACTION)标记；

②各个事务的结束(COMMIT 或 ROLL BACK)标记；

③各个事务的所有更新操作。

这里,每个事务开始的标记、结束标记和每个更新操作均作为日志文件中的一个日志记录(Log Record)。

每个日志记录的内容主要包括:

①事务标识(标明是哪个事务);

②操作的类型(插入、删除或修改);

③操作对象(记录内部标识);

④更新前数据的旧值(对插入操作而言,此项为空值);

⑤更新后数据的新值(对删除操作而言,此项为空值)。

(2)日志文件的作用。日志文件在数据库恢复中起着非常重要的作用,可以用来进行事务故障恢复和系统故障恢复,并协助后备副本进行介质故障恢复。具体地讲:事务故障恢复和系统故障必须用日志文件。

在动态转储方式中必须建立日志文件,后援副本和日志文件综合起来才能有效地恢复数据库。

在静态转储方式中也可以建立日志文件。当数据库毁坏后可重新装入后援副本,把数据库恢复到转储结束时刻的正确状态,然后利用日志文件,把已完成的事务进行重做处理,对故障发生时尚未完成的事务进行撤销处理。这样不必重新运行那些已完成的事务程序就可把数据库恢复到故障前某一时刻的正确状态,静态转储如图6.7所示。

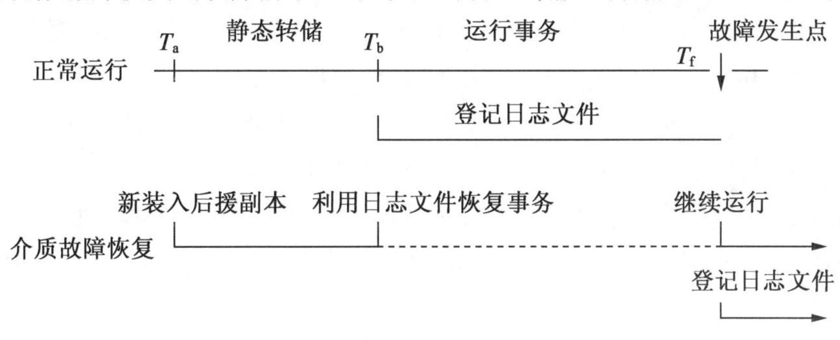

图6.7 静态转储

(3)登记日志文件(Logging)。为保证数据库是可恢复的,登记日志文件时必须遵循以下两个原则:

①登记的次序严格按并发事务执行的时间次序;

②必须先写日志文件,后写数据库。

把对数据的修改写到数据库中和把表示这个修改的日志记录写到日志文件中是两个不同的操作。有可能在这两个操作之间发生故障,即这两个写操作只完成了一个。如果先写了数据库修改,而在运行记录中没有记下这个修改,则以后就无法恢复这个修改了。如果先写日志,但没有修改数据库,按日志文件恢复时只不过是多执行一次不必要的UNDO操作,并不会影响数据库的正确性。因此,为了安全,一定要先写日志文件,即首先把日志记录写到日志文件中,然后再写数据库的修改,这就是“先写日志文件”的原则。

3. 事务故障的恢复

事务故障是指事务在运行至正常终止点前被中止,这时恢复子系统应利用日志文件撤销(UNDO)此事务已对数据库进行的修改。事务故障的恢复是由系统自动完成的,不需要用户干预。系统的恢复步骤如下。

(1)反向扫描文件日志(即从最后向前扫描日志文件),查找该事务的更新操作。

(2)对该事务的更新操作执行逆操作,即将日志记录中“更新前的值”写入数据库。这样,如果记录中是插入操作,则相当于做删除操作(因为“更新前的值”为空);如果记录中是删除操作,则做插入操作;如果是修改操作,则相当于用修改前的值代替修改后的值。

(3)继续反向扫描日志文件,查找该事务的其他更新操作,并做同样处理。

(4)如此处理下去,直至读到此事务的开始标记,事务故障的恢复就完成了。

4. 系统故障的恢复

前面已讲过,系统故障造成数据库不一致状态的原因有两个:一是未完成的事务对数据库的更新可能已写入数据库;二是已提交的事务对数据库的更新可能还留在缓冲区没来得及写入数据库。因此,恢复操作就是要撤销故障发生时未完成的事务,重做已完成的事务。

系统故障的恢复是由系统在重新启动时自动完成的,不需要用户干预。

系统的恢复步骤如下。

(1)正向扫描日志文件(即从头扫描日志文件),找出在故障发生前已经提交的事务(这些事务既有 BEGIN TRANSACTION 记录,也有 COMMIT 记录),将其事务标识记入重做(REDO)队列。同时,找出故障发生时尚未完成的事务(这些事务只有 BEGIN TRANSACTION 记录,无相应的 COMMIT 记录),将其事务标识记入撤销队列。

(2)对撤销队列中的各个事务进行撤销(UNDO)处理。进行 UNDO 处理的方法是反向扫描日志文件,对每个 UNDO 事务的更新操作执行其逆操作,即将日志记录中“更新前的值”写入数据库。

(3)对重做队列中的各个事务进行重做(REDO)处理。进行 REDO 处理的方法是正向扫描日志文件,对每个 REDO 事务重新执行日志文件登记的操作,即将日志记录中“更新后的值”写入数据库。

5. 介质故障的恢复

发生介质故障后,磁盘上的物理数据和日志文件被破坏,这是最严重的一种故障。恢复方法是重装数据库,然后重做已完成的事务。

(1)装入最新的数据库后备副本(离故障发生时刻最近的转储副本),使数据库恢复到最近一次转储时的一致性状态。

对于动态转储的数据库副本,还须同时装入转储开始时刻的日志文件副本,利用恢复系统故障的方法(即 REDO + UNDO),才能将数据库恢复到一致性状态。

(2)装入相应的日志文件副本(转储结束时刻的日志文件副本),重做已完成的事务。即首先扫描日志文件,找出故障发生时已提交的事务的标识,将其记入重做队列,然后正向扫描日志文件,对重做队列中的所有事务进行重做处理,即将日志记录中“更新后的值”写入数据库。这样就可以将数据库恢复至故障前某一时刻的一致性状态了。

介质故障的恢复需要 DBA 的介入,但 DBA 只要重装最近转储的数据库副本和有关的各日志文件的副本,然后执行系统提供的恢复命令即可,具体的恢复操作仍由 DBMS 完成。

6. 具有检查点的恢复技术

利用日志技术进行数据库恢复时,恢复子系统必须搜索日志,确定哪些事务需要 REDO,哪些事务需要 UNDO。一般来说,需要检查所有的日志记录,但这样做有两个问题:一是搜索整个日志将耗费大量的时间;二是很多需要 REDO 处理的事务实际上已经将它们的更新操作结果写到数据库中,然而恢复子系统又重新执行了这些操作,也浪费了大量时间。为解决这些问题,又发展了具有检查点的恢复技术。这种技术在日志文件中增加一类新的记录——检查点记录(Checkpoint),增加一个重新开始文件,并让恢复子系统在登录日志文件期间动态地维护日志。

检查点记录的内容包括:

①建立检查点时刻所有正在执行的事务清单;

②这些事务最近一个日志记录的地址;

③重新开始文件,用来记录各个检查点记录在日志文件中的地址。

图 6.8 所示为建立检查点 T_c 时对应的日志文件和重新开始文件。

动态维护日志文件的方法是周期性地执行建立检查点和保存数据库状态的操作。具体步骤是:

①将当前日志缓冲中的所有日志记录写入磁盘的日志文件;

②在日志文件中写入一个检查点记录;

③将当前数据缓冲的所有数据记录写入磁盘的数据库中;

④把检查点记录在日志文件中的地址写入一个重新开始文件。

恢复子系统可以定期或不定期地建立检查点保存数据库状态。检查点可以按照预定的一个时间间隔建立,如每隔一小时建立一个检查点;也可以按照某种规则建立检查点,如日志文件已写满一半时建立一个检查点。

使用检查点记录的方法可以提高恢复效率。当事务 T 在一个检查点之前提交时,T 对数据库所做的修改一定都已写入数据库,写入时间是在这个检查点建立之前或在这个检查点建立之时。这样,在进行恢复处理时,没有必要对事务 T 执行 REDO 操作。

系统出现故障时恢复子系统将根据事务的不同状态采取不同的恢复策略,如图 6.8 所示。

T_1:在检查点之前提交。

T_2:在检查点之前开始执行,在检查点之后、故障点之前提交。

T_3:在检查点之前开始执行,在故障点还未完成。

T_4:在检查点之后开始执行,在故障点之前提交。

T_5:在检查点之后开始执行,在故障点还未完成。

T_3 和 T_5 在故障发生时还未完成,所以对 T_2 和 T_4 的撤销操作在检查点之后才提交,这些操作对数据库所做的修改在故障发生时可能还在缓冲区中，尚未写入数据库，所以要求 REDO。T_1 在检查点之前提交，因此不必执行 REDO 操作。

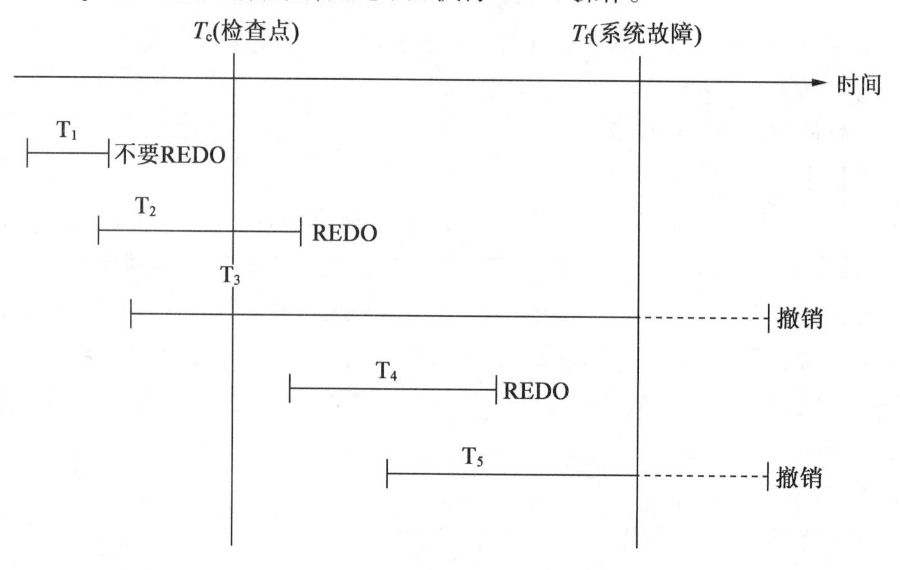

图 6.8　建立检查点 T_c 时对应的日志文件和重新开始文件

7. 系统使用检查点方法进行恢复的步骤

(1)从头扫描。从重新开始文件中找到最后一个检查点记录在日志文件中的地址，由该地址在日志文件中找到最后一个检查点记录。

(2)检查事务清单。由该检查点记录得到检查点建立时刻所有正在执行的事务清单(ACTIVE－LIST)，建立两个事务队列。

UNDO－LIST：需要执行 UNDO 操作的事务集合；

REDO－LIST：需要执行 REDO 操作的事务集合。

把 ACTIVE－LIST 暂时放入 UNDO－LIST 队列，REDO 队列暂为空。

(3)从检查点开始正向扫描日志文件。如有新开始的事务 T_i，则把 T_i 暂时放入 UNDO－LIST 队列；如有提交的事务 T_j，则把 T_j 从 UNDO－LIST 队列移到 REDO－LIST 队列，直到日志文件结束。

(4)对 UNDO－LIST 中的每个事务执行 UNDO 操作，对 REDO－LIST 中的每个事务执行 REDO 操作。

8. 数据库镜像

可以看到，介质故障是对系统影响最为严重的一种故障。系统出现介质故障后，数据库原理与用户的应用联系全部中断，恢复起来也比较费时。而 DBA 必须周期性地转储数据库，这也加重了 DBA 的负担。但如果不及时正确地转储数据库，一旦发生介质故障，会造成较大的损失。

随着磁盘容量越来越大，价格越来越便宜，为避免磁盘介质出现故障影响数据库的可用性，许多数据库管理系统提供了数据库镜像(Mirror)功能，用于数据库恢复，即根据 DBA 的要求，自动把整个数据库或其中的关键数据复制到另一个磁盘上。每当主数据库更新时，DBMS 自动把更新后的数据复制过去，即 DBMS 自动保证镜像数据与主数据的一致性。这样，即使出现介质故障，也可由镜像磁盘继续提供使用。同时，DBMS 自动利用镜像磁盘数据进行数据库的恢复,不需要关闭系统和重装数据库副本。在没有出现故障时,数据库镜像还可以用于并发操作,即当一个用户对数据加排他锁修改数据时,其他用户可以读镜像数据库上的数据,而不必等待加锁用户释放锁。

由于数据库镜像是通过复制数据实现的,频繁地复制数据自然会降低系统运行效率,因此在实际应用中,用户往往只选择对关键数据和日志文件进行镜像操作,而不是对整个数据库进行镜像操作。

6.4 小结

数据库的重要特征是它能为多个用户提供数据共享。数据库管理系统允许共享的用户数目是数据库管理系统的重要标志之一。数据库管理系统必须提供并发控制机制来协调多用户的并发操作以保证并发事务的隔离性,保证数据库的一致性。

数据库的并发控制以事务为单位,通常使用封锁技术实现并发控制。本章介绍了事务、并发控制等概念。事务在数据库中是非常重要的概念,它是保证数据并发控制的基础。事务的特点是,事务中的操作作为一个完整的工作单元,这些操作要么全部成功,要么全部不成功。并发控制是指当同时执行多个事务时,为保证一个事务的执行不受其他事务的干扰所采取的措施。并发控制的主要方法是加锁,根据对数据操作的不同,锁分为共享锁和排他锁两种。为保证并发执行的事务是正确的,一般要求事务遵守两段锁协议,即在一个事务中明显地分为锁申请期和释放期,它是保证事务可并发执行的充分条件。

不同的数据库管理系统提供的封锁类型、封锁协议达到的系统一致性级别不尽相同,但是其依据的基本原理和技术是相同的。

故障发生后,利用数据库备份进行还原,在还原的基础上利用日志文件(Log)进行恢复,重新建立一个完整的数据库,然后继续运行。恢复的基础是数据库的备份和还原以及日志文件,只有有了完整的数据库备份和日志文件,才能够进行完整的恢复。

6.5 习题

一、选择题

1. 一个事务的执行,要么全部完成,要么全部不做,一个事务中对数据库的所有操作都是一个不可分割的操作序列的(　　)属性。

A. 原子性　　B. 一致性　　C. 独立性　　D. 持久性

2. 表示两个或多个事务可以同时运行而不互相影响的是(　　)。

A. 原子性　　B. 一致性　　C. 独立性　　D. 持久性

3. 事务的持续性是指(　　)。

A. 事务中包括的所有操作要么都做,要么都不做

B. 事务一旦提交,对数据库的改变是永久的

C. 一个事务内部的操作对并发的其他事务是隔离的

D. 事务必须使数据库从一个一致性状态变到另一个一致性状态

4. SQL 语言中的 COMMIT 语句的主要作用是(　　)。

A. 结束程序　　B. 返回系统　　C. 提交事务　　D. 存储数据

5. SQL 语言中用(　　)语句实现事务的回滚。

A. CREATE TABLE　　B. ROLLBACK

C. GRANT 和 REVOKE　　D. COMMIT

6. 解决并发操作带来的数据不一致问题普遍采用(　　)技术。

A. 封锁　　B. 存取控制　　C. 恢复　　D. 协调

7. 下列不属于并发操作带来的问题是(　　)。

A. 丢失修改　　B. 不可重复读　　C. 死锁　　D. 脏读

8. DBMS 普遍采用(　　)方法来保证调度的正确性。

A. 索引　　B. 授权　　C. 封锁　　D. 日志

9. 事务 T 在修改数据 R 之前先对其加 X 锁,直到事务结束才释放,这是(　　)。

A. 一级封锁协议　　B. 二级封锁协议　　C. 三级封锁协议　　D. 零级封锁协议

10. 如果事务 T 获得了数据项 Q 上的排他锁,则 T 对 Q(　　)。

A. 只能读不能写　　B. 只能写不能读　　C. 既可读又可写　　D. 不能读也不能写

11. 设事务 T_1 和 T_2 对数据库中的数据 A 进行操作,可能有如下几种操作情况,则(　　)不会发生冲突。

A. T_1 正在写 A,T_2 要读 A　　B. T_1 正在写 A,T_2 也要写 A

C. T_1 正在读 A,T_2 要写 A　　D. T_1 正在读 A,T_2 也要读 A

12. 如果有两个事务同时对数据库中的同一数据进行操作,不会引起冲突的操作是(　　)。

A. 一个是 DELETE,一个是 SELECT　　B. 一个是 SELECT,一个是 DELETE

C. 两个都是 UPDATE　　D. 两个都是 SELECT

二、填空题

1. ____________是一系列的数据库操作,是数据库应用程序的基本逻辑单元。

2. 事务处理技术主要包括____________技术和____________技术。

3. 在 SQL 语言中,定义事务控制的语句主要有____________、____________和____________。

4. 事务具有四个特性,它们是____________、____________、____________和____________。这四个特性简称____________特性。

5. 并发操作带来的数据不一致性包括____________、____________和____________。

6. 多个事务的并发执行是正确的,当且仅当其结果与按某一次序串行地执行它们时的结果相同,称这种调度策略为____________的调度。

7. 基本的封锁类型有____________和____________两种。

8. 在数据库并发控制中,两个或多个事务同时处在相互等待状态,称为____________。

9. ____________称为封锁的粒度。

三、简答题

1. 什么是事务?它与一般的程序有什么不同?为什么一般程序不提 ACID 特性?

2. 什么是日志文件？为什么要使用日志文件？登记日志文件时为什么必须先写日志文件，后写数据库？日志文件能否和数据库存储在一起？为什么？

3. 数据库运行过程中常见的故障有哪几类？试述对各类故障的恢复策略。

4. 什么是检查点？设置检查点有什么作用？设置检查点时系统将做什么动作？

5. 简答。

(1)什么是并发？

(2)并发操作会引起什么问题？

(3)什么是丢失更新？

(4)什么是读脏数据？

(5)什么是读值不可复现或者不可重复读？

(6)什么样的并发操作是正确的？

(7)串行调度和可串行化调度有什么区别？

6. 在事务处理中，一个合法调度要求保持各事务内部操作的先后次序，且满足封锁的约束。有以下两个事务。

T_1：xlock(A)，xlock(B)，unlock(A)，unlock(B)

T_2：xlock(B)，unlock(B)，xlock(A)，unlock(A)

它们有多少种合法调度？其中有多少种是可串行化的？

7. 什么是两段锁协议？什么是严格的2PL协议？如何实现2PL协议？

8. 什么叫活锁？如何防止活锁？

9. 什么叫死锁？如何预防和处理死锁？

10. 设有以下两个事务的一个调度S。

T_1：Write(A)，T_2：Write(B)；T_1：Wirite(B)，T_2：Write(A)。

T_1——时间标记为20，T_2——时间标记为30。

请说明T_1、T_2在2PL协议下的执行过程及其等效的串行执行次序。

11. 什么是数据库的安全性和完整性？二者之间有什么关系和区别？

12. 假设有如下两个关系模式：

```
Emp(Eco, Enane, Eage,Salary,Deptno)
Dept(Deptno, Dname,Phone,Loc)
```

现在有三个用户U_1、U_2和U_3，使用SQL的授权语句实现下列要求。

(1)U_1只能读Emp关系中除Salary外的所有属性。

(2)U_2可以读、增、删Dept关系，并可以修改此关系的phone属性。

(3)U_3可以读增Depi关系，并可将这些权限转授给其他用户。

(4)所有用户可以读Dept关系。

13. 什么是角色？请针对12题目对Dpet可以读、增、删权限建立一个角色，并将这些权限授予用户U_1、U_2和U_3。

14. 设有三个事务T_1、T_2和T_3，其所包含的动作为

T_1:$A = A + 2$;T_2:$A = A * 2$;T_3:$A = A ** 2$(注:$A**2$表示A的平方)。

设A的初值为1，若这三个事务并行执行，则可能的调度策略有几种？A的最终结果分别是什么？

第7章 数据库设计

数据库设计(Database Design)是指根据用户的需求,在某一具体的数据库管理系统上设计数据库的结构和建立数据库的过程,这也是规划和结构化数据库中的数据对象,以及规划这些数据对象之间关系的过程。本章主要介绍数据库设计、特点、方法和步骤,数据库设计的需求分析、概念结构设计、逻辑结构设计、物理设计、数据库实施、数据库维护各个阶段的数据库的各级模式,了解数据库建模的两种常用工具。

本章导读

- 数据库设计的步骤
- 需求分析
- 概念结构设计
- 逻辑结构设计
- 数据库的物理实现
- 数据库的实施和维护
- 数据库建模工具

7.1 数据库设计步骤

数据库设计主要是指数据库及应用系统的设计。如何设计一个好的数据库应用系统,第一是要求设计团队人员的组合不仅要有数据库专业设计人员、软件开发人员,同时也要有掌握一定的应用领域知识的人员,团队人员之间互相合作,这样设计出来的数据库才能具有实用价值;第二是要求数据库要紧密结合应用环境。一个好的数据库结构是应用系统的基础,因此要设计一个好的数据库并不是一件容易的事。

7.1.1 数据库应用系统的生命期

数据库设计主要依据软件工程学的软件开发思想。软件生命期也称为软件生存周期,是从软件的产生直到报废的整个周期,周期内有问题定义、可行性分析、总体描述、系统设计、编码、调试和测试、验收与运行、维护升级到废弃等阶段,这种按时间分成的思想方法是软件工程中的一种思想原则,即按部就班、逐步推进,每个阶段都要有定义、工作、审查,并形成文档以供交流或备查,从而提高软件的质量。

1. 需求分析

需求分析阶段是在确定软件开发可行的情况下,对软件需要实现的各个功能进行详细分析。需求分析阶段是一个很重要的阶段,这一阶段做得好,将为整个软件开发项目的成功打下良好的基础。需求也是在整个软件开发过程中不断变化和深入的,因此必须制订需求变更计划来应付这种变化,以保证整个项目的顺利进行。

2. 软件设计

软件设计阶段主要是根据需求分析的结果,对整个软件系统进行设计,如系统框架设计、数据库设计等。软件设计一般分为总体设计和详细设计。好的软件设计将为软件程序编写打下良好的基础。

3. 程序编码

程序编码阶段是将软件设计的结果转换成计算机可运行的程序代码。在程序编码阶段必须要制订统一、符合标准的编写规则,以保证程序的可读性和易维护性,提高程序的运行效率。

4. 软件测试

软件测试阶段是指在软件设计完成后要经过严密的测试,以发现软件在整个设计过程中存在的问题并加以纠正。整个测试过程分单元测试、组装测试和系统测试三个阶段进行,测试的方法主要有白盒测试和黑盒测试两种。在测试过程中需要建立详细的测试计划,并严格按照测试计划进行测试,以减少测试的随意性。

5. 运行维护

软件维护是软件生命周期中持续时间最长的阶段。在软件开发完成并投入使用后,由于多方面的原因,因此在使用过程中软件如果不能够适应用户的要求,或要延续软件的使用寿命,就必须不断对其进行调整和修改,进行软件的维护包括纠错性维护和改进性维护两个方面。

7.1.2　数据库设计目标

数据库设计的目标是在 DBMS 的支持下按照具体应用的要求,为某一部门或组织设计一个结构合理、使用方便、效率较高的数据库及其应用系统。

1. 提高数据库的性能

在数据库的设计过程中,随着开发过程的推进,系统负载越来越大会造成存储空间不合理、数据的冗余量大、存取速度下降等问题。因此,在数据库设计的过程中首要考虑的问题是如何提高数据库的性能,进而考虑提高存储空间利用率、降低数据冗余、提高存取速度等。

2. 行为设计和结构设计密切结合

行为设计是指设计应用程序、事务处理等,结构设计是指数据模型的建立。早期的数据库设计是行为设计和结构设计分离的,行为和结构分离的设计如图 7.1 所示,现在提倡的是数据库设计应该与应用系统结合。

3. 满足用户不断变化的需求

首先是由于硬件环境在不断变化,软件也应该随之改变,因此数据应用系统要具有延伸性,错误的修改不会影响整个系统;其次是用户在使用数据库应用系统时会提出一些新要求,因此数据库应用系统应具有可扩展性,还应具有添加和删除等功能。

4. 数据库设计需要广泛的知识与合作精神

一个大型的数据库设计和开发是一项庞大的工程,涉及多种学科的综合知识,因此要求设计人员有与具有专业知识的用户合作的精神。

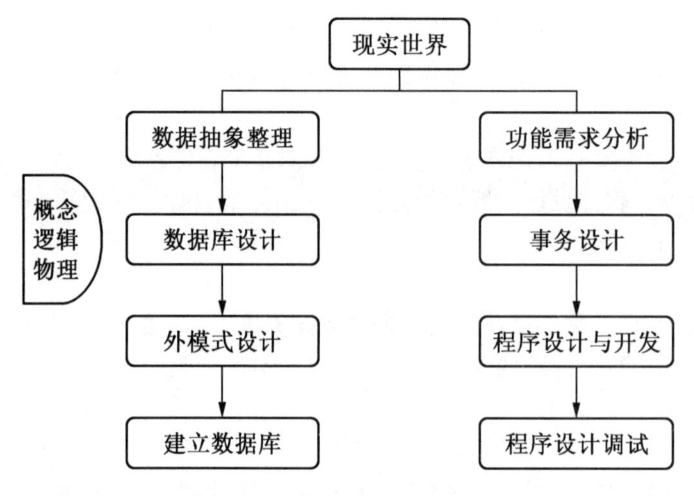

图 7.1　行为和结构分离的设计

7.1.3　数据库设计方法

1. 设计方法

设计方法是指设计数据库时所使用的理论和具体的步骤。由于现实世界存在的事物复杂多样，硬件和软件不断地更新换代，在一段时间里数据库设计的很多工作仍需要人工来做，这时用的方法称为"手工试凑法"，这一阶段数据库的设计质量与设计人员的经验和水平有直接关系，对设计人员数据库设计的知识和经验都有一定的要求。这一阶段存在的问题是缺乏科学理论和工程方法的支持，工程的质量难以保证，数据库运行一段时间后常常会不同程度地发现各种问题，增加维护代价。

现实世界的复杂性导致数据库设计的复杂性，只有"手工试凑法"是不能满足需求的，这就需要一套完善的数据库设计理论方法和工具，以实现数据库设计的自动化或交互式的半自动化设计。

2. 规范设计法

规范设计方法的基本思想是过程迭代和逐步求精，它使数据库的设计更加工程化、规范化和方便易行，使得在数据库的设计中充分体现软件工程的先进思想和方法。目前常用的各种数据库设计方法都属于规范设计法，也是在目前技术条件下设计数据库的最实用的方法。在规范设计法中，数据库设计的核心与关键是逻辑设计和物理设计。数据库设计的逻辑是根据用户要求和特定数据库管理系统的具体特点以数据库设计理论为依据设计，物理设计是在逻辑结构确定之后，设计数据库的存储结构及其他访问形式等。现在规范设计常用的方法是新奥尔良(New Orleans)方法，是基于 E－R 模型和 3NF 以上范式的数据库设计方法，该方法将数据库的设计分为四个阶段：需求分析阶段(综合各个用户的应用需求)、概念设计阶段、逻辑设计阶段(将 E－R 图转换成具体的数据的工计阶段形成独立的各种支持的数据模型)、物理设计阶段(根据 DBMS 特点和处理的需要，建立索引形成数据库内模式)。后期的 S. B. Yao 方法是将数据库设计分为七个步骤，L. R Paimet 方法则是把数据库设计当成一步接一步的过程。除先进的规范设计法外，为了加快数据库设计的速度，还使用一些建模工具。目前有很多的数据库辅助工具(CASE 工具)，如 Rational 公司的 Rational rose、CA 公司的 Erwn(主要用来建立数据库的概念模型和物理模型)和 win、Sybase 公司的 PowerDesigner、Oracle 公司的 Oracle Designer(画出概念模型)等。

7.1.4　数据库设计步骤

数据库设计是指根据用户的需求,在某一具体的数据库管理系统上构建数据库逻辑模式和物理结构的过程。在满足用户的需求的同时,数据库设计要遵循软件工程的理论和方法,使用规范的设计方法,经历需求分析、概念设计、逻辑设计、物理设计、数据库实施、数据库运行和维护这六个阶段,数据库设计步骤如图 7.2 所示。

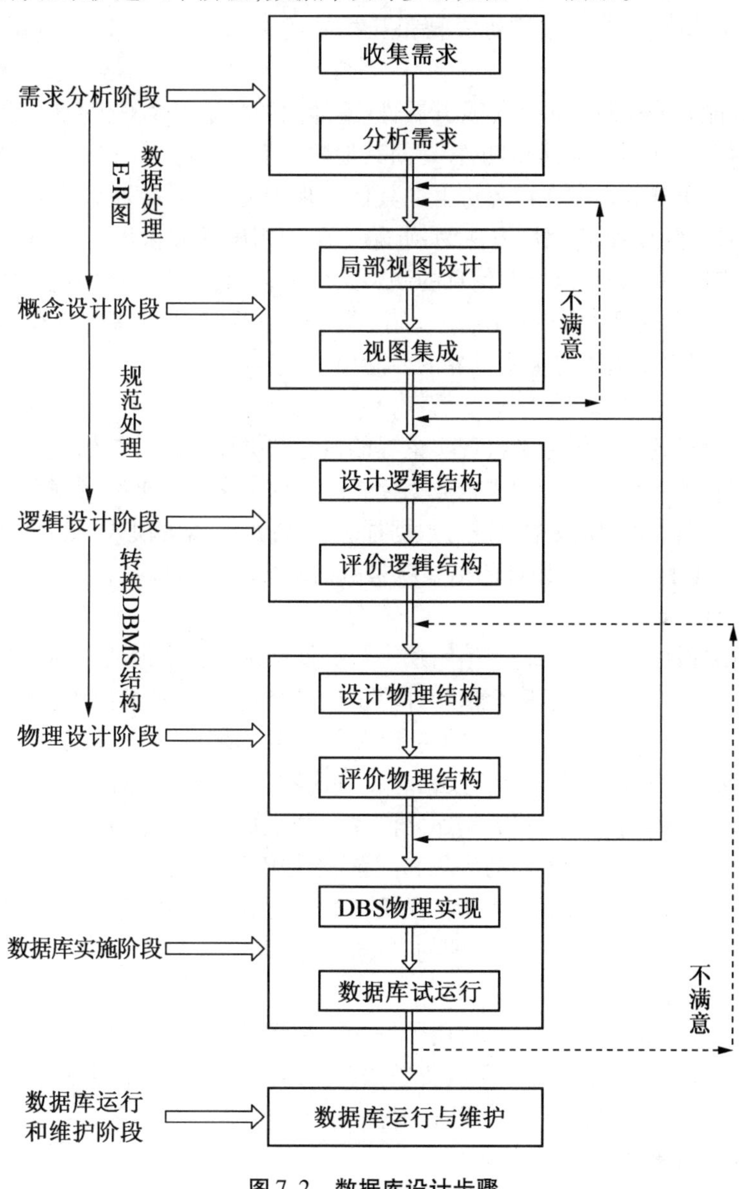

图 7.2　数据库设计步骤

1. 需求分析

需求分析阶段的主要任务是调查和分析用户的业务活动和数据的使用情况,包括应用系统的应用环境、功能要求和具体的业务流程，同时要弄清各类数据的类型、范围、数量以及它们在业务流中的流向，确定用户对数据库系统的使用要求和各种约束条件等，形成用户需求制作规定。需求分析阶段是整个数据库设计阶段的起点，是最关键、最难、最消耗人力资源和最耗费时间的阶段，目的是为后续的开发打下一个坚实、良好的基础。如果这个环节出现问题，将会影响整个后续的系统开发。

2. 概念设计

概念设计阶段的主要任务是对用户需求进行分类、聚集、概括和抽象，形成一个独立的 DBMS 的概念模型，这个概念模型应反映现实世界存在的有形的或无形的对象，抽象成实体的结构、实体之间的信息流动情况和互相制约关系等，并在这个基础上建立概念模式。

概念模式能充分反映各种实体及其属性、实体间的联系以及对信息的制约条件等，又是各种数据模型的共同基础，同时也容易向其他数据模型转换。

概念设计应避开数据库在计算机上的具体实现细节，以一种抽象的形式表示出来扩充的实体联系模型（E－R 模型）方法为例，第一步先明确现实世界各部门所含的各种实体及其属性、实体间的联系以及对信息的制约条件等，从而给出各部门内所用信息的局部描述（在数据库中称为用户的局部视图）；第二步再将前面得到的多个用户的局部视图集成全局视图，即用户要描述的现实世界的概念模型。

3. 逻辑设计

逻辑设计阶段的主要任务是将现实世界的概念数据模型设计结构进一步转换成特定的某种数据库管理系统所支持的逻辑数据模式。目前大多数数据库管理系统支持关系模型。概括地讲，逻辑设计阶段主要进行数据抽象，设计局部概念模式，然后集成局部视图，形成全局的 E－R 图，这一步设计的结果就是所谓的“逻辑数据库”。

4. 物理设计

物理设计阶段的主要任务是对给定逻辑数据模型选择一个最适合的应用环境的物理结构。数据库物理设计是一种完全依赖计算机硬件环境和数据库管理系统的，对具体的应用任务选定最合适的物理存储结构（包括文件类型、索引结构和数据的存放次序与位逻辑等）、存取方法和存取路径等。数据库良好的物理分布设计对其数据的安全和性能的高效均会有好的影响。在创建数据库之前先规划数据库的物理布局也是很有必要的，物理设计阶段主要进行磁盘布局的优化和配置、数据库初始化参数的选择与设置、内存管理、CPU 管理表空间管理、回滚段管理、联机重做日志管理、归档重做日志管理和控制文件管理等，这一步设计的结果就是所谓的“物理数据库”。

5. 数据库实施阶段

数据库实施阶段的主要任务是运用数据库管理系统提供的数据语言、工具及宿主语言，根据逻辑设计和物理设计的结果收集数据并具体建立一个数据库，运行一些典型的应用任务来验证数据库设计的正确性和合理性。

6. 数据库运行和维护阶段

数据库应用系统经过试运行后即可投入正式运行，标志着程序设计任务基本完成，但试运行并不意味着数据库设计工作已全部完成，在运行过程中还需不断对其进行评价分析数据库的性能，调整、修改相应的参数，这也是数据库设计的一项重要和长期的任务。为适应物理环境变化、用户的需求变化，以及一些不可预测外界因素的变化，需要对数据库进行不断的维护，对数据库的维护通常是由数据库管理员完成的，他们主要进行对数据库的转储和恢复，对数据库安全性和完整性的控制，对数据库性能的监督、分析和改进，以及对数据库的重新组织和重新建构等工作。

一般地，一个大型数据库的设计过程往往需要经过多次循环反复，当设计的某一步发现问题时，可能就需要返回到前面去进行修改。因此，在进行上述数据库设计时就应考虑到今后修改设计的可能性和方便性。

至今，数据库设计的很多工作仍需要人工来做，只有关系型数据库已有一套较完整的数据范式理论以实现数据库设计的自动化或交互式的半自动化设计。因此数据库设计今后的研究发展方向是研究数据库设计理论，寻求能够更有效地表达语义关系的数据模型，为各阶段的设计提供自动或半自动的设计工具和集成化的开发环境，使数据库的设计更加工程化、规范化和方便易行，也使数据库的设计中充分体现软件工程的先进思想和方法。

7.2　需求分析

所谓"需求分析"，在软件工程中是指对要解决的问题进行详细的分析，弄清楚用户的要求以及输入数据类型，最后得到结果和输入内容。因此，在软件工程中的"需求分析"就是要确定计算机要完成什么任务。

在数据库设计中，需求分析就是指分析用户的需要与要求，它是设计数据库的开端，也是数据库设计最基础的保证，数据库在设计过程中存在的很大漏洞往往有五成以上的原因是需求分析的不明确造成的，因此需求分析是数据库设计关键阶段之一，该阶段的结果将直接影响到后面各个阶段的设计，并影响到设计结果是否合理和实用。

7.2.1　需求分析的工作特点

需求分析是一项重要的工作，也是最困难的工作，该阶段工作有以下特点。

(1)用户与开发设计人员交流存在一定难度。需求分析阶段是面向用户的，在数据库设计前一定要明确用户的需求，需求分析要对用户的业务活动进行分析，明确在用户的业务环境中软件系统应该"做什么"，对数据库有什么需求。由于开发设计人员不是用户问题领域的专家，不熟悉用户的业务活动和业务环境，因此不可能在短期内搞清楚系统的功能。而用户对计算机系统开发具体工作流程不清楚，用户对需求只有朦胧的感觉，当然说不清楚具体的需求，因此双方互相不了解对方的工作，又缺乏共同语言，所以在交流时存在着问题，这就使得在短时间内开发人员和用户双方很难确定系统要完成的具体任务，也就是他们都不能准确地提出系统要"做什么"。

(2)用户的需求是不断变化的。对于一个大型而复杂的软件系统，用户很难精确、完整地提出它的功能和性能要求，一开始只能提出一个大概、模糊的功能。随着计算机技术的发展和外界环境的变化，用户的需求也在不断变化。因此，只有经过长时间的反复认识才能逐步明确，有时进入到设计、编程阶段才能明确，更有甚者，到开发后期还在提新的要求，这无疑增加了软件开发的难度。

(3)系统需求自身经常变动。随着IT产业的迅速发展，用户方对信息化时代认识和自己业务水平有所提高，他们会在不同的阶段和时期对系统的需求提出新的要求和需求，因此设计人员必须接受“需求会变更”这个事实,在需求分析阶段要懂得防患于未然,尽可能地分析清楚哪些是稳定的需求,哪些是易变的需求,以便在进行系统设计时留出变更空间。

(4)系统开发时间不易控制。需求分析阶段时间是难以控制的:一是用户需求的不断改变;二是设计人员要明确系统的功能;三是未知的错误。要处理和解决这些问题都需要花费一段时间,这个时间的长短是无法确定的,有的需要一个小时的时间,有的需要几天,也有可能会花上几个月时间。因此,对于大型复杂的系统而言,首先要进行可行性研究,开发人员应对用户的要求及现实环境进行调查、了解,从技术、经济和社会因素三个方面进行研究并论证该系统的可行性,根据可行性研究的结果,决定项目的取舍。

7.2.2 需求分析的任务

需求分析阶段的任务是通过详细调查现实世界要处理的对象(组织、部门、企业等),充分了解原系统的工作概况,明确用户的各种需求,然后在此基础上确定新系统的功能。由于用户需求的不断改变和计算机技术的发展,因此新系统的需求分析必须充分考虑今后可能的扩充和改变,不能仅仅按当前应用需求来设计数据库。

需求分析的重点是调查、收集与分析用户在数据和业务处理方面的要求,业务处理过程中会有数据从源头流出,这些数据最终会流向汇聚点,因此业务处理过程中的数据流分析和处理是十分重要的。在确定数据和业务处理后,还要确定数据库应用系统的业务规则。

7.2.3 需求分析的内容

在需求分析任务中明确了用户的实际需求,与用户最终达成共识,然后要进行分析和表达用户的一些需求。

1. 常用的调查方法

(1)跟班作业。通过自身参加业务工作来了解业务活动的情况。

(2)开调查会。通过与用户座谈来了解业务活动情况及用户需求的。

(3)请专人介绍。

(4)询问。对某些调查中的问题,可以找专人询问。

(5)设计调查表。请用户填写。

(6)查阅记录。查阅与原系统有关的数据记录。

在调查过程中通常是综合使用各种方法的,无论使用何种方法,都要求用户的积极参与和配合。

2. 需求分析的方法

对于调查用户和表达用户的实际需求,结构化系统分析与设计技术 SA(Structured Analysis)方法是一个常用的分析方法,SA 方法是面向数据流的需求分析方法,是 20 世纪 70 年代末由 Yourdon、Constantine 及 DeMarco 等提出并在此基础上发展起来的,目前已得到广泛的应用。它适合分析大型的数据处理系统,特别是企事业管理系统。

SA 的特点是自顶向下的结构化分析,它从最上层系统组织机构入手,采用逐层分解的方式分析系统,并用数据流图和数据字典描述系统,给出满足功能要求的软件模型。

结构化分析方法的基本思想是“分解”和“抽象”。

(1)分解。

分解是指把一个十分复杂的系统分割成相对独立的若干个较简单、较小的问题,然后分别解决,分解可以逐层进行,即逐层添加细节,同时进行逐层分解。自顶向下逐层分解图如图7.3所示。

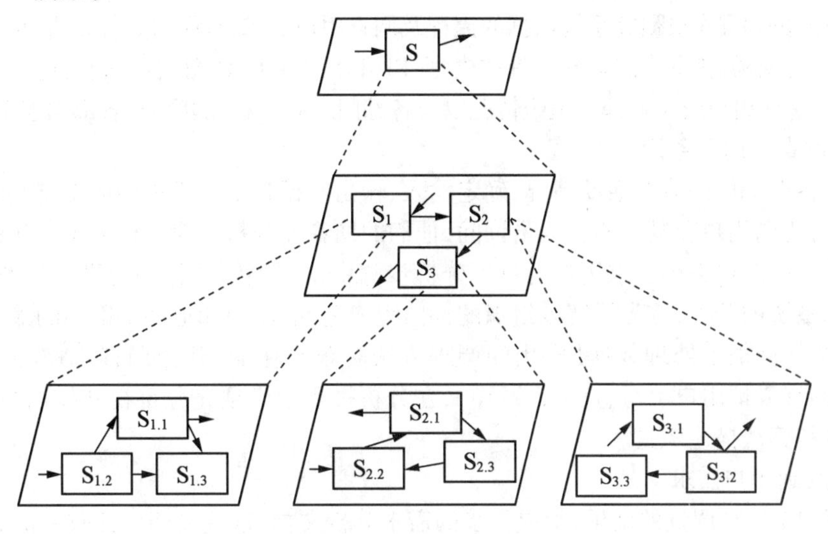

图7.3 自顶向下逐层分解

说明:先将复杂系统的第一层S分解为较简单的子系统S_1、S_2、S_3,将第二层S_1、S_2、S_3子系统再分为$S_{1.1}$、$S_{1.2}$、$S_{1.3}$、$S_{2.1}$、$S_{2.2}$、$S_{2.3}$、$S_{3.1}$、$S_{3.2}$等,这种自顶向下逐层分解的方法就是结构化分析(SA)方法的核心。

(2)抽象。

抽象可以分层进行,即先考虑问题最本质的属性,暂时把细节略去,以后再逐层添加细节,直至涉及最详细的内容,这种用最本质的属性表示一个系统的方法就是“抽象”。由于系统分析的描述方式必须简明易读,让用户能一看就明白,因此结构化分析方法采用了形式语言和自然语言之间的描述方式,并且尽量采用图形方式来描述。

7.2.4 需求分析的步骤与常用工具

需求分析就是要分析用户的需要与要求,确定系统必须完成哪些工作,对系统提出完整、准确、清晰、具体的要求,然后再分析与表达这些需求。需求分析过程如图7.4所示。

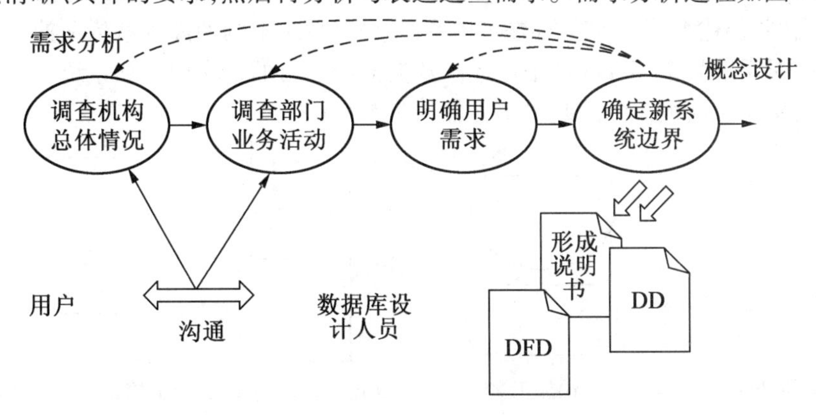

图7.4 需求分析过程

1. 需求分析步骤

(1)调查机构总体情况。

分析人员和程序员研究系统数据的流程及调查用户需求,查阅可行性报告、项目开发计划报告,访问现场,获得当前系统的具体模型,以 IPO 图或 DFD 图表示,确切地说是调查组织机构,了解该组织或企业部门组织情况以及各部门之间的相互联系和各部门职责。

(2)调查部门业务活动。

了解各个部门的业务活动情况,确定输入、输出数据是由哪里来的或由哪些元素组成的,往往需要向用户和其他相关人员询问,他们的回答使分析员对目标系统的认识更为深入与具体。同时也必须要求用户对每个分析步骤中得出的结果仔细地进行复查。因此,对于目标系统的开发,首先了解该组织的部门组成情况,从中知道各个部门的输入和使用什么数据,如何加工处理数据(常用的调查方法是跟班作业、开会调查、请专人介绍、询问、设计调查表请用户填写、查阅记录等),在分析过程中必须充分重视和使用数据流图、数据字典和算法描述工具。

(3)明确用户需求。

根据(1)、(2)调查的结果,形成初步的需求分析文档,这些文档包括收集的必要的信息,这在开发复杂的大系统时尤为重要。需求分析的文档可以起备忘录作用,也有助于审查和复查过程的成功,并且将成为软件工程下一个阶段工作的基础。

(4)确定新系统边界。

在对以前的调查结果进行反复分析,对现行问题和期望的信息进行分析的基础上,分析员综合出一个或几个解决方案,最后确定系统中的数据和系统应该完成的功能,接下来是明确计算机和开发设计人员所要完成的任务。

(5)分析说明书。

经过分析确定了系统必须具有的功能和性能,定义了系统中的数据并且简略地描述了处理数据的主要算法。根据需求分析阶段的基本任务,最终形成需求分析说明书。

2. 数据流图

数据流图(Data Flow Diagram,DFD)是描述系统中数据流程的图形工具,它标识了一个系统的逻辑输入和逻辑输出,以及把逻辑输入转换为逻辑输出所需要的加工处理过程。结构化需求分析方法(SA)采用的是“自顶向下、由外到内、逐层分解”的思想,开发人员要先画出系统顶层的数据流图,然后再逐层画出低层的数据流图。顶层的数据流图要定义系统范围,并描述系统与外界的数据联系,它是对系统架构的高度概括和抽象。底层的数据流图是对系统某个部分的精细描述。数据流图的目的是在用户和系统开发人员之间提供语义的桥梁。数据流图的基本符号如图 7.5 所示。

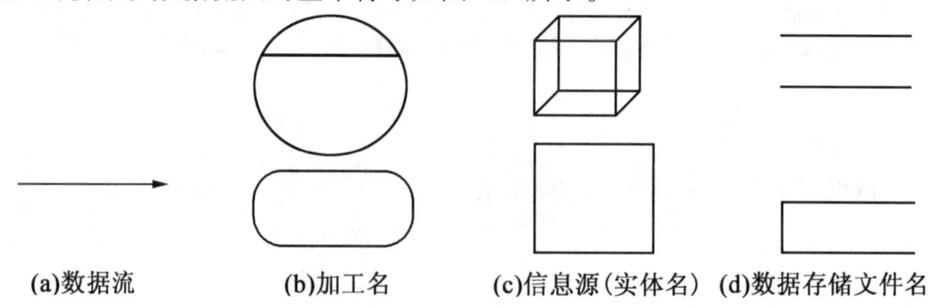

图 7.5　数据流图的基本符号

(1)数据流图的符号。

数据流图有四种基本图形符号。

①数据流。表示数据流的流动方向。数据流可以从加工流向文件,或者从文件流向加工。数据流是数据在系统内传播的路径,因此由一组固定的数据组成,如学生缴费单由姓名、年龄、系单位、考号、日期等数据项组成。由于数据流是流动中的数据,因此必须有流向。除与数据存储文件名之间的数据流不用命名外,数据流应该用名词或名词短语命名,在数据流图中用一个水平箭头或垂直箭头表示,箭头指出数据的流动方向,箭线旁注明数据流名。

②加工名。对数据的加工(处理)。加工是对数据进行处理的单元,它接收一定的数据对其进行处理,并产生输出,如对数据的算法分析和科学计算。

③信息源。表示数据的源点和终点,代表系统之外的实体,可以是人、物或其他软件系统。数据流图中也可用“ * ”号表示“与”,用“⊕”号表示“或”,图7.6所示为数据流图的辅助符号(加工P执行时,一种是要用到数据流A和数据流B,另一种是要用到数据流A或数据流B,而P的输出可以是数据流B和数据流C,或者数据流B和数据流C中的任意一个)。

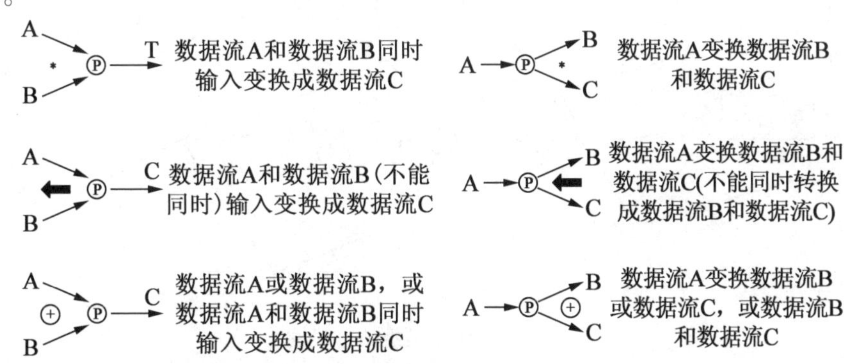

图7.6　数据流图的辅助符号

④数据存储文件名。可以表示信息的输入或输出文件、信息的静态存储以及数据库的元素等。流向数据存储文件的数据流可理解为写入文件或查询文件,从数据存储流出的数据可理解为从文件读数据或得到查询结果。

(2)数据流图的描述。

数据流图是描述系统数据流程的工具,它将数据独立抽象出来,通过图形方式描述信息的来龙去脉和实际流程。为描述复杂的软件系统的信息流向和加工,可采用分层的DFD来描述,分层DFD有顶层、中间层、底层之分。DFD数据流分层图如图7.7所示。

①顶层。决定系统的范围,决定输入、输出数据流。它说明系统的边界,把整个系统的功能抽象为一个加工。顶层DFD只有一个。

②中间层。顶层之下是若干个中间层。某一个中间层既是它上一层加工的分解结果,又是它下一层若干加工的抽象,即它又可以进一步分解。

③底层。若某一DFD的加工不能再进一步分解,这个DFD就是底层了。底层DFD的加工是由基本加工构成的,所谓基本加工,是指不能再进行分解的加工。

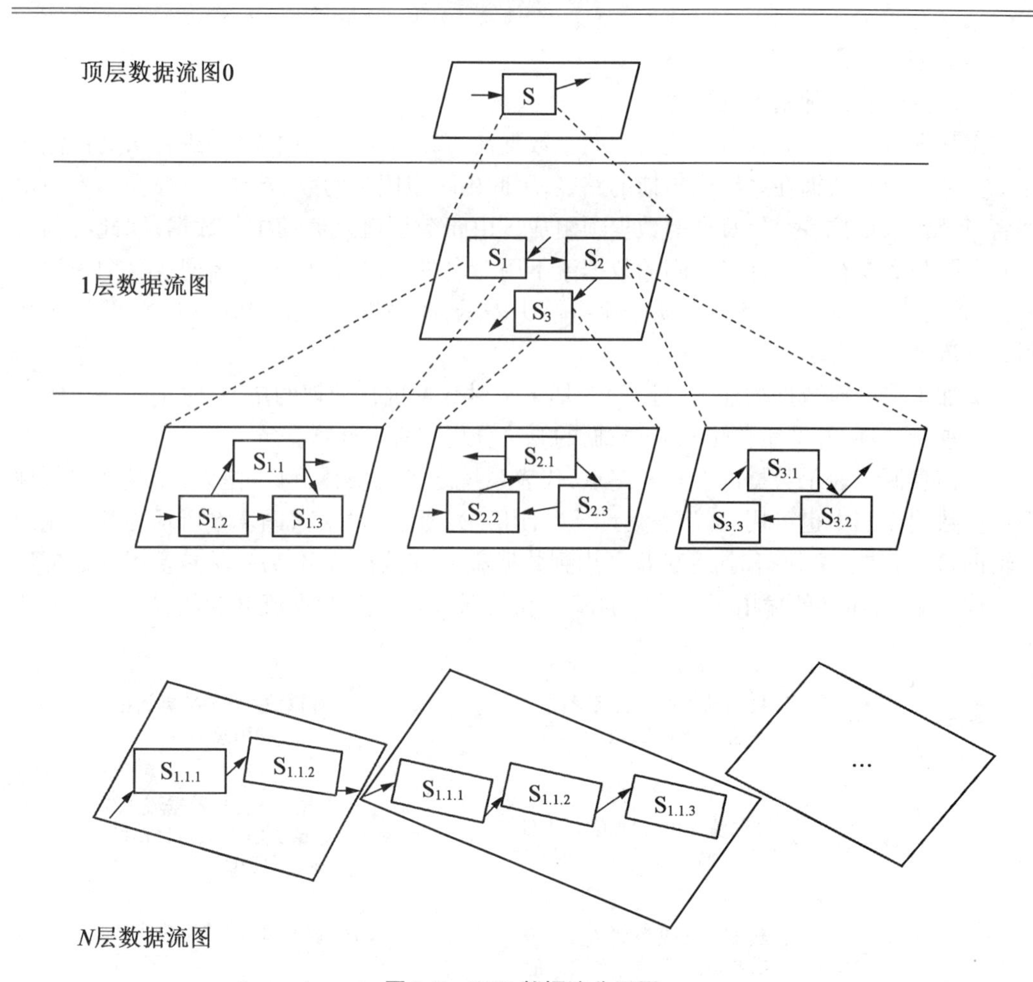

图 7.7　DFD 数据流分层图

(3)画数据流图的基本原则。

①数据流图上的所有图形符号必须使用前面所述的四种基本元素。

②数据流图的主图必须含有前面所述的四种基本元素,缺一不可。

③数据流图上的数据流必须封闭在外部实体之间。外部实体可以是一个,也可以是多个。

④处理过程至少含有一个输入数据流和一个输出数据流。

⑤任何一个数据流子图必须与它的父图上的一个处理过程对应,二者的输入数据流输出数据流必须一致,即所谓的“平衡”。

⑥数据流图上的每个元素都必须有名字。

(4)画数据流图的基本步骤。

①把一个系统看成一个功能的整体,明确信息的输入和输出。

②找到系统的外部实体。一旦找到外部实体,则系统与外部世界的界面就可以确定下来,系统数据流的源点和终点也就找到了。

③找出外部实体的输入数据流和输出数据流。

④在图的边界上画出系统的外部实体。

⑤从外部实体的输入流(源)出发,按照系统的逻辑需要,逐步画出一系列逻辑处理

过程,直至找到外部实体处理所需的输出流,形成封闭的数据流。

⑥系统内部数据处理又分别看成一个个功能的整体,其内部又有信息的处理、传递存储过程。

⑦如此一级一级地剖析,直到所有处理步骤都很具体为止。

(5)画数据流图的注意事项。

①关于层次的划分。逐层扩展数据流图,就是对上一层图中某些处理框加以分解。随着处理的分解,功能越来越具体,数据存储数据流越来越多。究竟怎样划分层次、划分到什么程度,没有绝对标准,一般认为展开的层次与管理层次一致,也可以划分得更细。但应注意,处理框的分解要自然,保持其功能的完整性。一个处理框经过展开,一般以分解为 4 ~ 10 个处理框为宜。

②检查数据流图。对一个系统的理解,不可能一开始就完美无缺,开始分析一个系统时,尽管对问题的理解有不正确、不确切的地方,但还是应该根据我们的理解,用数据流图表达出来,进行核对,逐步修改,直至获得较为完美的数据流图为止。

③提高数据流图的易理解性。数据流图是系统分析员调查业务过程、与用户交换思想的工具。因此,数据流程图应简明易懂,这也有利于后面的设计,有利于对系统说明书进行维护。

3. 数据字典

数据字典(Data Dictionary,DD)是数据管理的一个组成部分,数据字典是对系统中数据信息的收集、维护和发布机制,包括这些实体之间的联系,如输入格式、报表、屏幕、处理过程等。数据字典在整个数据库设计中占有很重要的地位,其主要内容包括以下六项。

(1)数据项。

数据项是不可再分的最小数据单位,是对数据结构中数据项的说明。对数据项的描述通常包括以下内容:

数据项描述 = {数据项名,数据项含义说明,别名,数据类型,数据长度,取值范围取值含义,与其他数据项的逻辑关系}

其中,数据项名是指描述实体的属性列;数据类型是指实体的属性列的类型(逻辑型、数值型、字符型等);数据长度是指字符型、数值型等的宽度。

(2)数据结构。

数据结构反映了数据之间的组合关系。数据结构可以由若干个数据项组成,也可以由若干个数据结构组成,或由若干个数据项和数据结构混合组成。对数据结构的描述通常包括以下内容:

数据结构描述 = {数据结构名,含义说明,组成:{数据项或数据结构}}

(3)数据流。

数据流是数据结构在系统内传输的路径,表示某一处理过程的输入和输出。对数据流的描述通常包括以下内容:

数据流描述 = {数据流名,说明,数据流来源,数据流去向,组成:{数据结构},平均流量,高峰期流量}

其中,数据流来源是指该数据流来自哪个过程;数据流去向是指该数据流流向哪个过程;平均流量是指在单位时间(每天、每周、每月等)里的传输次数;高峰期流量是指在高峰时期的数据流量。

(4)数据存储。

数据存储是数据结构的停留或保存处,也是数据流的来源和去向之一。对数据存储的描述通常包括以下内容:

数据存储描述 = {数据存储名,说明,编号,流入数据流,流出数据流,组成:{数据结构},数据量,存取方式}

其中,数据量是指每次存取多少数据,每天(或每小时、每周等)存取几次等信息;存取方式是指是批处理还是联机处理,是检索还是更新,是顺序检索还是随机检索等。

(5)处理过程。

具体处理逻辑一般用判定表或判定树来描述。数据字典中只需要描述处理过程的说明性信息,通常包括以下内容:

处理过程描述 = {处理过程名,说明,输入:{数据流},输出:{数据流},处理:{简要说明}}

其中,"简要说明"是指说明处理过程的功能,主要强调处理过程用来做什么(不是怎么做)、处理顺序的要求(如在单位时间里处理多少事务、多少数据量以及响应时间要求等),这些处理要求为后续物理设计的输入及性能评价提供了标准。

(6)外部实体。

外部实体包括外部实体系统和外部环境接口两部分,主要是指使用该系统的用户。外部实体描述通常有以下内容:

外部实体描述 = {外部实体,实体说明,流入数据流,流出数据流}

7.2.5 案例分析

以"高校新生入学一站式服务"管理信息系统为例,经过可行性分析和需求分析,确定系统的边界,该系统在针对学校现在的报到流程和各主要部门的工作实情分析的基础上,进一步完成系统的设计,新生入学管理系统按功能可划分为教务处管理、院系管理、财务处管理、公寓管理四个模块。

①教务处管理。对于属于管理员级别的用户,可以实现信息编辑、报到统计、用户管理、数据管理四个功能。信息编辑是指查看新生的详细资料信息,修改新生的相关信息;报到统计是指可以查看到最新的报到、注册统计信息,并可以打印相关的统计信息;用户管理是指实现对用户密码信息的管理,还可以管理其他使用该系统的用户信息,包括对这些用户的修改、添加与删除等;数据管理模块主要完成新生原始信息的导入,即把招生办的考生信息导入到该系统中。

②院系管理。该模块主要完成新生的验证及注册工作。新生携带录取通知书、准考证、身份证到各院系部报到并确认学生本人的姓名、性别、专业等是否正确,将通知书留下备案,完成缴费后再到院系处注册,主要是进行班级的分配。

③财务处管理。该模块主要完成新生的缴费工作。通过查询学生的信息进行学费、书费、住宿费、公物押金、军训服费、床上物品费等的收缴工作,并打印收款收据给学生本人保管。学生本人核对注册条上的财务人员收费章及收款收据上的姓名、专业、金额填写是否正确。

④公寓管理。主要完成部门人员登录、查询新生所入住的公寓信息、统计新生所入住的公寓信息、退出系统。

1. 数据流图

通过对系统的信息及业务流程进行初步分析后，得出高校新生入学一站式服务系统的顶层数据流图，如图 7.8 所示。

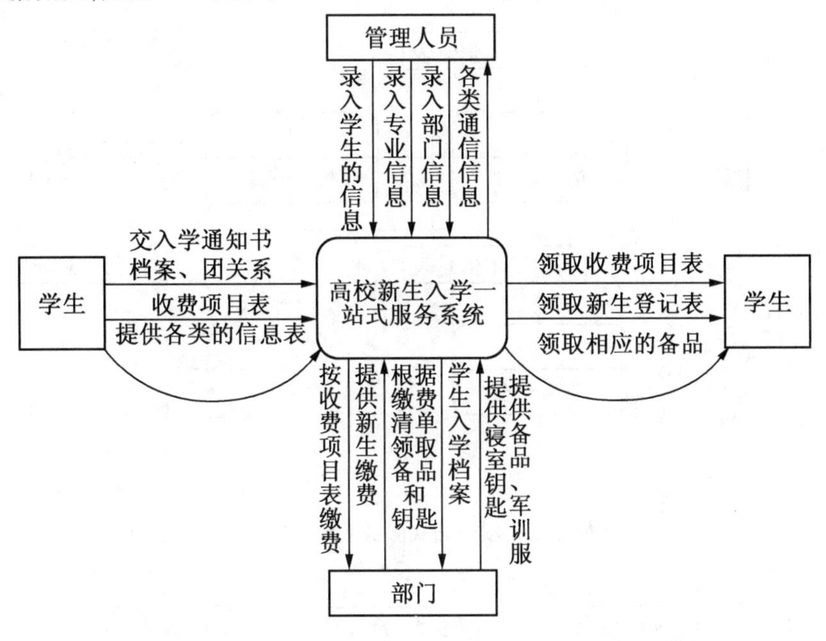

图 7.8　高校新生入学一站式服务系统的顶层数据流图

从图 7.8 可以看出，新生入学时通过“高校新生入学一站式服务系统”缴纳各种入学费用，缴费之前必须向各分院上缴入学通知书、档案、团关系等信息，分院才能给学生提供收费项目表，依据收费项目表学生向财务部门上缴费用，财务部门才能给学生提供缴费清单。最后学生拿着缴费清单到后勤和公寓领取相应的备品和钥匙。

顶层数据流图反映了“高校新生入学一站式服务系统”功能边界，但是未表明数据的加工要求，需要逐步细化。根据“高校新生入学一站式服务系统”功能边界，现将其顶层数据流图中处理过程分成多个子模块，分别是教务处管理、院系管理、财务处管理、公寓管理等子功能模块，这样可以得到“高校新生入学一站式服务系统”的第 1 层数据流图，如图 7.9 所示。在第 1 层数据流图中能够清晰地看出数据的流向和各子功能之间的关系。

从高校新生入学一站式服务系统第 1 层可以看出，在不同部门完成的学生信息的录入、查询等处理模块，使用的数据较多，因此必须对其进行更进一步的分解，把每个模块分解成更小的模块。图 7.10 和图 7.11 所示分别是财务管理和院系管理的第 2 层数据流图。

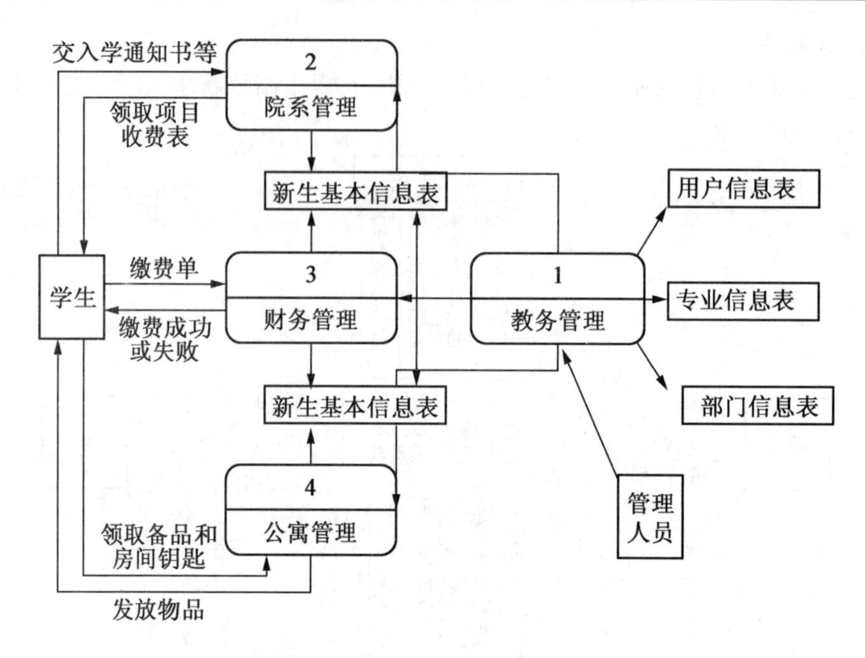

图 7.9 “高校新生入学一站式服务系统”的第 1 层数据流图

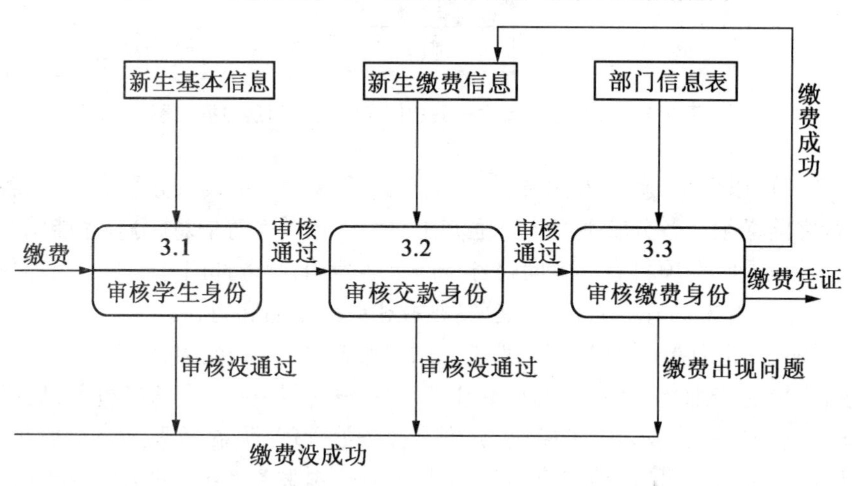

图 7.10 财务管的理第 2 层数据流图

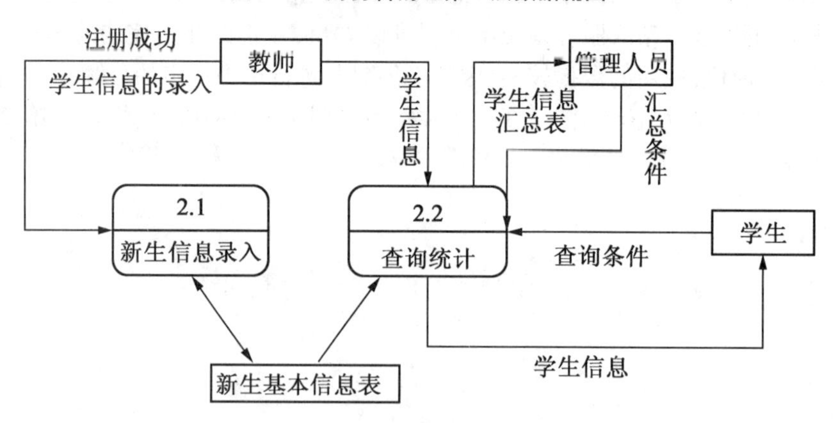

图 7.11 院系管理的第 2 层数据流图

进一步对图 7.11 所示的“2.1 新生信息录入”进行细化，把第 2 层数据流图继续分解。“2.1 新生信息录入”和“2.2 查询统计”都可以根据需要继续分解。

“2.1 新生信息录入”处理子模块可以继续细化为“添加学生信息”“修改学生信息”“删除学生信息”“查询学生信息”，把图 7.11 所示的“2.1 新生信息录入”子模块分解后得到如图 7.12 所示新生信息录入的第 3 层数据流图。

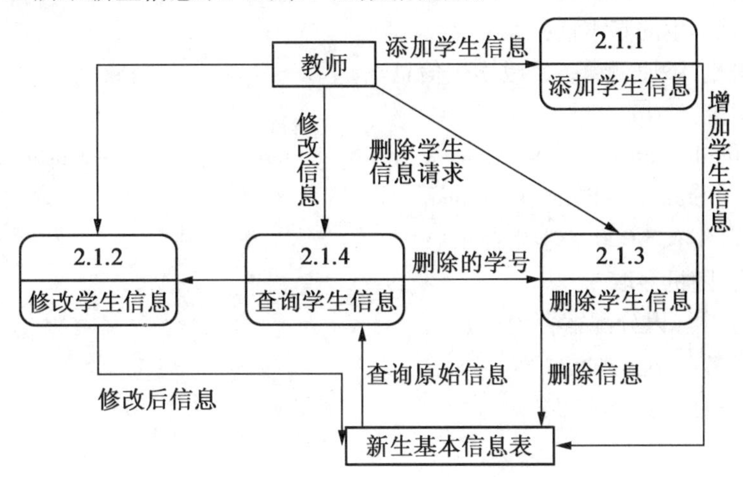

图 7.12　新生信息录入的第 3 层数据流图

2. 数据字典

由于高校新生入学一站式服务系统要描述的内容较多，因此这里只给出系统部分的数据字典的描述。

(1)数据项(以学号“ Stuaid. 新生”为例)。

数据项名：新生 id。

含义说明：唯一标识每个学生。

别名：学生编号。

类型：字符型。

长度：10。

取值范围：0000000000 ~ 9999999999。

取值含义：第 1、2 位标识该学生入学年份，第 3、4 位标识学生所在分院，第 5、6 位标识所在年级，后 4 位按顺序编号

(2)数据结构(以用户表为例)。

数据结构名：用户表。

含义说明：定义系统用户的信息。

组成：用户 ID + 用户名 + 用户密码 + 用户类型 + 用户部门。

备注：这是所有用户的信息表。

(3)数据流(以到财务处缴费统计结果为例)。

数据流名：学生缴费。

说明：学生缴费最终是否成功。

数据流来源：缴费。

数据流去向：审核通过。

组成: Staid(新生 id) + Gid(部门 id) + JF(缴费金额)。

平均流量:1 000 人。

高峰期流量:2 000 人。

(4)数据存储(以学生登记表为例)。

数据存储名:学生信息表。

说明:记录学生的基本情况。

流入数据流:添加、删除、修改学生信息。

流出数据流:学生信息。

组成: Stuaid + Stuksh + Stuname + Stusex + Stuage + Stumz + Stusheng + Stuyz + Stufzh + Zgid + Stujtdz + Stuis + Stutime。

数据量:每年有 3 000 名学生被录取。

存取方式:随机存取。

(5)处理过程(以分配宿舍为例)。

处理过程名:分配宿舍。

说明:为所有新生分配宿舍。

输入:学号,宿舍。

输出:宿舍安排。

处理:新生报到后为所有新生分配宿舍。

7.3 概念结构设计

需求分析阶段的主要任务是调查和分析用户的业务活动和数据的使用情况,而概念结构设计就是对信息世界进行建模,常用的概念模型是 ER 模型(1976 年由 P. P. S. Chen 提出来的),概念模型是数据库系统的核心和基础。

早些时候由于各个机器上实现的 DBMS 软件都是基于某种数据模型的,具体在机器上的实现又受到许多限制,而现实应用环境是复杂多变的,如果把现实世界中的事物直接转换为机器所识别的数据模型是非常困难的,因此为改变这个局面,在概念设计阶段,人们研究把现实世界中的事物抽象为独立于某一个数据库管理系统(DBMS)的数据模型。概念结构设计的特点如下。

①能充分真实地反映现实世界。包括事物和事物之间的联系,能满足用户对数据的处理要求,是现实世界的一个真实模型。

②易于交流和理解。可以用它和不熟悉计算机的用户交换意见。

③易于更改。当应用环境和应用要求改变时,概念模型要能很容易修改和扩充以反映这种变化。

④易于向各种数据模型转换。

从上述特点可以看出,概念模型是各种模型的共同基础。在数据库的概念设计中,通常采用 ER 数据模型来表示数据库的概念结构。ER 数据模型将现实世界的信息结构统一用属性、实体以及它们之间的联系来描述。

7.3.1　概念结构设计方法

概念结构的设计方法主要有四种，分别是自顶向下（Up－Down）、自底向上（Bottom－Up）、由里向外（逐步扩张）（Inside－Out）和混合策略。

（1）自顶向下。先定义全局概念结构的框架，再逐步细化。

（2）自底向上。先定义各局部应用的概念结构，然后再将局部应用的概念模型集成起来，形成全局概念模型。

（3）逐步扩张。先定义最基本、最重要的核心概念结构，再逐步向外扩充，即以中心点向外扩张的方式形成一个同心圆，最终形成一个全局的概念模型。

（4）混合策略。采用自顶向下和自底向上相结合的方式，用自顶向下策略设计一个全局概念结构的框架，再以它为骨架集成由自底向上策略设计的各局部概念结构。

其中，常用的方法是自顶向下地进行需求分析，自底向上地设计概念结构。自底向上设计概念结构的步骤是先抽象数据并设计局部视图，再集成局部视图，得到全局概念结构。采用这种方法的概念模型的设计一般可分三步完成，概念结构设计的三个步骤如图 7.13 所示。

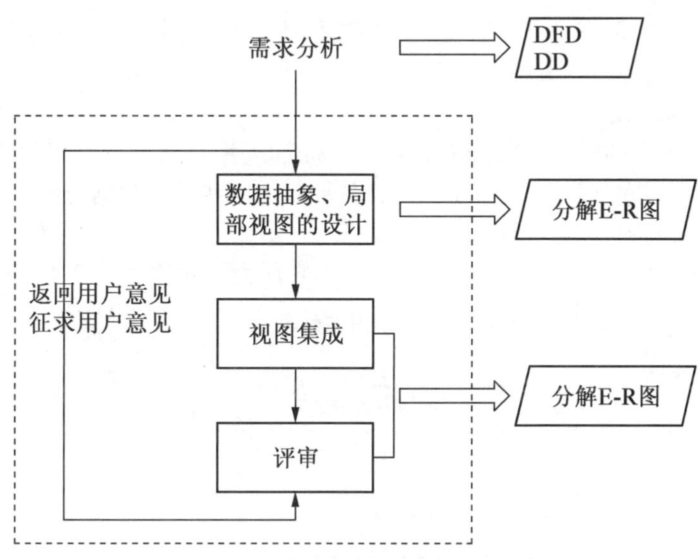

图 7.13　概念结构设计的三个步骤

7.3.2　数据抽象

概念结构是对现实世界的一种抽象。抽象是从实际的人、物、事和概念中抽取其共同的本质属性或特征，舍弃其非本质的属性或特征的思维过程。把这些特征用各种概念精确地加以描述，这些概念就组成了某种模型。常用的抽象方法有分类、聚集和概括三种。

①分类（Classification）。分类定义某一类概念作为现实世界中一组对象的类型，这些对象具有某些共同的特征和行为抽象。对象和实体之间是“is member of”的关系，如刘放和赵明月都是学生，因此可以把类似的对象抽象为学生实体。通常情况下，在 ER 模型中，实体就是这种抽象。

②聚集（Aggregation）。聚集定义某一类型的组成成分，它抽象了对象内部类型和成分之间“is part of”的语义。在 ER 模型中，若干属性的聚集组成了实体型，就是这种抽象，

如学号、姓名、专业等属性的聚集组成学生实体型。

③概括(Generalization)。概括是一种由个别到一般的认识过程。概括就是把同类事物的共同属性联结起来,或把个别事物的某种属性推广到同类事物中的思维方法。概括定义类型之间的一种子集联系,它抽象了类型之间"is subset of"的语义,如学生是实体型,本科生、研究生也是实体型,本科生、研究生是学生的子集,称学生为超类,本科生、研究生为子类。概括具有继承性,子类继承超类上定义的所有抽象,E－R 型中用双竖边的矩形框表示子类,用直线加小圆圈表示超类与子类的联系。

在概念设计阶段,一般使用语义数据模型描述概念模型,通常使用 E－R 模型图作为概念设计的描述工具。用 ER 模型图进行概念设计常用的两种方法是集中式模式设计法和视图集成法。前者是先设计一个全局概念的数据模型,然后再根据全局数据模式为各个用户组或应用定义外模式;后者是先以部分的需求说明为基础,分别设计各自的局部模式,也就是部分视图,然后再以这些视图为基础,集成为一个全局模式。当今关系数据库设计主要采用视图集成法。

7.3.3　局部视图设计

局部视图设计依据需求分析阶段产生的数据流图和数据字典,在多层的数据流图中选一个适当的中、底层数据流图作为设计局部 E－R 图的出发点。

1. 局部 E－R 图设计

由于数据流图中的每一个部分都对应一个局部应用,因此选择好局部应用后,接下来就可以设计每个局部应用的分 E－R 图。将各局部应用涉及的数据分别从数据字典中抽取出来,参照数据流图,标定各局部应用中的实体、实体的属性,标识实体的码,确定实体之间的联系及其类型(1:1、1:n、m:n)。局部 E－R 图设计步骤如图 7.14 所示。

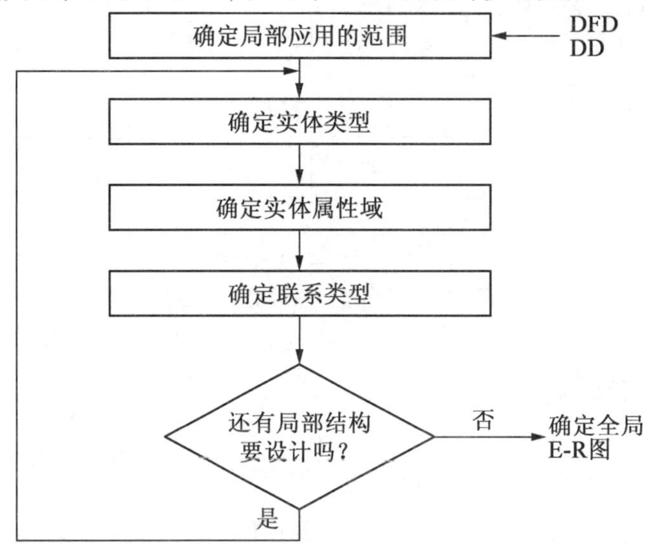

图 7.14　局部 E－R 图设计步骤

(1)确定实体类型和属性。现实世界中一组具有某些共同特征和行为的对象就可以抽象为一个实体,实体确定后要命名,名称主要反映实体的语义性质。例如,对招生系统中的每个成员,可以把每个成员对象抽象为学生实体。

对象类型的组成成分可以抽象为实体的属性。例如,学号、姓名、年龄、所在系等可以抽象为学生实体的属性，其中学号为标识学生实体的码。

属性必须是不可再分的数据项。实际上实体与属性是相对而言的，很难有明确的划分界限。但是，同一事物在一种应用环境中作为“属性”则不能再包含其他属性。

属性不能与其他实体具有联系，在 E－R 图中联系只发生在实体之间。

例 7.1　在“高校新生入学一站式服务系统”局部应用中主要涉及的是学生实体，而学号、姓名、宿舍、所在系、系主任是学生实体的属性，如图 7.15(a)所示。如果宿舍没有管理员的信息（姓名、职称、工资等），那么就没有必要进一步描述，则宿舍可以作为学生实体的一个属性对待。如果考虑学生的宿舍会根据不同的缴费标准来分配，宿舍号和宿舍名宿舍费用等也会不一样，而且宿舍号不同宿舍费用也不同，那么宿舍作为一个实体来考虑比较恰当。图 7.15(b)所示为“宿舍”由属性变为实体的示意图。

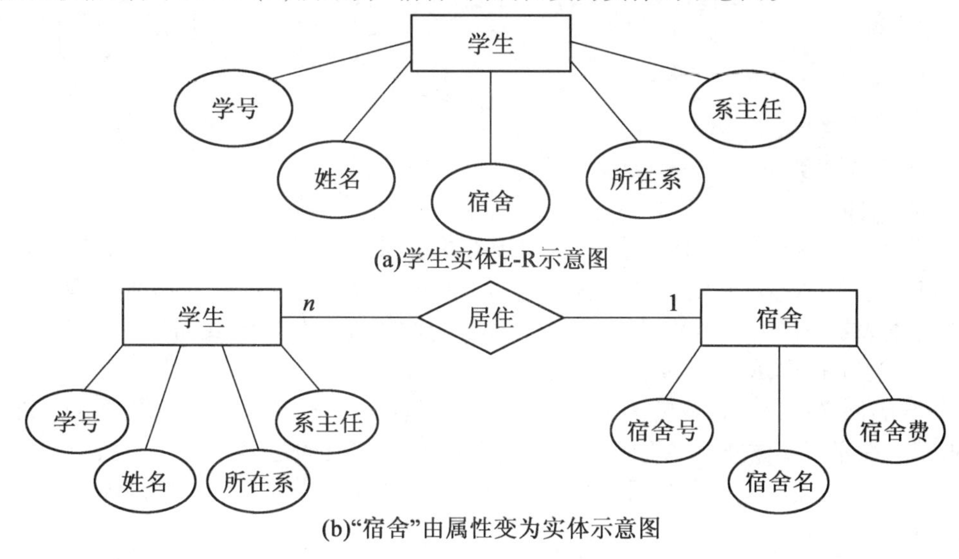

图 7.15　属性与实体

(2)确定实体间的联系。如果存在联系，就要确定联系类型（1:1、1:m、m:n）。例如，由于一个宿舍可以住多名学生，而一名学生只能住在某一个宿舍中，因此宿舍与学生之间是 1:m 的联系；由于一个系可以有若干名学生，而一个学生只能属于一个系，因此系与学生之间也是 1:m 的联系；而一个系只能有一名系主任，所以系主任和系是 1:1 的联系。

2. 视图集成

各子系统的局部 ER 图设计好以后，下一步就是要将所有的局部 ER 图综合成一个系统的全局 E－R 图，视图的集成如图 7.16 所示。

一般来说，视图集成可以有两种方式。

(1)合并局部 E－R 图，生成初步的 E－R 图。

由于各个局部应用面向的问题不同，因此当局部 E－R 图集成为全局 E－R 图时，首先将具有相同实体的两个 E－R 图，以该相同实体为基准进行集成。如果还存在两个或两个以上的相同实体，则再次按前面的方法集成，直到不存在相同的实体为止，这样就生成了初步的 E－R 图。在设计过程中，各个局部 E－R 图之间可能存在冲突，合并局部 E－R图的主要工作与关键所在就是合理消除各局部 E－R 图的冲突。

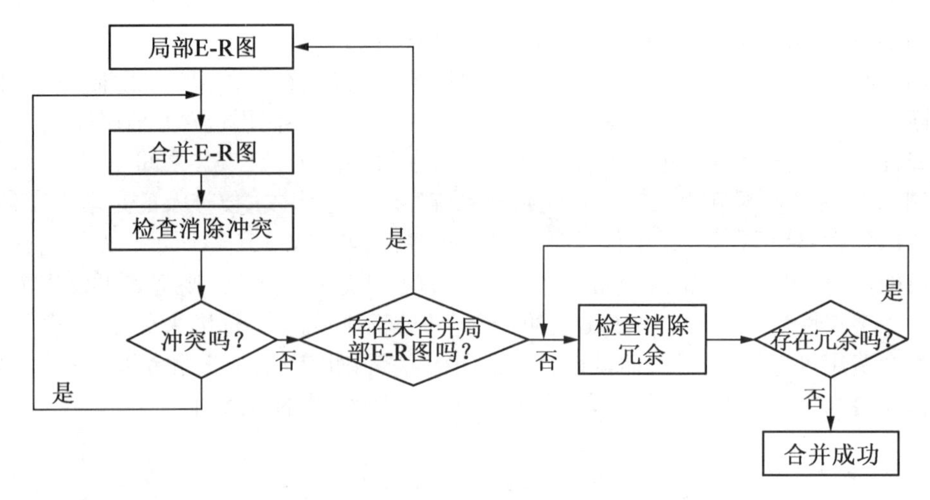

图7.16 视图的集成

主要存在三类冲突。

①命名冲突。

a. 同名异义冲突。它是指各个实体中存在意义不同但名称相同的属性。例如，图7.15中的两个实体“学生”和“宿舍”，这两个实体名含义是不同的，即它们的属性各不相同，分别表示不同的实体类型，如果把学生实体中的“学号”改为“编号”，宿舍实体中的“宿舍号”为“编号”，就会导致同名异义的冲突。

b. 异名同义冲突。它是指意义相同，在不同的实体中有不同名字的属性。例如，学生的学号，在不同实体中名字不同，有的是“学生 ID 号”，有的是学号等。

命名冲突发生在实体和联系一级上，也可能发生在属性一级上。但命名冲突发生概率小一些。

②属性冲突。

a. 属性域冲突。即属性的取值范围和类型等不同，如学生实体中的“学号”在一个视图中可能当作字符型数据，而在另一个视图中可能当作数值型数据。还有“性别”，有些实体中是以字符型出现的，有些实体中是以布尔型出现的。

b. 属性取值单位冲突。如宿舍的缴费金额有的以元为最小单位，有的以分为最小单位。

属性冲突通常采用讨论、协商等手段加以解决。

③结构冲突。

a. 同一对象在一个视图中可能作为实体，在另一个视图中可能作为属性或联系。如宿舍在某一局部应用中被当作实体，在另一局部应用中被当作属性。解决此类冲突通常是把属性变为实体或把实体变为属性，使同一对象具有相同的抽象。

b. 同一实体在不同的局部 E－R 图中所包含的属性个数和属性排列次序不完全相同，这是不同局部应用关心的是该实体的不同侧面造成的。解决此类冲突可使该实体的属性取各局部 E－R 图中属性的并集，再适当调整属性顺序。

c. 实体之间的联系在不同局部 E－R 图中呈现不同的类型。如实体 E_1 与 E_2 在局部应用 A 中是 $m:n$ 联系，而在局部应用 B 中是 $1:n$ 联系，又如在局部应用 X 中 E_1 与 E_2 发生联系，而在局部应用 Y 中 E_1、E_2、E_3 三者之间有联系。解决此类冲突应根据应用语义对实体联系的类型进行综合或调整。

(2)消除不必要的冗余,设计生成基本 E-R 图。

在初步 E-R 图中可能存在冗余数据和冗余实体间的联系。所谓冗余数据,是指可由基本数据导出的数据,而冗余联系是指可由其他联系导出的数据。冗余数据和冗余联系会破坏数据库的完整性,给数据库维护增加困难,必须消除。通过修改与重构初步 E-R 图,合并码相同的实体类型可以消除冗余属性和冗余联系。消除一些不必要冗余后的初步 E-R 图称为基本 E-R 图。

消除冗余的主要方法如下。

①用分析法消除冗余。以数据字典和数据流图为依据,根据数据字典中数据项间的逻辑关系的说明来消除冗余,分析法是消除冗余的主要方法。

②用规范化理论消除冗余。规范化理论是关系数据库中消除冗余最理想的方法。

例 7.2　给出生成第 4 章学生参加社团管理系统的初步 E-R 过程。

(1)生成局部应用,学生管理局部和社团管理局部 E-R 图如图 7.17 和图 7.18 所示。

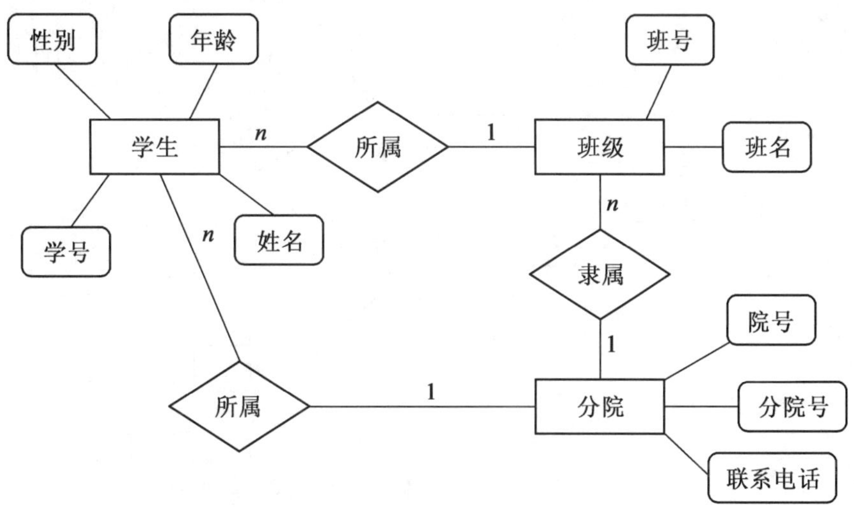

图 7.17　学生管理局部的局部 E-R 图

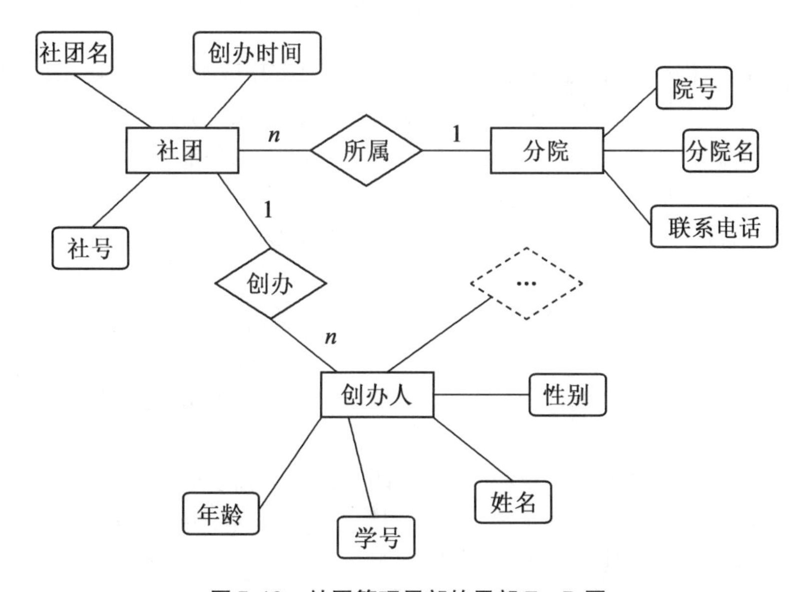

图 7.18　社团管理局部的局部 E-R 图

(2)合并图 7.17 和图 7.18 所示的局部 E－R 图，生成社团管理系统的初步 E－R 图，如图 7.19 所示。

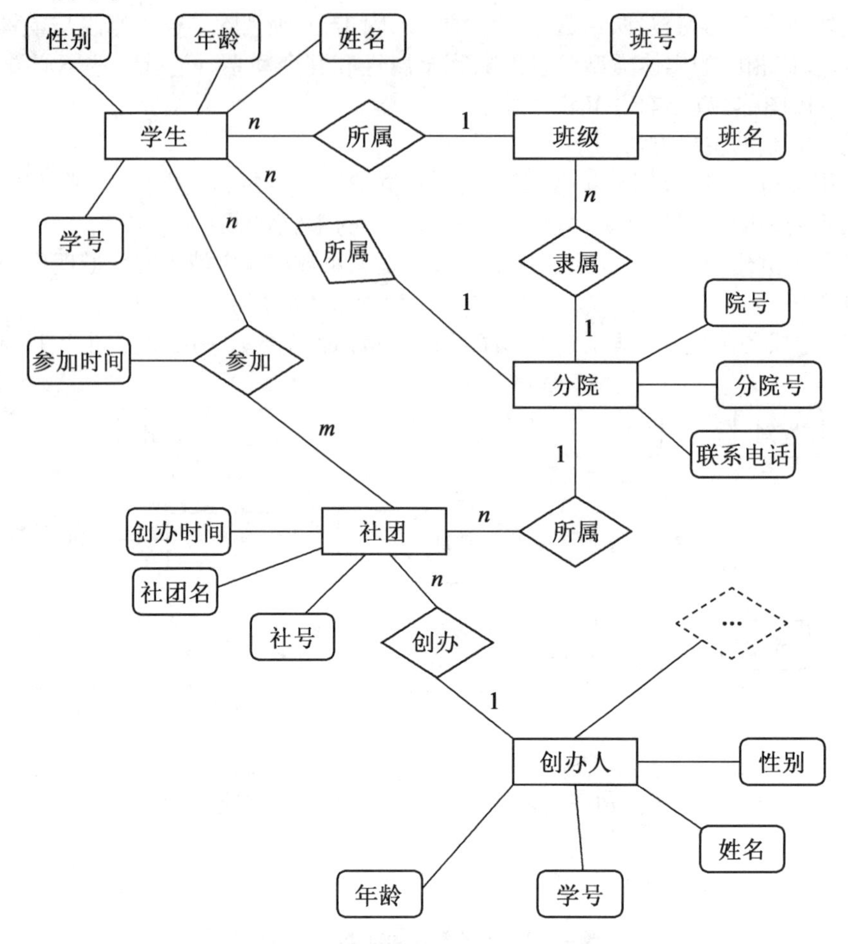

图 7.19　社团管理系统的初步 E－R 图

(3)解决冲突、消除冗余，设计基本的 E－R 图。图 7.17 中的学生和图 7.18 中的创办人属性与其他实体的联系都相同，是冗余实体。解决冲突、消除冗余之后形成了消除冗余后的E－R图，如图 7.20 所示。对图 7.17，根据社团管理系统中的学生、班级和分院三个实体之间所属关系来确定这三个实体的联系。

一个学生只属于一个班，一个班包括多名学生，因此学生与班的所属联系是 1:n 联系。

一个班级只能隶属于一个分院，一个分院包括多个班，因此班级与分院的隶属联系是 1:n的联系。

一个学生只属于一个分院，一个分院包括多名学生，因此分院与学生的所属联系是 1:n 联系。

一个学生可以参加多个社团组织，一个社团组织可以由多名学生组成，因此学生与社团组织的参加联系是 m:n。学生参加某个社团组织的参加联系具有参加社团时间属性。

一个分院可以有多个社团组织，一个社团组织只能属于一个分院，因此社团组织和分院的所属联系是1:n联系。

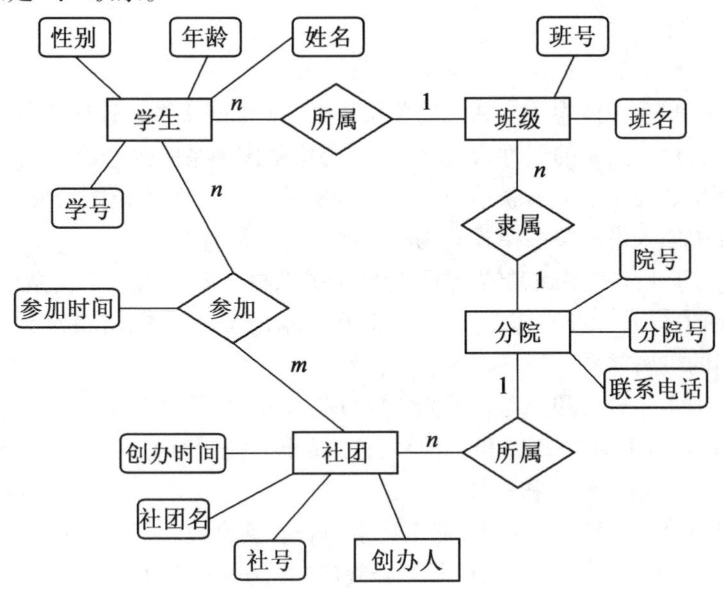

图7.20 消除冗余后的E-R图

社团的创办人是学生,创办人可以创办多个社团组织,一个社团组织只能由一个创办人来创办,所以社团组织与创办人之间的联系是n:1联系。

从图7.19中可以看出,学生实体和分院实体之间存在数据冗余,社团组织实体和分院实体之间也存在数据冗余,“学生”和“创办人”之间也明显存在数据冗余。

7.4 逻辑结构设计

逻辑结构设计的任务就是把概念结构设计阶段设计好的基本E-R图先转换为相应的逻辑模型,再转换为选用的数据库管理系统所支持的数据模型(层次、网状、关系),这种转换要符合关系数据模型的原则,步骤如下:

(1)将概念模型向一般关系模型网状模型及层次模型转化;

(2)将得到的一般关系模型、网状模型和层次模型向特定的数据库管理系统所支持的数据模型转化;

(3)依据应用的需求和具体的数据库管理系统的特征进行调整和完善,达到最佳优化状态。

7.4.1 E-R图向关系模型转换

E-R图向关系模型的转换,要解决的问题是如何将实体和实体间的联系转换为关系,并确定这些关系的属性和码。下面介绍这种转换应遵循的一般原则。

1. 实体和实体属性的转换

一个实体转换为一个关系,实体的属性就是关系的属性,实体的码就是关系模式的候选码。

2. 实体之间的联系和联系属性的转换

(1)1:1 联系的转换。

两端实体的码都称为关系的候选码。

①一个 1:1 联系转换为一个独立的关系模式,则与该联系相连的实体的码以及联系本身的属性均转换为关系的属性,每个实体的码均是该关系的候选码。

②实体类型之间一个 1:1 联系与任意一端实体对应的关系模式合并,则需要在该关系模式的属性中加入另一关系模式的码和联系本身的属性。

例 7.3　对于 1:1 联系通常情况下,把两个关系模式转换为一个关系模式,这样减少了工作量,同时也提升了查询速度。如图 7.20 所示的 E – R 图,有班级和分院两类实体以及它们之间的隶属联系。

第一种是把实体班级和分院,分别转换为关系模式"班级"和"分院"。它们之间是"隶属"联系,可以合并到"班级"和"分院"或者转换为独立的关系模式"隶属","班级"和"分院"的候选码分别是班号和院号。

①如果每个分院的班级比较多,那么把隶属合并到班级。

班级(班号,班名,院号) 分院(院号,分院名,联系电话)

②如果学校分院个数多于班级个数,把隶属合并到分院(这种情况一般不会出现的)。

班级(班号,班名) 分院(院号,分院名,联系电话,班号)

第二种是把单个联系也转换为一个关系,联系的属性及联系所连接的实体的码都转换为关系的属性,但是关系的码会根据联系的类型变化,还要把"隶属"转换成独立的关系模式。

班级(班号,班名) 分院(院号,分院名,联系电话)　隶属(班号,院号)

但这种转换方式不提倡,因为会增加系统检索的负荷。

(2)$1:n$ 联系的转换。

一个 $1:n$ 联系可以转换为一个独立的关系模式,也可以与 n 端对应的关系模式合并。

①一个 $1:n$ 联系转换为一个独立的关系模式,则与该联系相连的各实体的码以及联系本身的属性均转换为新关系的属性,而新关系的码为 n 端实体的码。

②一个 $1:n$ 联系与 n 端对应的关系模式合并,在合并过程中,在 n 端的子表中增加新的属性,新属性是父表的码。

例 7.4　对于 $1:n$ 联系,通常情况下,把两个关系模式转换成一个或两个关系模式,这样就减少了数据冗余。如图 7.20 所示的 E – R 图,班级和学生两个实体是一对多的关系。

图 7.20 所示的 E – R 图有班级和学生两类实体,分别转换为两个关系模式,它们之间的联系"隶属"可以合并到"学生"实体,这时班号将多次出现,但作用不同,可用不同的属性名加以区分。班号在学生实体中是外码,而在班级实体中是主码。

(3)$m:n$ 联系转换为一个新关系模式。

转换一个 $m:n$ 联系必须转换为一个新关系模式,与该联系相连的各实体的码以及联系本身的属性均转为关系的属性,而新关系的码是各实体码的组合。

例 7.5　对于 $m:n$ 联系,通常情况下,把两个关系模式转换成三个关系模式,这样可以减少 m 端的数据冗余。如图 7.20 所示的 E – R 图,学生和社团之间是 $m:n$ 的联系。

"学生"和"社团"增加"参加"表,两端实体码组合成为关系的码。

参加(学号,社团号,参加时间)

3. 两个或三个以上实体间的联系转换为一个关系模式

原则同“实体之间的联系和联系属性的转换”。

4. 同一实体集的实体间的联系

原则同“实体之间的联系和联系属性的转换”。

5. 有相同码的关系可以合并

具有相同码的关系模式合并,要将一个关系模式的全部属性加入到另一个关系模式中,并去掉其中的同义属性。

6. 合并关系

某些早期设计的应用系统中还在使用网状或层次数据模型,而新设计的数据库应用系统都普遍采用支持关系数据模型的 RDBMS,所以这里只介绍 ER 图的关系数据模型的转换原则与方法。

7.4.2　关系模式的优化

数据库逻辑设计的结果不是唯一的。为进一步提高数据库应用系统的性能,改善数据库的性能,节省存储空间,还应该适当地修改、调整数据模型的结构,这就是数据模型的优化。下面介绍数据模型的几种优化方法。

1. 确定数据依赖

对各个关系模式之间的数据依赖进行极小化处理,消除冗余的联系并减少操作异常现象。根据规范理论对关系模式逐一进行分析,消除部分函数依赖、传递函数依赖、多值依赖等,最后优化为一个好的关系模式。

消除函数依赖的过程就是把一个关系分解成两个或两个以上的关系模式。但关系越多,在数据库查询操作中,连接运算的系统开销就越大,因此还要考虑尽量减少关系的连接。

2. 对关系模式进行分解

关系模式的数据量大小对查询速度的影响非常大。在查询操作中,为提高检索的速度,需要把一个大关系分解成多个小的关系,通常是使用水平分解法和垂直分解法(做选择和投影运算)。

水平分解法是把一个关系模式的元组分解成若干个子集合。例如学生关系,若把全校新学生放在一个关系中,这样数据冗余大,不利于查询,因此若考虑按分院建立学生关系,可提高按系查询的速度。当然,还可以尝试建立学生关系模式的其他方法。

垂直分解法是把一个关系模式分解成若干个子集合,可以根据需要建立多个关系式,来提高查询的速度。

3. 确定属性的数据类型

每个关系模式中的属性都有一定的数据类型,为属性选择合适的数据类型不仅可以提高数据的完整性,还可以提高数据库的性能,节省系统的存储空间,如数据库中提供了可变长的数据类型以及整型、字符型和用户自定义的数据类型。因此,若使用的 DBMS 支持用户自定义的数据类型,则利用它可以更好地提高系统性能,更有效地提高存储效率,并能保证数据的安全。

7.4.3　设计用户外模式

在将概念模型转换为全局逻辑模型后,还应根据局部应用需求,结合具体的 DBMS,设计用户的外模式。外模式又称子模式,是针对用户级的。它是多个用户所看到的数据库的数据视图(虚拟的表),是与某一应用有关的数据的逻辑表示。外模式是从模式导出的一个子集,包含模式中允许特定用户使用的那部分数据。外模式反映了数据库的用户观,因此定义数据库的外模式主要是满足用户的需求,但同时要考虑到用户使用数据库的安全和操作方便,因此在定义外模式时要注意以下几点:

(1)使用符合用户习惯的别名;

(2)针对不同级别的用户定义不同的外模式,以满足对安全性的要求;

(3)简化用户对系统的使用,将经常使用的某些复杂查询定义为视图。

例 7.6　一个学生信息表(Stuaid, Stuksh, Stuname, Stusex, Stuage, Stumz, Shusheng, Stuyz, Stufzh, Zgid, Stujtdz, Stuis, Stutime),可以在该关系模式上建立多个视图。

(1)建立各省学生信息视图(只要求学生 ID 号、姓名、年龄、性别、民族)。

视图 1(Stuaid, Stuname, Stusex, Stunge, Stumz, Stusheng)

(2)建立专业视图(只要求学生 ID 号、姓名、年龄、性别)。

视图 2(Stuaid, Stuname, Stusex, Stuage, Stuzy)

这样可以减少数据的冗余,给用户查询提供方便,同时也保证数据安全性,防止非法用户访问数据。

7.5　数据库的物理实现

在逻辑设计阶段完成的任务是完成 E - R 图设计,是独立于数据库管理系统(DBMS)的,在逻辑设计阶段的主要任务是解决“要做什么”的问题,接下来具体的实施是在物理设计阶段进行的。

数据库物理设计阶段的任务是根据具体数据库管理系统的特点,为给定的数据库确定在物理设备上的存储结构与存取方法(称为数据库的物理结构)。数据库的物理结构依赖于给定的计算机系统和 DBMS。

在设计数据库的物理结构时,数据库设计人员必须了解所使用数据库管理系统平台,了解数据库系统在实际应用环境中如何处理 DBNS 以及存储结构、存取方法和存储记录布局。

数据库物理结构设计的目的是在数据检索中尽量减少 I/O 操作的次数以提高数据检索的效率,以及在多用户共享的系统中减少多用户对磁盘的访问冲突、均衡 I/O 负荷、提高 I/O 的并行性、缩短等待时间、提高查询效率。

因此,在确定数据库的存储结构和存取方法之前,对数据库系统所支持的事务要进行仔细分析,获得优化数据库物理设计的参数。

数据库物理结构设计是为逻辑数据模型选取一个最适合应用环境的物理结构。数据库物理结构设计主要包括存储记录结构设计、存储记录布局设计、存取方法设计三个方面。

7.5.1　物理结构设计步骤

确定数据的存储结构，在关系数据库中主要指存取方法和存储结构，目的是要高效存取数据、节省存取时间、提高存储空间利用率和降低维护代价等。而各个参数之间有时是相互矛盾、相互制约的，如增加数据存储容量会增加系统的存取时间。消除一切冗余数据来节约存储空间会导致检索速度变慢。因此，物理结构设计必须考虑周全、权衡利弊，选择一个最佳方案。

1. 存取方法的设计

数据库系统是多用户共享的系统，对同一个关系建立多条存取路径来满足多用户的不同种应用要求。物理设计的任务之一就是要确定选择哪些存取方法，即建立哪些存取路径。存取方法是快速存取数据库中数据的技术。数据库管理系统一般都提供多种存取方法，具体采用哪种方法是由数据库系统的存储结构决定的，数据设计人员只能选择某个存取方法。在数据库中建立存取路径最普遍的方法就是建立索引。索引可以提高查询性能，但它要牺牲额外的存储空间，增加更新维护的代价。

对于索引存取方法选择，通常是根据系统的具体要求来确定在哪些属性列上建立索引，在哪些属性列上建立聚簇索引、非聚簇索引和唯一索引等，常用的存取方法有三类：第一类是索引方法，第二类是聚簇(Cluster)方法，第三类是Hash方法。

(1)索引方法。

B+树索引方法是数据库中经典的存取方法，使用也最普遍。B+树是一种树状的数据结构，常见于数据库与档案系统之中。B+树能够使资料保持有序，并拥有均匀的对数处理时间的插入和删除动作。B+树的元素通常会自底向上插入，有别于多数自顶向下插入的二叉树。B+树在节点访问时间远远超过节点内部访问时间时，比可作为替代的实现有着实在的优势，这通常在多数节点在次级存储(如硬盘)中时出现。通过最大化在每个内部节点的子节点的数目减少树的高度，使平衡操作不经常发生，提高了效率，这种价值得以确立，通常需要每个节点在次级存储中占据完整的磁盘块或近似的大小。

适用B+树索引存取方法一般有以下几种情况：

①如果一个(或一组)属性经常在查询条件中出现，则考虑在这个(或这组)属性上建立索引(或组合索引)；

②如果一个属性经常作为最大值和最小值等聚集函数的参数，则考虑在这个属性上建立索引；

③如果一个(或组)属性都常在连接操作的条件中出现，则考虑在这个(或这组)属性上建立索引。

(2)聚簇存取方法。

许多关系型DBMS都提供了聚簇功能，即为提高某个属性(或属性组)的查询速度，把这个或这些属性(称为聚簇码)上具有相同值的元组集中存放在连续的物理块(称为聚簇)中，如果存放不下，可以存放到预留的空白区或链接的多个物理块中。

聚簇功能可以大大提高按聚族码进行查询的效率。例如，要查询所有山东省新生的名单，设山东省有100名学生，在极端情况下，这100名学生所对应的数据元组分布在100个不同的物理块上。由于每次访问一个物理块需要执行一次I/O操作，因此该查询即使不考虑访问索引的I/O次数，也要执行100次I/O操作。如果将同省份的学生元组集中存放，则每读一个物理块可得到多个满足查询条件的元组，从而显著地减少了访问磁盘的次数，也节省了一些存储空间。

建立聚簇索引后，基表中的数据也需要按指定的聚簇属性值的升序或降序存放，即聚簇索引的索引项顺序与表中元组的物理顺序一致。一个数据库可以建立多个聚族，但一个关系模式上最多只能建立一个聚簇索引。

聚簇功能不但适用于单个关系，也适用于多个关系，假设教师查询各个分院学生缴费情况，这一查询涉及学生信息关系和学生缴费关系的连接操作，即需要按学生 ID 连接这两个关系。为提高连接操作的效率，可以把具有相同学生 ID 值的学生元组和缴费元组在物理上聚簇在一起。

使用聚集函数（Min、MaX、Avg、Sum、Count）或 ORDER BY、GROUPBY、UNON、DISTINCT 等子句或短语建立聚簇索引时，可以省去对结果集的排序操作。

适用聚簇索引存取方法一般有以下几种情况：

①如果一个关系的一组属性经常出现在相等比较条件中，则该单个关系可建立聚簇；

②如果一个关系的一个（或一组）属性上值的重复率很高，则此单个关系可建立聚簇；

③聚族键值应相对稳定，以减少修改聚簇键值所引起的数据维护开销。

使用聚簇索引时应注意：聚簇只能提高某些应用的性能，而且建立与维护聚簇的开销是相当大的。对已有关系建立聚簇，将导致关系中的元组移动其物理存储位置，并使此关系上原有的索引无效，必须重建。当一个元组的聚簇码改变时，该元组的存储位置也要相应移动。

（3）Hash 存取方法。

Hash 存取方法是指使用散列函数根据记录的一个或多个字段值来计算存放记录的地址，只是在某些数据系统有 Hash 存取方法。

适用 Hash 存取方法的情况如下：

①如果一个关系的属性主要出现在等值连接条件中或主要出现在相等比较选择条件中，而且满足下列两个条件之一时；

②关系的大小可预知，而且不变；

③关系的大小动态改变，但所选用的 DBMS 提供了动态 Hash 存取方法。

2. 确定数据库的存储结构

确定数据的存放位置和存储结构主要是指关系、索引、聚簇、日志、备份等的存储结构和确定系统配置等。它们给出了同时使用数据库的用户数，打开数据库的对象数使用的缓冲区长度和个数、时间片大小、物理块大小、物理块装填因子、数据库大小、锁的数目等。因为这些参数值直接影响存取时间和储存空间的分配，所以系统已为这些变量赋予了合理的默认值，但在实际的物理设计中需要根据应用环境调整这些参数值，以使系统性能最佳。物理设计时对系统配置变量的调整只是初步的，在系统运行时还要根据系统实际运行情况做进一步的调整，以期切实改进系统性能。例如，数据库的数据备份和数据库日志文件备份是出现故障后进行恢复时才使用的，备份数据量大，可以考虑存放在磁带上或其他的外部设备上。如果本地或网络终端有多个磁盘，那么可以把表和索引分别放在不同的终端机磁盘上，以提高查询的速度，也可以将比较大的表分别放在两个磁盘上，提高存取速度，这在多用户环境下特别有效。可以将日志文件与数据库对象（表、索引等）放在不同的磁盘以改进系统的性能。

7.5.2　评价物理结构

对物理结构进行评价是指对数据库物理设计过程中产生的多种方案进行细致的论证,从中选择一个较优的方案作为数据库的物理结构。物理评价是指在数据库物理结构设计过程中,需要对存取时间、存储空间、维护代价和各种用户的需求进行权衡、比较,选择出一个较优的合理的物理结构。评价的重点是存取时间和存储空间。

如果评价结果符合用户需求,则可进入到物理实施阶段;否则,就需要重新设计或修改物理结构,有可能要返回逻辑设计阶段和概念设计阶段修改相应的数据模型等。

7.6　数据库的实施和维护

7.6.1　数据库的实施

完成数据库的物理设计后,设计人员就可以建立数据库了。数据库实施阶段主要的任务是根据前几个阶段设计的关系模型,利用 DBMS 提供的数据定义语言在计算机上建立数据库,装入数据,再调试和运行数据库。

数据库实施过程一般步骤如下。

1. 定义数据库结构

用 DBMS 提供的数据定义语言严格描述数据库结构。

2. 组织数据入库(数据库)

数据库结构建立完成后,接下来是把大量的数据载入数据库中。一般情况下,数据库应用系统都有数据输入子系统,数据库中数据的载入是通过应用程序辅助完成的。数据的载入方式有手工方式和计算机辅助数据入库方式两种。

(1)手工方式。

手工方式载入数据时,各类数据分散在各个部门的数据文件中,在输入数据库时,还要整理大量的纸质的文件,工作量相当大,因此首先必须把需要入库的数据筛选出来。由于应用系统所运行的硬件、软件环境不同,差异较大,没有专门的通用的转换器,因此需要相应的输入子系统把数据按照某种格式进行转换,最后将转换好的数据输入计算机中。但要注意的是,同时要对输入的数据进行检验,来检查数据的正确性,防止错误数据入库。手工方式适用于小型数据库系统。

(2)计算机辅助数据入库方式。

计算机辅助数据入库方式是针对具体的应用环境设计一个数据输入子系统,对于各个部门的数据文件,先对数据进行筛选,然后通过数据输入子系统应提供的输入界面进行输入,数据输入子系统将根据数据库系统的要求,从录入的数据中抽取有用的成分,对其进行分类,然后转换数据格式,数据输入子系统再对转换好的数据根据系统的要求进一步综合成最终数据。

注意:如果输入的数据是以前在旧系统输入过的,则数据输入子系统会将其转换成新系统的数据模式。数据输入子系统会采用多种检验技术检查输入数据的正确性。

3. 编写和调试应用程序

数据库应用程序的设计应该与数据库设计同时进行。因此,组织数据入库时还要编写和调试应用程序。调试应用程序时由于数据入库尚未完成,因此可先使用模拟数据。

4. 数据库的试运行

应用程序调试完成且已有小部分数据入库后,就可以进行数据库的试运行。

这一阶段要实际运行应用程序,执行对数据库的各种操作,测试应用程序的各种功能性能是否满足设计要求。如果不满足,则要对应用程序部分进行修改、调试,直至达到最终的设计要求为止。在数据库试运行期间,还需要实际测量系统的各种性能指标,如果结果不符合设计目标,则需要返回物理设计阶段,重新调整物理结构,修改系统参数。有时甚至需要返回逻辑设计阶段,调整逻辑结构。

7.6.2　数据库的维护

数据库试运行合格后,数据库的开发工作就告一段落,标志着程序可以安装运行了。但是这并不意味着数据库设计工作的全部结束。由于应用环境在不断变化,数据库在运行过程中的物理存储也会不断变化,因此在使用中还要对数据库不断进行维护,包括对数据库设计进行评价、调整、修改等维护工作,这是一个长期的任务,也是设计工作的继续和提高。

在数据库运行期间,数据库管理员(Database Administrator,DBA)的主要任务是对数据库一些日常工作的维护,主要工作内容如下。

1. 数据库的转储和恢复

数据库的转储和恢复是系统正式运行后最重要的维护工作之一。DBA 要针对不同的应用要求制订不同的转储计划,以保证一旦发生故障能尽快将数据库恢复到某种一致性状态,并尽可能保证数据库不被破坏。

2. 数据库的安全性完整性控制

在数据库运行过程中,由于应用环境的不断改变,对安全性的要求也会发生变化,因此 DBA 要根据实际情况修改原有的安全性控制,如对有些管理系统的权限是放宽还是限制。而且根据应用环境的变化,DBA 对数据库的完整性约束条件也要改变,来满足用户要求。

3. 数据库性能的监督、分析和改进

在数据库运行过程中,DEBA 必须监督系统的运行,对监测数据进行分析,找出改进系统性能的方法,可以利用监测工具获取系统运行过程中一系列性能参数的值,通过仔细分析这些数据来判断当前系统是否处于最佳运行状态。如果不是,则需要通过调整某些参数来进一步改进数据库性能。

4. 数据库的重组织和重构造

数据库重组织是指运行一段时间后,记录的增、删、改会使数据库的物理存储变坏,降低数据的存取效率,数据库性能下降,这时 DBA 就要对数据库进行重组织或部分重组织(只对频增、删的表进行重组织)。DBMS 一般都提供了重组织数据库的实用程序,帮助 DBA 重新组织数据库。在重组织的过程中,可以按原设计要求重新安排存储位置、回收垃圾、减少指针链来提高系统性能,但数据库的重组织不会改变原设计的数据逻辑结构和物理结构。

数据库重构造是指数据库应用环境发生变化,使原有的数据库设计不能很好地满足新的需求,需要调整数据库的模式和内模式,如在表中增加或删除某些数据项、改变数据项的类型、改变数据库的容量、增加或删除索引等。重构造数据库的程度是有限的,当应用环境变化太大,重构造也无济于事时,说明此数据库应用系统的生命周期已经结束,应该重新设计新的数据库系统。

7.7　数据库建模工具

当今常用的两种建模工具是 Power Designer 和 ERWin,都支持面向对象、UML 语言等建模方法。

7.7.1　Power Designer 简介

Power Designer 是 Sybase 公司推出的主打数据库设计工具。Power Designer 致力于采用基于 Entiry - Relation(实体 - 联系)的数据模型,分别从概念数据模型(Conceptual Data Model)和物理数据模型(Physical Data Model)两个层次对数据库进行设计。概念数据模型描述的是独立于数据库管理系统(DBMS)的实体定义和实体关系定义。物理数据模型是在概念数据模型的基础上针对目标数据库管理系统的具体化。Power Designer 不局限于数据建模,还可以用来设计 Web 服务,生成多种客户端开发工具的应用程序,还可以为数据仓库制作结构模型,也能对团队设计模型进行控制。它可以与许多流行的数据库设计软件如 Power builder、Delphi、VB 等配合使用,缩短开发时间,使系统设计更优化。

ERWin 是 CA 公司的拳头产品,它有一个兄弟是 BPwin,BPWin 是 CASE 工具的一个里程碑似的产品。ERWin 界面相当简洁漂亮,也采用 E - R 模型,如果开发中小型数据库,推荐使用 ERWin,它的图表给人的感觉十分清晰。在一个实体中,不同的属性类型采用可定制的图标显示,实体与实体的关系一目了然。ERWin 不适合非常大的数据库的设计,因为它对图表缺乏更多层次的组织能力。

在数据库设计过程中,有人认为,使用建模工具必须进行复杂的数据分析等工作,实际上这是个错误的认识。对于负责的数据分析,并不是使用数据库建模工具的主要目的,甚至不是必需的。在数据库的设计上,只需建立起各个实体及它们的关系,这个工作就算完成了。建立实体时,实体的属性就是表的各个字段体,实体之间的关系就是表与表之间的关系,这个过程的字符输入量绝不大于使用文字编辑工具的输入量。而且,当对建模工具像对 Word 一样熟练以后,这个过程所花费的时间要远小于用 Word 设计数据库的时间。关键是,只要这一步完成,就可以直接生成创建数据库的 SQL 代码、建模工具和数据库建立连接,这样方便了通过更改实体及它们之间的关系来直接更改数据库结构。而传统的使用文字编辑工具,必须在建立数据库时,把字段名称和类型重新再输入一遍,而且为保证这个过程建立的数据库和原来用文字编辑工具设计的数据库结构的一致性,工作量大。如果改变了数据模型,各类数据库平台下的数据相互转换难度大,会花费更多的时间和精力。而数据库建模工具就没有这个缺点,因为它是与数据库平台无关的,所以可以简单地移植到不同的数据库平台。而且,数据库建模工具大部分都是图形界面,这更有利于实体关系的建立,至少比文字方式要直观、简练,建立一个主、外键之间的关系只需拖放一个控件即可。

Power Designer 产生的模型和应用可以不断地增长,随着组织的变化而变化。Power Designer 包含六个紧密集成的模块,允许个人和开发组的成员以合算的方式最好地满足他们的需要。这六个模块如下。

(1)Power Designer Process Analyst。用于数据发现。

(2)Power Designer Data Architect。用于双层、交互式的数据库设计和构造。

(3)Power Designer App Modeler。用于物理建模和应用对象及数据敏感组件的生成。

(4)Power Designer Meta Works。用于高级的团队开发、信息的共享和模型的管理。

(5)Power Designer Warehouse Architect。用于数据仓库的设计和实现。

(6)Power Designer Viewer。用于以只读、图形化方式访问整个企业的模型信息。

下面主要介绍 Data Architect 模块。

1. Data Architect

Data Architect 是一种数据库设计工具,主要用于进行概念数据模型(Conceptual Data Model,CDM),并且可根据 CDM 产生基于某一特定数据库管理系统的物理数据模型(Physical Data Model,PDM)。其中,概念数据模型就是 E－R 图(实体－关系图),将现实的应用抽象为实体与实体之间的联系。CDM 的具体对象包括域(Domain)、数据项(Data Item)、实体(Entity)、实体属性和继承链(Inheritance Link)等。而物理数据模型则针对某种 DEMS 定义物理层次上的各类数据对象(包括表、域、列、参照、码、索引、视图、扩展属性和检查参数等)。

2. Power Designer 的四种模型文件和两个工程

(1)概念数据模型(CDM)。CDM 表现数据库的全部逻辑的结构,与任何的软件或数据存储结构无关。一个概念模型经常包括在物理数据库中仍然不能实现的数据对象,它给出运行计划或业务活动的数据一个正式的表现方式。它不考虑物理实现细节,只考虑实体之间的关系。

(2)物理数据模型(PDM)。PDM 描述数据库的物理实现,其主要目的是基于在 CDM 中建立的现实世界模型生成特定的 DBMS 脚本,产生数据库中保存信息的存储结构,保证数据在数据库中的完整性和一致性。

(3)面向对象模型(OOM)。它是面向对象模型(OOM)的建模工具。一个 OOM 包含一系列包、类、接口和它们的关系,这些对象一起形成所有的(或部分)软件系统的逻辑设计视图的类结构。一个 OOM 本质上是软件系统的一个静态的概念模型。

(4)业务程序模型(BPM)。BPM 用于创建功能模型和数据流图,创建“处理层次关系”描述业务的各种不同内在任务和内在流程。BPM 是从业务合伙人的观点来看业务逻辑和规则的概念模型,它使用图表来描述程序、流程、信息和合作协议之间的交互作用。

(5)正向工程。它是指直接从 PDM 产生一个数据库,或产生一个能在数据库管理系统环境中运行的数据库脚本,如果选择 ODBC 方式,则可以直接连接到数据库,直接产生数据库表以及其他数据库对象。

(6)逆向工程。它是指先设计出物理模型图,然后转换对应的 SQL 语句,最后生成数据库。数据来源可能是脚本文件或从一个开放数据库连接的数据来源。

3. Power Designer 环境

(1)树型模型浏览器。树型模型浏览器可以用分层结构显示工作空间。不少程序员在进行数据库设计时都遇到过树型关系的数据,如常见的类别表,即一个大类,下面有若干个子类,某些子类又有子类的情况。当类别不确定时,用户希望可以在任意类别下添加新的子类,或者删除某个类别和其下的所有子类。

(2)输出窗口。显示操作的结果。

(3)结果列表。用于显示生成、覆盖和模型检查的结果,以及设计环境的总体信息。

(4)图表窗口。用于组织模型中的图表,以图形方式显示模型中各对象之间的关系。

7.7.2 UML 简介

UML(Unified Modeling Language)是由 Grady Booch、Jim Rumbaugh 和 Ivar Jacobson 三位专家共同开发的。1996 年 6 月和 10 月分别发布的 UML 0.9 版本和 UML 0.91 版本在当时就得到了工业界、科技界和用户的广泛支持。1996 年底,UML 已经占领了面向对象技术市场 87% 的份额,成为事实上的可视化建模语言的工业标准。1997 年 11 月,OMG(国际对象管理组织)把 UML 1.1 作为基于面向对象技术的标准建模语言。现在,UML 已经推出了 2.0 以上的版本。

UML 即统一建模语言,是一种标准的图形化建模语言,它主要用于软件的分析与设计,用定义完善的符号图形化地展现一个软件系统。UML 的使用可以贯穿于软件开发周期的每一个阶段,适用于数据建模、业务建模、对象建模和组件建模。作为一种建模语言,UML 并不涉及编程的问题,即与语言平台无关,这就使开发人员可以专注于建立软件系统的模型和结构。

7.8 小　　结

本章主要介绍了数据库设计的方法和步骤,详细介绍了数据库设计各个阶段的任务、方法、步骤和注意事项,重点介绍了需求分析、概念设计和逻辑结构设计,这也是数据库设计的关键环节。

数据库系统的开发需要经历需求分析、概念设计、逻辑设计、物理设计、数据库实施,数据库运行和维护六个阶段。需求分析阶段的主要任务是调查和分析用户的业务活动和数据的使用情况,弄清楚用户的需求是什么;概念设计阶段的主要任务是对用户需求进行分类、聚集、概括和抽象,形成一个独立的 DBMS 的概念数据模型;逻辑设计阶段的主要任务是将现实世界的概念数据模型设计结构进一步转换成某种特定数据库管理系统所支持的逻辑数据模型;物理设计阶段的主要任务是对给定逻辑数据模型选择一个最适合应用环境的物理结构;数据库实施阶段的主要任务是根据物理设计的结果建立数据库和组织数据库;数据库运行和维护阶段的主要任务是数据库应用系统经过试运行后即可投入正式运行,并在运行过程中不断评价、分析数据库的性能,调整修改相应的参数。

总之,数据库必须是一个数据模型良好、逻辑正确、物理有效的系统,这也是每一个数据库设计人员的工作目标。

7.9 习　题

一、选择题

1. E－R 图中的联系可以与(　　)实体有关。

A. 0 个　B. 1 个　C. 1 个或者多个　D. 多个

2. 数据流图是用于描述结构化方法中(　　)阶段的工具。

A. 可行性分析　B. 详细设计　C. 需求分析　D. 程序编码

3. 进行现场调查了解用户的需求属于数据库设计的(　　)阶段。

A. 逻辑设计　B. 需求分析　C. 物理设计　D. 概念设计

4. 数据字典设计是在数据库(　　)阶段完成的。

A. 逻辑设计　B. 需求分析　C. 物理设计　D. 概念设计

5. 在数据库设计中，用 E－R 图来描述信息结构但不涉及信息在计算机中的表示，它属于数据库设计的(　　)阶段。

A. 逻辑设计　B. 需求分析　C. 物理设计　D. 概念设计

6. 下列说法错误的是(　　)。

A. 一个 1∶1 联系可以转换为一个独立的关系模式，也可以与任意一端对应的关系模式合并

B. 一个 1∶1 联系若转换为一个独立的关系模式，则与该联系相连的各实体的码以及联系本身的属性均是关系的属性，每个实体的码均是关系的候选码

C. 一个 1∶1 联系若与某一端实体对应的关系模式合并，则须在该关系模式中加入另一个关系模式的码和联系本身的属性

D. 一个 1∶1 联系可以转换为一个独立的关系模式，不可以与任意一端对应的关系模式合并

7. 若两个实体之间的联系是 1∶m，则实现 1∶1 联系的方法是(　　)。

A. 在 m 端实体转换的关系中加入“1”端实体转换关系的码

B. 将 m 端实体转换关系的码加入到“1”端的关系中

C. 在两个实体转换的关系中，分别加入另一个关系的码

D. 将两个实体转换成一个关系

8. 需求分析阶段设计数据流图通常采用(　　)。

A. 逐步扩张的方法　B. 混合策略

C. 自底向上的方法　D. 自顶向下的方法

9. 概念设计阶段设计概念模型通常采用(　　)。

A. 逐步扩张的方法、混合策略、自底向上的方法、自顶向下的方法

B. 逐步扩张的方法、混合策略、自底向上的方法、以点带面方法

C. 混合策略、自底向上的方法、自顶向下的方法、结构化的方法

D. 以上都不是

10. 假设关系 R(学号，姓名，所在系号，年龄)、关系 S(所在系号，系名)，则关系 R 和关系 S 的联系是(　　)。

A. 一对多　B. 多对一　C. 多对多　D. 以上都不是

11. 候选关键字中的属性称为(　　)。

A. 非主属性　B. 主属性　C. 复合属性　D. 关键属性

12. 下列说法正确是(　　)。

A. 合并 E－R 图主要存在命名冲突、异名同义冲突、属性冲突

B. 合并 E－R 图主要存在命名冲突、定义冲突、属性冲突

C. 合并 E－R 图主要存在操作冲突、定义冲突、属性冲突

D. 合并 E－R 图主要存在命名冲突、异名同义冲突、元组冲突

13. 一个学生可以同时选择多门课,一门课可被多名学生选择,学生和课程之间为(　　)联系。

A. 一对一　B. 一对多　C. 多对多　D. 多对一

14. 公司中有多个部门和多名职员,每个职员只能属于一个部门,一个部门可以有多名职员,职员与部门的联系类型是(　　)。

A. 一对一　B. 一对多　C. 多对多　D. 多对一

15. 关系数据规范化是为解决关系数据库中(　　)问题而引入的。

A. 插入、删除和数据冗余　B. 数据的安全性和完整性

C. 数据操作的复杂性　D. 查询速度

二、填空题

1. 数据库设计分为________、________、________、________、________和________六个阶段。

2. 客观存在并可相互区别的事物称为________,它可以是具体的人、事、物,也可以是抽象的概念或联系。

3. 唯一标识实体的属性集称为________。

4. 实体之间有________、________、________三种联系。

5. 数据流图是在数据库设计的________阶段使用的。

6. E－R 数据模型一般在数据库设计的________阶段使用。

7. 数据库实施阶段包括两项重要的工作:一项是数据的________;另一项是应用程序的编码和调试。

8. E－R 模型是对现实世界的一种抽象,它的主要成分是________联系和________。

9. 关系规范化的目的是________。

10. 任何 DBMS 都提供多种存取方法。常用的存取方法有________、________、________等。

三、简答题

1. 简述基于 3NF 的数据库设计方法和基于 E－R 模型的数据库设计方法。

2. 什么是数据库设计? 试述数据库设计的步骤。

3. 试述数据库设计需求分析阶段的任务和方法。

4. 数据流图和数据字典的内容和作用分别是什么?

5. 视图集成时,分 E－R 图之间的冲突有哪些? 解决这些冲突的方法是什么?

6. 试述数据库逻辑结构设计的步骤。

7. 试述 E－R 图转换成关系模型的转换规则。

8. 规范化理论对数据库设计有什么指导意义？

9. 试述数据库逻辑结构设计结果的优化方法。

10. 试述数据库物理结构设计的内容和步骤。

11. 数据库实施阶段的主要任务是什么？

12. 数据库系统投入运行后，有哪些维护工作？

13. 某商业集团管理系统的数据库信息如下。

该系统中包含三个实体集：一是“仓库”实体集，属性有仓库号、仓库名和地址等；二是“商店”实体集，属性有商店号、商店名、地址等；三是“商品”实体集，属性有商品号、商品名、单价等。设仓库与商品之间存在“库存”联系，每个仓库可存储若干种商品，每种商品存储在若干仓库中，每个仓库每存储一种商品有存储日期及存储量；商店与商品之间存在“销售”联系，每个商店可销售若干种商品，每种商品可在若干商店里销售，每个商店销售一种商品，有月份和月销售量两个属性。

请在上述背景介绍的基础上，完成如下数据库设计。

（1）试画出 E－R 图，并在图上注明联系类型。

（2）将 E－R 图转换成满足 3NF 的关系模式，并标识主外键（用下画线标识主码，用波浪线标识外键）。

14. 现针对学生参与教师的科研项目建立“科研项目管理数据库系统”。其中，学生信息包括学号、姓名、性别、所在学院；学院信息包括学院编号、学院名称、办公电话；教师信息包括教师编号、姓名、性别、职称、所在学院；项目信息包括项目信号、项目名称、开始时间、结束时间、项目负责人、职称。各个实体之间的关系为：一个学生可以参与教师的多个项目，一个项目可以有多个学生参加，每个学生选定项目后要承担相应的任务；一个教师可以主持多个项目，一个项目只能由一个教师作为项目负责人。

请在上述背景介绍的基础上，完成如下数据库设计。

（1）画出“科研项目管理数据库系统”的 E－R 图。

（2）将 E－R 图转换为一组符合 3NF 要求的关系模式，并标出每个关系模式的主外键（用下画线标识主码，用波浪线标识外键）。

15. 某工厂零件管理系统的需求分析如下。

（1）一个车间有多个工人，每个工人有职工号、姓名、年龄、性别、工种；

（2）一个车间生产多种产品，产品有产品号、价格；

（3）一个车间生产多种零件，一种零件也可能为多个车间制造，零件有零件号、质量、价格；

（4）一种产品由多种零件组成，一种零件也可装配到多种产品中，产品与零件均存入仓库中；

（5）厂内有多个仓库，仓库有仓库号，主任姓名、电话。

请在上述背景介绍的基础上，完成如下数据库设计。

（1）画出该系统的 E－R 图。

（2）给出相应的关系模型，并标出每个关系模式的主外键（用下画线标识主码，用波浪线标识外键）。

16. 设计一个学校的图书管理系统，请给出该系统的需求分析并进行数据库设计，具体要求为：

(1)实体数不少于 5 个，每个实体有属性 3～6 个，实体之间的关系至少要包含 $1:n$、$m:n$ 两种联系类型；

(2)给出该系统的 E－R 图；

(3)将 E－R 图转换为一组符合 3NF 要求的关系模式，并标识主外键(用下画线标识主码，用波浪线标识外键)。

四、操作题

实验 1　数据库系统的概要设计

1. 实验目的

(1)能够根据实际业务需求抽象出实体、实体的属性和实体的联系。

(2)能够抽象业务所涉及的 E－R 图。

(3)能够优化 E－R 图并形成用于数据库系统逻辑设计的全局 E－R 图。

2. 实验内容

某公司因业务扩展需要开发一套电子商务系统，用于在线销售各类商品。作为数据库设计人员通过走访与跟班作业的方式，从商品销售部和商品管理部获得了如下业务信息。

(1)商品管理部的业务信息。

商品管理部负责管理销售的各类商品。目前公司所有可供销售的商品都记录在 Excel 表格中。

Excel 表格中每条记录的主要内容包括商品名称、商品类别、商品价格、生产厂家、上一次购入时间、商品的详细信息、商品的缩略图。其中，商品类别包括图书、手机、数码影像和电脑等；商品的缩略图为. jpg 或. png 类型的图片；生产厂家根据商品类型表达的含义略有差异。如果是图书类型的商品，则生产厂家表示出版社；如果是其他类型商品，生产厂家即为实际生产机构。

(2)商品销售部的业务信息。

商品销售部负责销售各类商品并对每次销售的结果进行记录。目前公司所有销售结果都记录到 Excel 表格中。

Excel 表格中每条记录由三部分内容构成，分别是订单的基本信息、订单的购买人信息和订单中购买的商品信息。

订单的基本信息包括订单编号、订单的提交时间和订单的当前状态。其中，订单编号为 17 位数字，前 8 位为当前日期，后 9 位为按订单提交顺序生成的编码，该编号能够唯一标识每一条销售记录；订单提交时间精确到秒；订单状态包括已提交、已发货、已完成等。

订单的购买人信息包括购买人的姓名、购买人的性别、购买人的联系方式、购买人的电子邮箱。其中，购买人的联系方式统一存储了购买者的送货位置、邮政编码和购买人的手机号码。

订单的购买商品信息包括商品的名称、商品的类别、商品的缩略图、商品的购买数量、商品的单价(元)，上述信息需与商品管理部所记录的商品信息对应。

请完成如下实验。

(1)根据商品管理部提供的业务信息，抽象电子商务系统中该部门的局部 E－R 图。

要求绘制 E－R 图中实体、属性和实体的联系，并使用中文标注实体、属性和实体联系。

(2)根据商品销售部提供的业务信息，抽象电子商务系统中该部门的局部 E－R 图。要求绘制 E－R 图中实体、属性和实体的联系，并使用中文标注实体、属性和实体联系。

(3)审查已经绘制的 E－R 图，分析是否可以进行 E－R 图的优化工作。重点关注绘制的 E－R 图是否存在数据冗余、插入异常、删除异常和更新异常。

(4)将两个局部 E－R 图整合成描述该公司电子商务系统的全局 E－R 图。重点关注合并过程中的各类冲突。

实验 2　数据库系统的逻辑设计

1. 实验目的

(1)能够将 E－R 图转换为对应的关系模式。

(2)能够对关系模式进行规范化的分析和验证。

(3)能够在业务需求发生变化时正确调整关系模式。

2. 实验内容

根据概要设计所得的全局 E－R 图，完成如下实验。

(1)根据已经绘制的全局 E－R 图，通过 E－R 图到关系模式的转换方法，将全局 E－R图转换为关系模式，并注明每个模式的主键和外键。

(2)对转换后的关系模式进行优化。

(3)使用数据规范化分析方法，分析转换后的模式属于第几范式。

(4)在与客户进行数据库的确认工作时，商品管理部门发现现有设计中遗漏了商品的库存信息，需要在现有商品中添加库存信息。

实验 3　数据库系统的物理设计

1. 实验目的

(1)能够将关系模式图转换为相关数据库管理系统的 DDL 语句。

(2)能够向建立好的数据库中添加测试数据。

(3)能够根据业务需求建立相关的视图。

2. 实验内容

根据数据库系统逻辑设计所得的关系模式，完成如下实验。

(1)以 MySQL 为系统将要部署的数据库管理系统，把逻辑设计所得的关系模式转换成数据库系统的 DDL 语句，具体包括数据库创建的 DDL、各种实体创建的 DDL 和多对多联系创建的 DDL 等。

(2)向已经创建好的数据中添加测试数据，添加记录的数量不限，只需有代表性即可。

(3)创建视图，显示每个订单的总价。

第8章　数据仓库

传统的数据库技术是以数据库为中心,进行事务处理、批处理、决策分析等各种数据处理工作的,主要划分为两大类:操作型处理和分析型处理（或信息型处理)。如今由于数据处理的要求越来越多样化,在这些海量的数据中,往往蕴藏着丰富的、对以后数据库设计具有指导意义的数据,因此需要对这些庞大的信息进行分析,得到更多的决策信息,这就是数据仓库技术(Data Warehousing,DW)的由来。作为决策支持系统(Decision - making Support System,DSS),数据仓库系统着重强调大型数据库中有效的和规模化的数据挖掘技术。本章主要介绍数据库与数据仓库、数据仓库的特征、数据仓库系统结构、数据仓库应用、构建数据仓库、OLAP 技术、数据挖掘、数据仓库与决策支持等。

本章导读

- 数据库与数据仓库
- 数据仓库的特征
- 数据仓库系统结构
- 数据仓库应用
- 构建数据仓库
- OLAP 技术
- 数据挖掘
- 数据仓库与决策支持

8.1　数据库与数据仓库

8.1.1　数据库的概念

自 20 世纪 60 年代以来,数据库和信息技术已经系统地从原始的文件处理进化到复杂的、功能强大的数据库系统。自 20 世纪 70 年代以来,数据库系统的研究和开发已经从层次和网状数据库发展到关系数据库系统、数据建模工具、索引和数据组织技术。此外,用户通过查询语言、用户界面、优化的查询处理和事务管理,可以方便、灵活地访问数据。联机事务处理(OLTP)将查询看作只读事务,为关系技术的发展和广泛地将关系技术作为大量数据的有效存储、提取和管理的主要工具做出了重要贡献。但它不能很好地支持决策分析,企业或组织的决策者做出决策时,需综合分析公司中各部门的数据,如为正确给出公司的贸易情况、需求和发展趋势,不仅需要访问当前数据,还需要访问历史数据。这些数据可能在不同的位置,甚至有不同的系统管理。数据仓库可以满足这类分析的需要,它包含来自于多个数据源的历史数据和当前数据，扩展了 DBMS 技术，提供了对决策的支持。

8.1.2　数据仓库的概念

数据仓库之父——Bill Inmon 对数据仓库的定义是：在支持管理的决策生成过程中，一个面向主题的、集成的、时变的、非易失的数据集合，用于支持管理决策。数据仓库是一个过程而不是一个项目。

(1)面向主题的。仓库是围绕大的企业主题(如顾客、产品、销售量)而组织的。

(2)集成的。来自于不同数据源的面向应用的数据集成在数据仓库中。

(3)时变的。数据仓库的数据只在某些时间点或霎时间区间上是精确的、有效的。

(4)非易失的。数据仓库的数据不能被实时修改，只能由系统定期地进行刷新。刷新时将新数据补充进数据仓库，而不是用新数据代替旧数据。

数据仓库的最终目的是将企业范围内的全体数据集成到一个数据仓库中，用户可以方便地从中进行信息查询、产生报表和进行数据分析等。数据仓库是一个决策支撑环境，它从不同的数据源得到数据、组织数据，使得数据有效地支持企业决策。总之，数据仓库是数据管理和数据分析的技术。

数据仓库系统是一个信息提供平台，它从业务处理系统中获得数据，主要以星型模型和雪花模型进行数据组织，并为用户提供各种手段从数据中获取信息和知识。

8.1.3　数据库与数据仓库的区别

数据仓库的出现，并不是要取代数据库。目前，大部分数据仓库还是用关系数据库管理系统来管理的。可以说，数据库、数据仓库相辅相成、各有千秋。

(1)数据库是面向事务的设计，数据仓库是面向主题的设计。

(2)数据库一般存储在线交易数据，数据仓库存储的一般是历史数据。

(3)数据库设计时要尽量避免冗余，一般采用符合范式的规则来设计，数据仓库在设计时要有意引入冗余，采用反范式的方式来设计。

(4)数据库是为捕获数据而设计的，数据仓库是为分析数据而设计的，它的两个基本元素是维表和事实表。

8.1.4　建立数据仓库的目的

企业建立数据仓库是为满足现有数据存储形式已经不能满足信息分析的需要。数据仓库理论中的一个核心理念就是事务型数据和决策支持型数据的处理性能不同。

企业从它们的事务操作中收集数据。在企业运作过程中，随着订货、销售的进行，这些事务型数据也连续地产生。为了引入数据，必须优化事务型数据库。

处理决策支持型数据时，一些问题经常会被提出：哪类客户会购买哪类产品？促销后销售额会变化多少？价格变化后或者商店地址变化后销售额又会变化多少呢？在某一段时间内，相对其他产品来说哪类产品特别容易卖呢？哪些客户增加了他们的购买额？哪些客户又削减了他们的购买额？

事务型数据库可以为这些问题做出解答，但是它所给出的答案往往并不能让人十分满意：在运用有限的计算机资源时常常存在着竞争；在增加新信息时需要事务型数据库是空闲的;而在解答一系列具体的有关信息分析的问题时,系统处理新数据的有效性又会被大大降低。另一个问题就在于事务型数据总是在动态变化之中的。而决策支持型处理需要相对稳定的数据,从而问题都能得到一致连续的解答。

数据仓库的解决方法包括:将决策支持型数据处理从事务型数据处理中分离出来;数据按照一定的周期(通常在每晚或者每周末),从事务型数据库中导入决策支持型数据库——数据仓库。数据仓库是按回答企业某方面的问题分“主题”来组织数据的,这是最有效的数据组织方式。

8.2　数据仓库的特征

数据仓库为商务运作提供结构与工具,以便系统地组织、理解和使用数据进行决策。大量组织机构已经发现,在当今这个充满竞争、快速发展的世界,数据仓库是一个有价值的工具。数据仓库是一个面向主题的、集成的、时变的、非易失的数据集合,支持管理决策的制订。这个简短、全面的定义指出了数据仓库的主要特征。四个关键词,面向主题的、集成的、时变的、非易失的,将数据仓库与其他数据存储系统(如关系数据库系统、事务处理系统和文件系统)相区别。

1. 面向主题的

业务系统是以优化事务处理的方式来构造数据结构的,关于某个主题的数据常常分布在不同的业务数据库中。这对于商务分析和决策支持来说是极为不利的,因为这意味着访问某个主题的数据实际上需要去访问多个分布在不同数据库中的数据集合。

对于企业来说,典型的主题域有顾客、供应商、产品和销售组织等。数据仓库关注决策者的数据建模与分析,而不是构造组织机构的日常操作和事务处理。因此,数据仓库排除对决策无用的数据,提供特定主题的简明视图。

2. 集成的

通常,构造数据仓库是将多个异种数据源,如关系数据库、一般文件和联机事务处理记录,集成在一起。使用数据清理和数据集成技术,确保命名约定、编码结构、属性度量的一致性。

3. 时变的

数据存储从历史的角度(如过去 3 ~ 10 年)提供信息。数据仓库中的关键结构隐式或显式地包含时间元素。

4. 非易失的

数据仓库总是物理地分离存放数据,这些数据源于操作环境下的应用数据。由于这种分离,因此数据仓库不需要事务处理、恢复和并行控制机制。通常,它只需要两种数据访问:数据的初始化装入和数据访问。

总而言之,数据仓库是一种语义上一致的数据存储,它充当决策支持数据模型的物理实现,并存放企业决策所需的信息。数据仓库也常常被看作一种体系结构,通过将异种数据源中的数据集成在一起而构造、支持结构化和启发式查询、分析报告和决策制订。根据上面的讨论,可以把建立数据仓库看作构造和使用数据的过程。数据仓库的构造需要数据集成、数据清理和数据统一。利用数据仓库常常需要一些决策支持技术,这使得“知识工人”(如经理、分析人员和主管)能够使用数据仓库快捷、方便地得到数据的总体视图,根据数据仓库中的信息做出准确的决策。因此,作者使用术语“建立数据仓库”表示构造数据仓库的过程,而用术语“仓库 DBMS”表示管理和使用数据仓库。本书将不区分二者。

许多组织机构正在使用数据仓库中的信息支持商务决策活动,包括:

(1)增加顾客的关注度,包括分析顾客的购买模式(如喜爱买什么、购买时间、预算周期、消费习惯);

(2)根据季度、年、地区的营销情况比较,重新配置产品和管理投资,调整生产策略;

(3)分析运作和查找利润源;

(4)管理顾客关系,进行环境调整,管理合股人的资产开销。

从异种数据库集成的角度看,数据仓库也是十分有用的。许多组织收集了形形色色的数据,并由多个异种的、自治的、分布的数据源维护大型数据库。集成这些数据,并提供简便、有效的访问是业界非常希望的,并且也是一种挑战。数据库工业界和研究界都正朝着实现这一目标竭尽全力。对于异种数据库的集成,传统的数据库做法是在多个异种数据库上建立一个包装程序和一个集成程序(或仲裁程序)。这方面的例子包括 IBM 的数据连接程序(Data Joiner)和 Informix 的数据刀(Data Blade)。当一个查询提交到客户站点时,首先使用源数据字典对查询进行转换,将它转换成相应异种站点上的查询;然后将这些查询映射和发送到局部查询处理器。由不同站点返回的结果被集成为全局回答。这种查询驱动的方法需要复杂的信息过滤和集成处理,并且与局部数据源上的处理竞争资源。这种方法是低效的,并且对于频繁的查询,特别是需要聚集操作的查询,开销很大。对于异种数据库集成的传统方法,数据仓库提供了一个有趣的替代方案。数据仓库使用更新驱动的方法,而不是查询驱动的方法。这种方法将来自多个异种源的信息预先集成并存储在数据仓库中,供直接查询和分析。与联机事务处理数据库不同,数据仓库不包含最近的信息。然而,数据仓库为集成的异种数据库系统带来了高性能,因为数据被复制、预处理集成、注释、汇总,并重新组织到一个语义一致的数据存储中。在数据仓库中进行的查询处理并不影响在局部源上进行的处理。此外,数据仓库存储并集成历史信息,支持复杂的多维查询。这样,建立数据仓库在工业界已非常流行。

8.3 数据仓库系统结构

通常,数据仓库系统结构采用三层结构,三层数据仓库系统结构如图 8.1 所示。

1. 底层

底层是数据仓库服务器,它几乎总是一个关系数据库系统。那么如何由该层提取数据,创建数据仓库呢?可使用称作网间连接程序的应用程序,由操作数据库和外部数据源(如由外部咨询者提供的顾客侧面信息)提取数据。网间连接程序由其下的 DBMS 支持,允许客户程序产生 SQL 代码,在服务器上执行。网间连接程序的例子包括 ODBC(开放式数据库的互联)、OLE－DB(数据库开放链接和嵌入)和 JDBC(Java 数据库连接)。

2. 中间层

中间层是 OLAP 服务器,其典型的实现或者是关系 OLAP(ROLAP)模型,即扩充的关系 DBMS,它将多维数据上的操作映射为标准的关系操作,或者是多维 OLAP(MOLAP)模型,即特殊的服务器,它直接实现多维数据和操作。

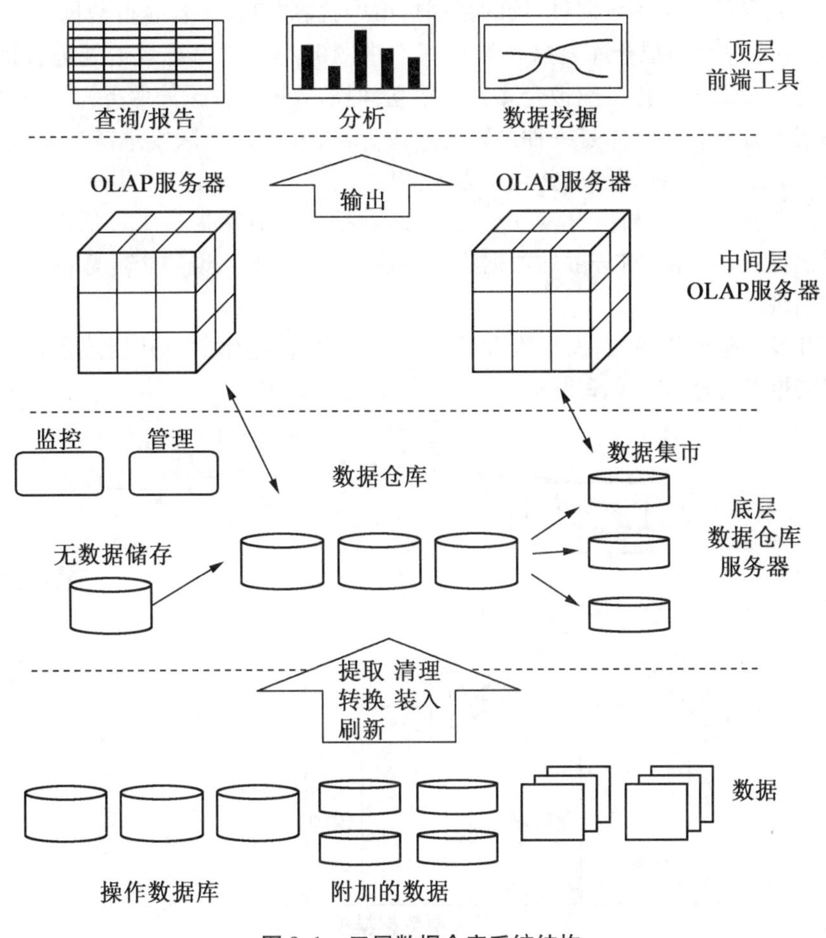

图8.1 三层数据仓库系统结构

3. 顶层

顶层是客户,它包括查询和报告工具、分析工具和数据挖掘工具(如趋势分析、预测等)。

从结构的角度看,有三种数据仓库模型:企业仓库、数据集市和虚拟仓库。

(1)企业仓库。企业仓库搜集了关于主题的所有信息,跨越整个组织。它提供企业范围内的数据集成,通常来自一个或多个应用系统,或外部信息提供者,并且是跨功能的。通常,它包含详细数据和汇总数据,其大小由数G字节到数T字节,或更多。企业数据仓库可以在传统的大型机上实现,如UNIX超级服务器或并行结构平台。它需要广泛地建模,可能需要多年设计和建造才能投入使用。

(2)数据集市。数据集市是企业仓库的一个子集,包含企业部分选定主题的数据,对于特定的用户是有用的,其范围限于选定的主题。例如,一个商场的数据集市可能限定其主题为顾客、商品和销售,包括在数据集市中的数据通常是汇总的。通常,数据集市可以在低价格的部门服务器上实现,基于UNIX或Windows/NT。实现数据集市的周期一般以数周计,而不是以数月计或以数年计。然而,如果他们的规划不是企业范围的,从长远讲,可能涉及很复杂的集成。根据数据的来源不同,数据集市分为独立的和依赖的两类。在独立的数据集市中,数据来自一个或多个应用系统或外部信息提供者,或者来自一个特定的部门或地域局部产生的数据;依赖的数据集市中,数据直接来自企业数据仓库。

(3)虚拟仓库。虚拟仓库是操作数据库上视图的集合。为有效地处理查询,只有一些可能的汇总视图被物化。虚拟仓库易于建立,但需要操作数据库服务器具有剩余能力。

自顶向下开发企业仓库是一种系统的解决方法,并能最大限度地减少集成问题。然而,它费用高,需要长时间开发,并且缺乏灵活性,因为要整个组织的共同数据模型达到一致是困难的。自底向上设计、开发、配置独立的数据集市方法提供了灵活性并且花费低,能快速回报投资。然而,将分散的数据集市集成,形成一个一致的企业数据仓库时,可能导致问题出现。

对于开发数据仓库系统,一个推荐的方法是以递增、进化的方式实现数据仓库,数据仓库开发的推荐方法如图 8.2 所示。

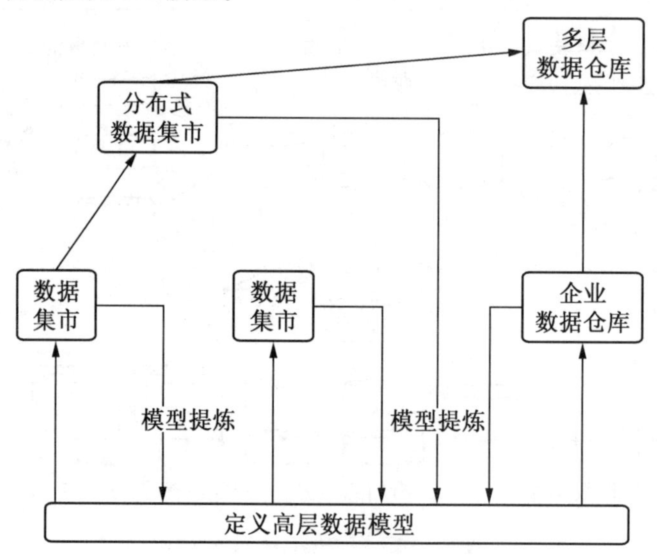

图 8.2　数据仓库开发的推荐方法

①在一个合理的、短的时间(如一两个月)内,定义一个高层次的企业数据模型,在不同的主题和可能的应用之间,提供企业范围的、一致的、集成的数据视图。这个高层模型将大大减少今后的集成问题,尽管在企业数据仓库和部门数据集市的开发中,它还需要进一步提炼。

②基于上述相同的企业数据模型,可以并行地实现独立的数据集市和企业数据仓库。

③可以构造分布数据集市,通过网络中心服务器集成不同的数据集市。

④构造一个多层数据仓库。这里,企业仓库是所有仓库数据的唯一管理者,仓库数据分布在一些互相依赖的数据集市中。

8.4　数据仓库应用

数据仓库和数据集市已在广泛的应用领域中使用。几乎每个行业的商务管理人员都使用经收集、集成、预处理和存储在数据仓库与数据集市中的数据,进行数据分析和决策。

在许多公司,数据仓库用作企业管理计划—执行—评估“闭环”反馈系统的一部分。数据仓库广泛应用在银行、金融服务、消费物品和零售分配部门,以及诸如基于需求的产品生产中。

通常,数据仓库使用时间越长,它进化得越好。进化会进行多遍。开始,数据仓库主要用于产生报告和回答预先定义的查询;渐渐地,它用于分析汇总的和细节的数据,结果以报告和图表的形式提供;稍后,数据仓库用于决策,进行多维分析和复杂的切片和切块操作;最后,数据仓库可能用于知识发现,并使用数据挖掘工具进行决策。在这种意义下,数据仓库工具可以分为存取与检索工具、数据库报表工具数据分析工具和数据挖掘工具。

商业用户需要一种手段,知道数据仓库里有什么(通过元数据)、如何访问数据仓库的内容、如何使用数据分析工具分析这些内容,以及如何提供分析结果。

数据仓库有以下三种应用:信息处理、分析处理和数据挖掘。

1. 信息处理

信息处理支持查询和基本的统计分析,并使用交叉表、表、图表或图进行报告。

当前数据仓库信息处理的趋势是构造低代价的基于网络的存取工具,然后与网络浏览器集成在一起。

2. 分析处理

分析处理支持基本的OLAP操作,包括切片与切块、下钻、上卷和转轴。一般地,它在汇总的和细节的历史数据上操作。与信息处理相比,联机分析处理的主要优势是它支持数据仓库的多维数据分析。

3. 数据挖掘

数据挖掘支持知识发现,包括找出隐藏的模式和关联、构造分析模型、进行分类和预测,并用可视化工具提供挖掘结果。

数据挖掘与信息处理和联机数据分析的关系是什么?

信息处理基于查询,可以发现有用的信息。然而,这种查询的回答反映直接存放在数据库中的信息,或通过聚集函数可计算的信息,它们不反映复杂的模式,或隐藏在数据库中的规律。因此,信息处理不是数据挖掘。

联机分析处理向数据挖掘走近了一步,因为它可以由用户选定的数据仓库子集,在多粒度上导出汇总的信息。由于数据挖掘系统也能挖掘更一般的类/概念描述,因此就有一个有趣的问题:“OLAP进行数据挖掘吗? OLAP系统实际就是数据挖掘系统吗?”

OLAP和数据挖掘的功能在某种意义上讲是相互对立的:OLAP是数据汇总/聚集工具,它帮助简化数据分析;而数据挖掘自动地发现隐藏在大量数据中的隐含模式和有趣知识。OLAP工具的目标是简化和支持交互数据分析;而数据挖掘的目标是尽可能地自动处理,尽管允许用户指导这一过程。在这种意义下,数据挖掘比传统的联机分析处理前进了一步。

另一种更广泛的观点可能被接受:数据挖掘包含数据描述和数据建模。由于OLAP系统可以提供数据仓库中数据的一般描述,因此OLAP的功能基本上是用户指挥的汇总和比较(通过上钻、下钻、旋转、切片、切块和其他操作)。尽管有限,但都是数据挖掘功能。同样根据这种观点,数据挖掘的涵盖面要比简单的OLAP操作宽得多,因为它不仅执行数据的汇总和比较,而且执行关联、分类、预测、聚类、时间序列分析和其他数据分析任务。

数据挖掘不限于分析数据仓库中的数据,它可以分析现存的、比数据仓库提供的汇总数据粒度更细的数据,也可以分析事务的、文本的、空间的和多媒体数据,这些数据很难用现有的多维数据库技术建模。在这种意义下,数据挖掘涵盖的数据挖掘功能和处理的数据复杂性要比 OLAP 大得多。

由于数据挖掘涉及的分析比 OLAP 更自动化、更深入,因此数据挖掘应有更广的应用范围。数据挖掘可以帮助经理找到更合适的客户,也能获得对商务的洞察,帮助提高市场份额和增加利润。此外,数据挖掘能够帮助经理了解顾客的群体特点,并据此制订价格策略:不是根据直观,而是根据顾客的购买模式导出的实际商品组来修正商品的投放;在降低推销商品开销的同时,提高总体推销的纯效益。

8.5　构建数据仓库

本节通过设计一个商务分析框架,介绍构建数据仓库的过程以及所涉及的基本步骤。

数据仓库为商务分析提供了什么?

首先,拥有数据仓库可以提供竞争优势,通过提供相关信息,据此测量性能并做出重要调整,以帮助战胜其他竞争对手;其次,数据仓库可以加强生产能力,因为它能够快速有效地搜集准确描述组织机构的信息;再次,数据仓库促进了与顾客的联系,因为它跨越所有商务、所有部门、所有市场,提供了顾客和商品的一致视图;最后,通过以一致、可靠的方式长期跟踪趋势、式样。另外,数据仓库可以降低费用。

为建立有效的数据仓库,需要理解和分析商务需求,并构造一个商务分析框架。构造一个大的、复杂的信息系统就像建造一个大型、复杂的建筑,业主、设计师、建筑者都有不同的视图。这些观点结合在一起,形成一个复杂的框架,代表自顶向下、商务驱动,或业主的视图,也代表自底向上、建筑者驱动,或信息系统实现者的视图。

关于数据仓库的设计,四种不同的视图必须考虑:自顶向下、数据源、数据仓库、商务查询。

(1)自顶向下视图使得我们可以选择数据仓库所需的相关信息。这些信息能够满足当前和未来商务的需求。

(2)数据源视图揭示被操作数据库系统捕获、存储和管理的信息。这些信息可能以不同的详细程度和精度建档,存放在由个别数据源表到集成的数据源表中。通常,数据源用传统的数据建模技术,如实体联系模型或 CASE(计算机辅助软件工程)工具建模。

(3)数据仓库视图包括事实表和维表。它们提供存放在数据仓库内部的信息,包括预先计算的汇总数据,以及关于源、日期、源时间等。

(4)商务查询视图是从最终用户的角度透视数据仓库中的数据。

建立和使用数据仓库是一个复杂的任务,因为它需要商务技巧、技术技巧和程序管理技巧。关于商务技巧,建立数据仓库要能够理解这样一个系统如何存储和管理它的数据;如何构造一个提取程序,将数据由操作数据库转换到数据仓库;如何构造一个仓库刷新软件,合理地保持数据仓库中的数据相对于操作数据库中数据的同步性。使用数据仓库涉及理解数据的含义,以及理解商务需求并将它转换成数据仓库查询。关于技术技巧,数据分析需要理解如何由定量信息做出估价,以及如何根据数据仓库中的历史信息得到的结论推导事实。这些技巧包括发现模式和趋势,根据历史推断趋势和发现不规则的能力,并根据这种分析提出相应的管理建议。最后,程序管理技巧涉及需要与许多技术人员、经销商、最终用户交往,以及以时、合算的方式提交结果。

8.5.1 数据仓库设计过程

如何设计数据仓库?

数据仓库可以使用自顶向下方法、自底向上方法,或二者结合的混合方法设计。自顶向下方法由总体设计和规划开始。当技术成熟并已掌握,对必须解决的商务问题清楚时,这种方法是有用的。自底向上方法以实验和原型开始,在商务建模和技术开发的早期阶段,这种方法是有用的,这样可以以相当低的代价前进,在做出重要承诺之前评估技术的利益。在混合方法下,一个组织既能利用自顶向下方法的规划、战略的自然特点,又能保持像自底向上方法一样的快速实现和立即应用。

从软件工程的观点,数据仓库的设计和构造包含以下步骤:规划、需求研究问题分析、仓库设计、数据集成和测试、配置数据仓库。大的软件系统可以用两种方法开发:瀑布式方法和螺旋式方法。瀑布式方法在进行下一步之前,每一步都进行结构化和系统的分析,就像瀑布一样,从一级落到下一级;螺旋式方法涉及功能渐增的系统的快速产生,相继版本之间的间隔很短。对于数据仓库,特别是对于数据集市的开发,螺旋式方法是一个好的选择,因为其周转时间短,能够快速修改,并且可以快速接受新的设计和技术。

8.5.2 数据仓库设计步骤

(1)选取待建模的商务处理,如订单、发票、出货、库存、记账管理、销售和一般分类账。如果一个商务过程是有组织的,并涉及多个复杂的对象,应当选用数据仓库模型。然而,如果处理是部门的,并关注某一类商务的处理,则应选择数据集市。

(2)选取商务处理的粒度。对于处理,该粒度应是基本的,在事实表中是数据的原子级,如单个事务、一天的快照等。

(3)选取用于每个事实表记录的维。典型的维是时间、商品、顾客、供应商、仓库、事务类型和状态。

(4)选取将安放在事实表中的度量。典型的度量是可加的数值量。

由于数据仓库的构造是一个困难、长期的任务,它的实现范围应当清楚地予以定义。一个初始的数据仓库的实现目标应当是特定、可实现、可测量的,这涉及时间和预算的分配,包括一个组织的哪些子集要建模、选择的数据源数量、提供服务的部门数量和类型。

一旦设计和构造好数据仓库,数据仓库的最初使用就包括初始化装入、首次展示规划、培训和定位,平台的升级和管理也要考虑。数据仓库管理包括数据刷新、数据源同步、规划故障恢复、管理存取控制和安全、管理数据增长、管理数据库性能以及数据仓库的增强和扩充。范围管理包括控制查询、维、报告的数量和范围,限制数据仓库的大小或限制进度、预算和资源。

各种数据仓库设计工具都可以使用。数据仓库开发工具提供一些操作,定义和编辑元数据库(如模式、脚本或规则),回答查询,输出报告,或向由关系数据库目录传送元数据。规划与分析工具研究模式改变的影响以及当刷新率或时间窗口改变时对刷新性能的影响。

8.6 OLAP 技术

20 世纪 60 年代,关系数据库之父 E. F. Codd 提出了关系模型,促进了联机事务处理(OLTP)的发展(数据以表格的形式而非文件方式存储)。1993 年,E. F. Codd 提出了 OLAP 概念,认为 OLTP 已不能满足终端用户对数据库查询分析的需要,SQL 对大型数据库进行的简单查询也不能满足终端用户分析的要求。用户的决策分析需要对关系数据库进行大量计算才能得到结果,而查询的结果并不能满足决策者提出的需求。因此,E. F. Codd提出了多维数据库和多维分析的概念,即 OLAP。在过去的十年中,根据 Codd 的关于 OLAP 的十二条准则,OLAP 技术有了很大的发展,市场上的各种 OLAP 产品层出不穷。目前,市场上已有许多种以多维数据分析为目标的 OLAP 软件工具和工具集,它们均致力于满足决策支持或多维环境的特殊的查询和报告需求。从总体上看,它们基本遵从三层客户机/服务器结构,但在具体实现上有以下两点差别。

(1)对于客户机和服务器之间的功能和数据如何分配差别很大。一些工具把应用专有功能和最终用户功能都放在客户端,而另一些则把这些等级的功能分割到客户机和服务器中,从而构成事实上的三层结构。另外,不少工具不仅可以管理数据仓库中的综合数据,而且可以管理详细数据,实际上起到了数据抽取工具和仓库管理工具的作用。

(2)在 OLAP 服务器端的数据组织方法不同。一般来说,数据仓库中操作的细节数据一般用关系数据库系统进行管理,但对于综合性数据有以下两种方式:一种是建立专用的多维数据库系统;另一种是利用现有的关系数据库技术来模拟多维数据。

8.6.1 基于多维数据库的 OLAP 实现(MD - OLAP)

基于多维数据库的 OLAP 以多维数据库(Multi - Dimensional Database, MDDB)为核心。多维数据库简而言之就是以多维方式来组织和显示数据。维是人们观察现实世界的角度,但多维数据库中的维并不是随意定义的,它是一种高层次的类型划分。如产品可以作为维,而产品类型、产品颜色及产品商标等一般不作为维。多维数据库可以直观地表现现实世界中的“一对多”和“多对多”关系。

为了获得一致的快速响应,决策分析人员所需的综合数据最好被预先统计出来,存放在数据库中。多维数据库的优势不仅在于多维概念表达清晰、占用存储空间少,更重要的是它有着高速的综合速度。在 RDBMS 中,如果要得到东北地区的销售总量,只能逐条记录检索,找到满足条件的记录后将数据相加。而在 MDDB 中,数据可以直接按行或列累加,因此其统计速度远远超过 RDBMS。数据库中的记录数越多,其效果越明显。

MDDB 中的维一般均包含着层次关系,如上例的地区维就包含销量总和、各地区分销量总和两个层次。有时维中的层次关系会相当复杂,如产品可以按照型号、颜色、产地等进行汇总,从而形成多个层次关系。MDDB 在进行数据综合时将自动按层次关系进行统计。

二维数据库很容易理解,当维数扩展到三维甚至更多维时,MDDB 将形成类似于“超立方”块一样的结构。在实际分析过程中,可能需要把任一维与其他维进行组合,因此需要能够“旋转”数据立方体及切片或切块的视图,即以多维方式显示数据。“旋转数据立方体”和切片切块是产生多维数据报表的主要技术。

在MDDB或数据仓库中,时间是最普遍的一个维。几乎每个人都希望掌握事物的趋势,包括销售趋势、金融趋势、市场趋势等。由于时间同其他维不同,时间往往包含着特有的周期,不同周期之间存在着转化规则,因此一种方便的方法是采用时间序列数据类型,在通常只能存储一个数据的单元里存储一个时间序列的数据,如一个财政月的销售数据等。这样,就可以简化对时间的处理,给MD-OLAP产品的开发带来了不少方便。

在MDDB中,并非维间的每种组合都会产生具体的值。实际上,许多组合没有具体值,是空的或者值为零。另外,许多值重复存储,如一年中的价格可能一直不变。因此,MDDB必须具有高效的稀疏数据处理能力,能略过空值、默认和重复数据。

通常情况下,没有必要把关系数据库中的数据全部复制到MDDB中。MDDB厂商大多利用关系数据库保存数据的细节,只把各级统计结果保存在多维数据库中,当需要细节数据时,就通过MDDB去访问它们。

8.6.2 基于关系数据库的OLAP实现(ROLAP)

关系型结构能较好地适应多维数据的表示和存储。关系数据库将多维数据库中的多维结构划分为两类表:一类是事实(Fact)表,用来存储事实的度量(Measure)值及各个维的码值;另一类是维表,对每一个维来说,至少有一个表用来保存该维的元数据,即维的描述信息,包括维的层次及成员类别等。在相关事实表中,这些值会衍生出该维的列。

事实表是通过每一个维的码值同维表联系在一起的,该结构有时称为星型模式(Star Schema)。一般来说,通过把事实表和每一个维表连接起来,经一次查询,就可以从给出度量及各维标记的事实表中选取事实。该方式使用户及分析人员可以用商业名词(元数据名或标记)来描述一个需求,该需求被重新翻译成每一个维的代码或值。

有时,对于维内层次复杂的维,用一张维表来描述会带来过多的冗余数据。为避免冗余数据占用过大的空间,可以用多张表来描述一个维。例如,产品维可以进一步划分为类型表、颜色表、商标表等。这样,在“星”的角上又出现了分支。这种变种的星型模型称为“雪片模式”(Snow Flake Schema)。这样,在实际实现时,可以根据需要进行均衡。对于某些层次复杂、成员类较多的维,采用多张表来描述;而对于较为简单的维,可以用一张表来描述(此时有可能不满足关系范式的要求)。

由于对每一个维都需要一次连接,因此性能就成为此方案的关键问题。当维和事实表变大时,就需要各种不同类型的查询优化,数据仓库中需用各种索引技术。

8.6.3 两种技术(MD-OLAP和ROLAP)的比较

1. 结构

MD-OLAP将DB服务器层与应用逻辑层合二为一:DB或DW层负责数据存储、存取及检索;应用逻辑层负责所有OLAP需求的执行。来自不同数据源的数据通过一系列批处理过程载入MDDB中,在数据填入MDDB的数组结构之后,MDDB将自动建立索引并进行预综合来提高查询存取性能。

ROLAP的数据模型在定义完毕后,来自不同数据源的数据将装入数据仓库中。接着,系统将根据数据模型需要运行的相应的汇总程序来汇总数据,并创建索引优化存取时间。最终用户的多维分析请求通过ROLAP引擎被动态地翻译为SQL请求,由关系数据库来处理,最后查询结果经多维处理后返回给用户。

2. 数据存储和管理

MD - OLAP 以 MDDB 为核心。MDDB 由许多经压缩的、类数组的对象构成。对象通常带有高度压缩的索引及指针结构。每个对象由聚集成组的单元组成,单元块通过计算偏移进行存取。在 MDDB 中,数据管理主要以维及维成员为主,大多数 MDDB 产品还提供了单元级控制,数据封锁可以达到单元块级。这些管理控制工作均由 MDDB 中的数据管理层实现,一般不易绕过。

ROLAP 以传统的关系数据库系统为基础,安全性及存取控制均基于表,封锁则基于表、页面或行。由于这些同应用中的多维概念不直接相关,ROLAP 工具必须自己对安全及存取控制进行管理,因此,有可能绕过 ROLAP 的安全机制通过其他途径直接存取数据库。

在元数据的管理上,ROLAP 和 MD - OLAP 均缺乏一致性的标准。MD - OLAP 以内部的方式处理元数据;而 ROLAP 的元数据一般作为应用开发的一部分,由 OLAP 工具来管理元数据。但由于元数据的存储管理尚没有标准,因此 ROLAP 产品多用专有格式来存储元数据。这样,其他工具如果不能"理解"元数据,也就谈不上使用多维资源。

3. 数据存取

由于 ROLAP 是用关系表来模拟多维数据的,因此其存取较 MD - OLAP 复杂。首先用户的分析请求由 ROLAP 服务器转为 SQL 请求,然后交由 RDBMS 处理,处理结果经多维处理后返回给用户。而且,SQL 并不能处理所有的分析计算工作,如记录间的计算,SQL 就不能直接处理,只能依靠附加的应用程序来完成。而 MD - OLAP 可以利用多维查询语言或其他方式直接将用户查询转为 MDDB 可以处理的形式,基本不借助附加程序。

MD - OLAP 在使用时多与 RDBMS 一起使用,利用 RDBMS 存储细节数据或非数值型数据,在 MDDB 中存储统计数据。当需要细节数据或其他数据时,就通过 MDDB 来访问它。但 MD - OLAP 并不直接在细节数据上提供各类 OLAP 功能,因为细节数据不是物理地存储在 MDDB 中,不能利用 MDDB 所提供的功能。

4. 适应性

由于 RDBMS 已有 20 多年的历史,因此技术上比较成熟。另外,ROLAP 的预综合度相当灵活,因此它在适应维和数据的动态变化、适应大数据量及软硬件的能力上优于 MO - OLAP。但这种差距是历史造成的。可以想象,随着时间的推移,MD - OLAP 的技术会不断成熟,像并行处理等 RDBMS 上用到的技术也会逐渐用到 MD - OLAP 上来。

综上所述,MD - OLAP 和 ROLAP 各有所长。MD - OLAP 是近年来应多维分析而产生的,它以多维数据库为核心。多维数据库在数据存储及综合上都有着关系数据库不可比拟的一些优点。但它毕竟是一种新技术,在许多方面还有待于进一步提高。而 ROLAP 则以广泛应用的 RDBMS 为基础,因此在技术成熟度及各方面的适应性上较之 MD - OLAP 有一定的优势。但 ROLAP 的实现不如 MD - OLAP 简明,对开发人员的经验及技术要求较高,并且维护工作量也较大。

8.7 数据挖掘

数据挖掘是一门具有广泛应用的新兴学科,数据挖掘的一般原理与针对特定应用领域需要的有效数据挖掘工具之间还存在不小的距离。本节分析几个应用领域,讨论如何为这些应用定制专门的数据挖掘工具。

8.7.1 针对生物医学和DNA数据分析的数据挖掘

在过去的10年里,生物医学研究有了迅猛的发展,从新药物的开发到癌症治疗技术的突破,都是通过大规模序列模式和基因功能的发现来进行人类基因的识别与研究的。由于目前生物医学的大量研究都集中在DNA数据的分析上,因此这里重点研究此应用的情况。

近期DNA分析的研究成果已经导致了对许多疾病和致残基因的发现,以及对疾病的诊断、预防和治疗的新药物、新方法的发现。

基因研究中的一个重要关注点是DNA序列的研究,因为这种序列构成了所有活的生物体的基因代码的基础。所有的DNA序列由四个基本的构块(称为核苷)组成:腺嘌呤(A)、胞嘧啶(C)、鸟嘌呤(G)和胸腺嘧啶(T)。这四个核苷组合构成很长的序列或链,类似一个双绞旋梯。

人类有约100 000个基因,一个基因通常由成百个核苷按一定次序组织而成。核苷按不同的次序和序列可以形成不同的基因,几乎是不计其数。具有挑战性的问题是从中找出导致各种疾病的特定基因序列模式。由于在数据挖掘中已经有许多有意思的序列模式分析和相似检索技术,因此数据挖掘成为DNA分析中的强有力工具,并在以下三方面对DNA分析起着重要的作用。

1. 异构、分布基因数据库的语义集成

由于广泛多样的DNA数据高度分散、无控地生成与使用,对这种异构和广泛分布的基因数据库的语义集成就成为一项重要任务,以便于对DNA数据库进行系统而协同的分析。这促进了集成式数据仓库和分布式联邦数据库的开发,用于存储和管理原始的和导出的基因数据。数据挖掘中的数据清洗和数据集成方法将有助于基因数据集成和用于基因数据分析的数据仓库的构造。

DNA序列间相似搜索和比较:在基因分析中一个最为重要的搜索问题是DNA序列中的相似搜索和比较。对分别来自带病和健康组织的基因序列进行比较以识别两类基因间的主要差异。做法可以是首先从两类基因中检索出基因序列,然后找出并比较每一类中频繁出现的模式。通常,在带病样本中出现频度超出健康样本的序列,可以认为是导致疾病的基因因素;另外,在健康样本中出现频度超出带病样本的序列,可以认为是抗疾病的基因因素。注意,虽然基因分析需要相似搜索,但这里所需要的技术与时序数据中使用的方法截然不同。例如,数据变换的方法如伸缩、规范化和窗口缝合等,这些是在时序数据分析中经常用到的方法,对基因数据而言是无效的,因为基因数据是非数字的,其内部的不同种类核苷间的精确交叉起着重要的功能角色。另外,频繁序列模式的分析在基因序列相似与非相似分析中非常重要。

2. 关联分析

同时出现的基因序列的识别：目前，许多研究关注的是一个基因与另一个基因的比较。然而，大部分疾病不是由单一基因引起的，而是由基因组合起来共同起作用的结果。关联分析方法可用于帮助确定在目标样本中同时出现的基因种类，此类分析将有助于发现基因和组对基因间的交叉与联系的研究。

3. 路径分析

发现在疾病不同阶段的致病基因：引起一种疾病的基因可能不止一个，不过不同基因可能在疾病的不同阶段起作用。如果能找到疾病发展的不同阶段的遗传基因序列，就有可能开发针对疾病不同阶段的治疗药物，从而取得更为有效的治疗效果。在遗传研究中路径分析会起重要的作用。

4. 可视化工具

基因的复杂结构和序列模式通常可以由各种可视化工具以图、树、立方体（Cuboids）和链的形式展现。这种可视化的结构和模式方便了模式理解、知识发现和数据交互。可视化在生物医学的数据挖掘中也起着重要的作用。

8.7.2　针对金融数据分析的数据挖掘

大部分银行和金融机构都提供丰富多样的储蓄服务（如支票、存款和商业及个人用户交易）、信用服务（如交易、抵押和汽车贷款）和投资服务（如共有基金（Mutual Funds）），有些还提供保险服务和股票投资服务。

在银行和金融机构中产生的金融数据通常比较完整、可靠并且质量较高，这大大方便了系统化的数据分析和数据挖掘。下面给出几种典型的应用情况。

1. 为多维数据分析和数据挖掘设计和构造数据仓库

与许多其他应用类似，银行和金融数据也需要构造数据仓库。多维数据分析用于分析这些数据的一般特性。例如，人们可能希望按月、按地区、按部门以及按其他因素查看负债和收入的变化情况，同时希望能提供最大、最小、总和、平均和其他统计信息。数据仓库、数据立方体、多特征（Multi-feature）和发现驱动（Discovery - driven）数据立方体、特征和比较分析以及孤立点分析（Outlier Analysis）等都会在金融数据分析和挖掘中发挥重要作用。

2. 贷款偿还预测和客户信用政策分析

贷款偿还预测和客户信用政策分析对银行是相当重要的。有很多因素会对贷款偿还能力和客户信用等级计算产生不同程度的影响。数据挖掘的方法，如特征选择和属性相关性计算，有助于识别重要因素，剔除非相关因素。例如，与贷款偿还风险相关的因素包括贷款（Load - to - value）率、贷款期限、负债率（月负债总额与月收入总额之比）、偿还与收入（Payment - to - income）比率、客户收入水平、受教育水平、居住地区、信用历史等。分析客户偿还的历史信息可以发现，偿还收入比是主导因素，而受教育水平和负债率则不是。银行于是可以据此调整贷款发放政策，以便将贷款发放给那些以前曾被拒绝。但根据关键因素分析，其基本信息显示是相对低风险的申请。

3. 对目标市场（Targeted Marketing）客户的分类与聚类

分类与聚类的方法可用于用户群体的识别和目标市场分析。例如，通过多维聚类分析，可以将具有相同储蓄和贷款偿还行为的客户分为一组。有效的聚类和协同过滤

(Collaborative Filtering)方法(即使用各种技术,如邻近分类、决策树等滤出信息)有助于识别客户组,将新客户关联到适合的客户组以及推动目标市场。

4. 洗黑钱和其他金融犯罪的侦破

要侦破洗黑钱和其他金融犯罪行为,重要的一点是要把多个相关的数据库信息(如银行交易数据库、联邦或州的犯罪历史数据库等)集成起来,然后可以采用多种数据分析工具来找出异常模式,如在某段时间内,通过某一组人发生了大量的现金流量等。有用的工具包括数据可视化工具(用图形的方式按一定时间、一定人群显示交易活动)、链接分析工具(识别不同人和活动之间的联系)、分类工具(滤掉不相关的属性,对高度相关的属性排序)、聚类分析工具(将不同案例分组)、孤立点分析工具(探测异常资金量的转移或其他行为)、序列模式分析工具(分析异常访问模式的特征)等。这些工具可以识别出一些重要的活动关系和模式,有助于调查人员聚焦可疑线索,做进一步的处理。

8.7.3 零售业中的数据挖掘

零售业是数据挖掘的主要应用领域,这是因为零售业积累了大量的销售数据,如顾客购买历史记录、货物进出、消费与服务记录等。其数据量在不断地迅速膨胀,特别是在日益增长的 Web 或电子商务上的商业方式方便、流行的今天,许多商店都有自己的 Web 站点,顾客可以方便地联机购买商品。一些企业,如 Amazon. com,只有联机方式,没有砖瓦构成的(物理的)商场。零售数据为数据挖掘提供了丰富的资源。

零售数据挖掘可有助于识别顾客的购买行为,发现顾客购买模式和趋势,改进服务质量,取得更好的顾客忠诚度和满意程度,提高货品销量比率,设计更好的货品运输与分销策略,减少企业成本。以下给出零售业中的几个数据挖掘的例子。

1. 基于数据挖掘的数据仓库的设计与构造

由于零售数据覆盖面广(包括销售、顾客、职员、货品运输、销量和服务),因此有许多方式设计数据仓库所包含的细节级别也可以丰富多样。由于数据仓库的主要用途是支持数据分析和数据挖掘,因此原先的一些数据挖掘例子的结果可作为设计和开发数据仓库结构的参考依据,这涉及要决定包括哪些维和什么级别,以及为保证高质量和有效的数据挖掘应进行哪些预处理。

2. 销售、顾客、产品、时间和地区的多维分析

考虑到顾客的需求,产品的销售、趋势和时尚,以及日用品的质量、价格、利润和服务,零售业需要的是适时的信息。因此,提供强有力的多维分析和可视化工具是十分重要的。这包括提供根据数据分析的需要构造复杂的数据立方体,在零售数据分析中是一种有用的数据结构,因为它方便了带有复杂条件的聚集上的分析。

3. 促销活动的有效性分析

零售业经常通过广告、优惠券、各种折扣和让利的方式搞促销活动,以达到吸引顾客、促销产品的目的。认真分析促销活动的有效性,有助于提高企业利润。多维分析可满足这方面分析的要求,方法是通过比较促销期间的销售量和交易数量与促销活动前后的有关情况。此外,关联分析可以找出哪些商品可能随降价商品一同购买,特别是与促销活动前后的销售相比。

4. 顾客保持力——顾客忠诚度分析

通过顾客荣誉卡信息,可以记录一个顾客的购买序列。顾客的忠诚度和购买趋势可

以按系统的方式加以分析。由同一顾客在不同时期购买的商品可以分组为序列。序列模式挖掘可用于分析顾客的消费或忠诚度的变化,据此对价格和商品的花样加以调整,以便留住老客户,吸引新顾客。

购买推荐和商品参照:通过从销售记录中挖掘关联信息,可以发现购买某一品牌香水的顾客很可能购买其他一些商品。这类信息可用于形成一定的购买推荐。购买推荐可在Web、每周传单或收据上宣传,以便改进服务,帮助顾客选择商品,增加销售额。同样,诸如"本周热点商品"之类的信息或有吸引力的相关买卖信息也可以一同发布,以达到促销的目的。

8.7.4 电信业中的数据挖掘

电信业已经迅速地从单纯的提供话务服务演变为提供综合电信服务,如语音、传真、寻呼、移动电话、图像、电子邮件、计算机、Web 数据传输和其他数据通信服务。电信、计算机网络、因特网和各种其他方式的通信和计算的融合是目前的大势所趋。随着许多国家对电信业的开放和新兴计算与通信技术的发展,电信市场正在迅速扩张并越发竞争激烈。因此,利用数据挖掘技术来帮助用户理解商业行为、确定电信模式、捕捉盗用行为、更好地利用资源和提高服务质量是非常有必要的。下面是几个利用数据挖掘改进电信服务的具体例子。

1. 电信数据的多维分析

电信数据本身具有多维性,如呼叫时间、持续时间、呼叫者位置、被呼叫者位置、呼叫类型等。对此类数据的多维分析有助于识别和比较数据通信情况、系统负载、资源使用、用户组行为、利润等。例如,分析人员希望经常查看有关呼叫源、呼叫目标、呼叫量和每天使用模式等方面的图表。因此,将电信数据构造为数据仓库十分有用,可以经常使用OLAP 和可视化工具进行多维分析。

2. 盗用模式分析和异常模式识别

盗用行为每年可以耗掉电信业数百万美元。确定潜在的盗用者和他们非典型的使用模式,检测想侵入用户账户的企图,发现需要引起注意的异常模式是非常重要的。这些模式包括总是占线无法接入、转换和路由阻塞、从被恶意篡改过的自动拨出设备(如传真机)发出的周期性呼叫。通过多维分析、聚类分析和孤立点分析,可以发现许多这类模式。

3. 多维关联和序列模式分析

多维分析中关联和序列模式的发现可以用来推动电信服务的发展。例如,要想发现一系列电信服务的使用模式(按用户组、月或日历分组),按客户分组的呼叫记录可以表现为如下形式:

(Customer_ id, Residense, Office, Time, Date, Service_1, Service_2…)

为了决定呼叫是否在两个特定的城市之间或特定的人群间发生,"如果一个洛杉矶地区的客户在和他居住地不同的另一个城市工作,它可能在每个工作日的下午五点先使用两个地区之间的长途服务然后在接下来的时间里使用 30 min 的蜂窝电话"这样的一个序列模式可以通过上钻和下钻检测到,这有助于促进特定的长途销售额,与蜂窝电话结合,可以用于扩展某个地区的特殊服务。

4. 电信数据分析中可视化工具的使用

OLAP 可视化、链接可视化、关联可视化、聚类和孤立点可视化等工具已经证明对电信数据分析是非常有用的。

8.7.5　可视化数据挖掘

可视化数据挖掘用数据或知识可视化技术从大的数据集中发现隐含的和有用的知识。人们的视觉系统是由眼睛和人脑控制的,后者可看作一个强有力且高度并行的处理和推理引擎,它带有一个大的知识库。可视化数据挖掘把这些强大的组件有效地组合起来,使它成为一个吸引人的有效的工具,用来对数据的属性、模式、簇、孤立点进行综合分析。

可视化数据挖掘可看作是由数据可视化和数据挖掘两个学科融合而成的,它与计算机图形、多媒体系统、人机接口、模式识别、高性能处理都紧密相关。总之,数据可视化和数据挖掘可以从以下方面进行融合。

1. 数据可视化

数据库和数据仓库中的数据可看作具有不同的粒度或不同的抽象级别,也可以看作是由不同属性和维组合起来的。数据能用多种可视化方式进行描述,如盒状图、三维立方体、数据分布图表、曲线、平面、连接图等。可视化显示能把数据库中数据特性的总体印象提供给用户。

2. 数据挖掘结果可视化

数据挖掘结果可视化指将数据挖掘后得到的知识和结果用可视化的形式描述出来。这些形式包括分散划分(Scatter Plots)、盒状图(通过描述性的数据挖掘)、决策树、关联规则、簇、孤立点、一般规则等。

3. 数据挖掘过程可视化

这种可视化用可视化形式描述各种挖掘过程,从中用户可以看出数据是从哪个数据库或数据仓库中抽取出来的,怎样抽取的,以及怎样清洗、集成、预处理和挖掘的。而且,可以看出数据挖掘选用的方法、结果存储的地方及显示方式。

4. 交互式的可视化数据挖掘

交互式的可视化数据挖掘在数据挖掘过程中使用了可视化工具,它用来帮助用户做出明智的数据挖掘决策。例如,一系列属性的数据分布可以用彩色扇区或列(取决于整个空间是使用一个圆形描述还是使用列的集合描述)来表示,这种表示方式可以帮助用户决定哪个扇区作为分类首先被选中,哪个地方是最好的扇区分割点。

音频数据挖掘用音频信号来显示数据模式或数据挖掘结果的特征。尽管可视化数据挖掘用图形显示能揭露一些有趣的模式,但它要求用户专注于观察模式,确定其中有趣的或新的特征。如果模式能转换成声音和音乐,就可以通过听基调、旋律、曲调和音调,而不是看图片来确定任何有趣的或不同寻常的东西。在很多情况下,这种方式可能比较轻松,因此用音频数据挖掘代替可视化数据挖掘是一个不错的选择。

8.7.6　科学和统计数据挖掘

本书中描述的数据挖掘技术主要是面向数据库的,用于处理大量的多维和各种复杂类型的数据。然而,还有很多用于统计数据,尤其是数值数据分析的技术,已经被扩展应用到科学（如心理学、医学、电子工程或制造业的实验数据）以及经济或社会科学数据中。下面列出一些方法。

1. 回归（Regression）

一般来说，回归方法用来预测从一个或多个预测器响应变量的值，它们是数值类型的。有很多种回归方法，如线形回归、多回归、加权回归、多项式回归、无参数回归、强回归（当错误不满足通常的条件或者数据包含重要的外层时，强回归方法非常有用）。

2. 广义线形模型（Generalized Linear Model）

广义线形模型和它们的广义模型（通用的附加模型）允许一个分类响应变量（或它的一些变种）和一系列预测器变量相关，这与使用线性回归的模型中的数值响应变量类似。

3. 回归树（Regression Tree）

回归树可用于分类和预测，构造成的树是二叉树。回归树和决策树在测试方面有点类似，都是在节点上进行测试，它们主要的区别在叶子层，决策树是将大众选举产生的类标号作为叶子，回归树是将计算目标属性的平均值作为预测值。

4. 方差分析（Analysis of Variance）

方差分析技术为用一个数值响应变量和一个或多个分类变量描述的两个或多个人分析实验数据。通常，一个 ANOVA（变量的单因子分析）问题通过 k 个人或对待方式的比较来决定是否至少有两种方式是不同的。也存在更复杂的 ANOVA 问题。

5. 混合效应模型（Mixed - effect Model）

混合效应模型用来分析分组数据，也就是那些用一个或多个组变量分类的数据。它们通过一个或多个因素来描述一个响应变量和一些共变量之间的关系。应用的公共领域包括多层数据、重复值数据、块设计数据和纵向数据。

6. 因素分析（Factor Analysis）

因素分析方法用来决定哪些变量共同产生了一个给定因子。例如，对许多精神病学数据，不可能只测量某个特别的因子（如智能）。然而，用于测量其他的数量（如学生考试成绩）是可能的，这里没有设计依赖变量。

7. 判别式分析（Discriminant Analysis）

判别式分析技术用来预测分类响应变量，不像通用的线形模型，判别式分析技术假定独立变量遵循通常的多元分布，这个过程企图决定几个判别式函数（独立变量的线性组合），用来区别由响应变量定义的组。判别式分析在社会科学中经常使用。

8. 时间序列分析（Time Series Analysis）

有很多统计技术可用来分析时间序列数据，如自动回归方法、单变量的 ARIMA 模型、长记忆（Long Memory）的时间序列模型等。

9. 生存分析（Survival Analysis）

有很多种统计技术可用于生存分析。起初用于预测一个病人经过治疗后能或至少能存活多长时间。生存分析的方法也用于设备制造业，用于估计工业设备的生命周期。流行的方法包括 Laplan - Meier 生存估计法、Cox 比例危险回归模型以及它们的扩展。

10. 质量控制（Quality Control）

各种统计法可以用来准备质量控制的图表，如 Shewhart 图表和 cusum 图表（都用于显示组合统计）。这些统计包括平均值、标准差（Standard Deviation）、区间、计数、移动平均、移动标准差和移动区间（Moving Range）。

8.7.7 数据挖掘的理论基础

有关数据挖掘的理论基础研究还没有成熟。坚实、系统的理论基础对于数据挖掘非常重要,因为它给数据挖掘技术的开发、评价和实践提供一个一致的框架。数据挖掘的理论基础有很多,这里列出比较有代表性的几种。

1. 数据归约(Data Reduction)

按照数据归约理论,数据挖掘的基础是减少数据的描述。在大型数据库里,数据归约能换来快速近似查询的准确性。数据归约技术主要包括奇异值分解(在主要组件分析背后的驱动元素)、小波、回归、日志线形模型(Log - linear Model)、直方图(Histogram)、簇、取样和索引树构造。

2. 数据压缩(Data Compression)

根据数据压缩理论,数据挖掘的基础是对给定的数据进行压缩,它一般是通过按位关联规则、决策树、簇等进行编码实现的。根据最小描述长度原理(Minimum Description Length Principle),从一个数据集合中推导出的最好的理论是这样的理论,即它本身的长度和用它作为预测器(Predicator)进行编码的长度都最小。典型的编码是按位编码。

3. 模式发现(Pattern Discovery)

模式发现理论的依据来源于数据库中的发现模式,如关联规则、分类模型、序列模式等,它涉及机器学习、神经网络、关联挖掘、序列模式挖掘、聚类和其他子领域。

4. 概率理论(Probability Theory)

概率理论基于统计理论。依据这一理论,数据挖掘的基础是发现随机变量的联合的可能分布,如贝叶斯置信网络(Bayesian Belief Network)和层次贝叶斯模型(Hierarchical Bayesian models)。

5. 微观经济观点(Microeconomic View)

微观经济观点把数据挖掘看作发现模式的任务,通过数据挖掘来发现那些对企业决策过程(如指定市场策略产品计划等)有用的并在一定程度上有趣的模式。这个观点认为如果模式能发生作用,则认为它是有用的。企业在碰到优化问题时通常会最大限度地使用这种方法。此时,数据挖掘变成一个非线性的优化问题。

6. 归纳数据库(Inductive Databases)

在这个理论中,数据库模式被看作是由存储在数据库中的模式和数据组成的,数据挖掘的问题变成了对数据库进行归纳的问题,它的任务是查询数据库中的数据和理论(即模式)。这个观点在数据库系统的许多研究者中非常流行。

上述理论不是互相排斥的。例如,模式发现可以看作是数据归约和数据压缩的一种形式。一个理想的理论框架应该能够对典型的数据挖掘任务(如关联、分类和聚类)进行建模,有一个概率特性,能够处理不同形式的数据,并且对数据挖掘的反复和交互的本性加以考虑。建立一个能满足这些要求的、定义很好的数据挖掘框架是进一步努力的目标。

8.7.8 数据挖掘和智能查询应答

在数据挖掘过程的处理框架中,处理是由查询初始化的,即由查询指定和任务相关的数据,来发掘要求的知识种类、关联限制、有趣的阀值等。然而,在很多情况下,用户可能并不精确地知道要挖掘什么东西或者数据库有什么限制,因此不能给出精确的查询。智能查询应答(Intelligent Query Answering)在这种情况下能帮助分析用户的目的,用智能的方式回答查询请求。

下面讲述数据挖掘和智能查询应答结合的一个通用的框架。在数据库系统中,可能存在两种类型的查询——数据查询和知识查询(Knowledge Query)。数据查询用来发现存储在数据库系统中的具体数据,它与数据库系统的一个基本的检索语句对应;知识查询用来发现规则、模式和数据库中的其他知识,它对应于对数据库知识的查询,包括演绎规则、完整性约束、概化规则、频繁模式以及其他规则等。例如,“找出在2000年5月购买尿布的所有顾客的ID号”属于数据查询;而“描述这些顾客的通用特征和他们还可能要购买什么”属于知识查询。由于所查询对象的知识并没有明显地存储在数据库中,因此通常要由一个数据挖掘的过程导出。

查询应答机制可以根据它们反应方式的不同分为两类:直接查询应答(Direct Query Answering)和智能(或协同)查询应答。直接查询应答是指通过精确地返回所要的东西来回答查询,而智能查询应答包括两个阶段,先分析查询目的,然后返回类似的通用相关信息。尽管有时返回的看起来并不是要求的结果,但返回与查询相关的信息提供了对相同查询的智能回答。

数据查询是执行许多在线服务的例程,如查询“列出所有在卖的自行车”,或者“找出Jack Waterman在2000年4月购买的所有的东西”。对这些查询的直接查询应答是列出有特定属性的项目列表。而智能回答提供给用户的是用于辅助决策的附加信息。下面是智能查询应答和数据挖掘技术相结合来提高商店服务的几个例子。

(1)通过提供综合信息来回答查询。当客户查询当前正在卖的自行车列表时,提供附加的综合信息,如关于自行车的最好交易、去年卖出的每一种自行车的数量、不同种类自行车吸引人的新特性等,这些综合信息可以用数据仓库和数据挖掘技术得到。

(2)通过关联分析得出附加信息。当一个客户想购买某种特殊牌子的自行车时,可以提供给用户附加的关联信息。如“想购买这种自行车的人可能要购买下列运动设备”或“你将考虑购买这种自行车的维修服务吗?”,这样就可以推动公司的其他产品销售额。

(3)通过序列模式挖掘来促进产品销售。当客户在线购买一台个人计算机时,系统可能根据以前挖掘出来的序列模式建议他考虑同时购买其他的一些东西,如“购买这种个人计算机的人在三个月之内很可能要再买某种特殊的打印机或CDROM”或者送给用户这种打印机或CDROM的一个短期优惠券。

从这几个例子中可以看出,使用数据挖掘方法的智能查询应答能够给电子商务应用提供更有趣的服务,这有可能形成数据挖掘重要的应用,需要进一步进行探索。

8.7.9　数据挖掘的社会影响

随着社会的快速计算机化,数据挖掘的社会影响不可低估。数据挖掘是宣传出来的还是持久、稳定增长的商业?数据挖掘只是经理的事还是每个人的事?数据挖掘对隐私或数据安全构成威胁吗?下面对每个问题做出回答。

1. 数据挖掘是宣传出来的还是持久、稳定增长的商业?

数据挖掘最近变得很流行,很多人都投身到数据挖掘的研究、开发和商业运作中,并宣称它们的软件系统是数据挖掘产品。观察一下就会发现,人们还有这样的疑虑:“数据挖掘是宣传出来的还是真正存在的?它怎样被人们作为一种技术很好地接受?”

坦白地说,数据挖掘从20世纪80年代出现以来,关于它的宣传有很多,尤其是许多人希望数据挖掘能成为一种从数据中挖掘知识的工具,使它能帮助企业经理做决策,促进商业竞争,或者做其他很多有趣的事情。数据挖掘是一种技术,与其他技术一样,数据挖掘也需要时间和精力来研究、开发和逐步成熟,最终被人们接受。

“那么,数据挖掘正处于哪个阶段?”最近有些讨论认为数据挖掘正处于停滞阶段。为了让数据挖掘成为一种广泛接受的技术,本书中作为挑战提到的很多地方(如有效性和可伸缩性、增加用户交互、背景知识及可视化技术的结合、数据挖掘语言标准的发展、发现有趣模式的有效方法、提高复杂数据类型的可控制性、Web查询等)都需要做进一步的研究和开发。

数据挖掘要走过停滞期,需要关注数据挖掘和现存商业技术的集成。目前已经有很多通用的数据挖掘系统,但是其中的很多都是给那些非常熟悉数据挖掘和数据分析技术的专家设计的,需要使用者懂得关联规则、分类和聚类等技术,这就使这些系统很难被企业经理或普通百姓使用。而且,这些系统都趋向于提供适用于各种商业应用的横向解决方案(Horizontal Solution),而不是针对某个特定商业应用的解决方案。由于有效的数据挖掘要求商业逻辑与数据挖掘功能的平滑集成,因此不能期望通用的数据挖掘系统在商业智能方面能够取得多么大的成功,就像与领域无关的关系数据库系统在商业事务和查询处理上取得的成功一样。

许多数据挖掘研究者和开发者相信:数据挖掘比较有前途的方向是创建能够提供纵向解决方案(Vertical Solution)的数据挖掘系统。也就是说,把特殊领域的商业逻辑和数据挖掘系统集成起来。由于越来越多的公司从建立在Web上的电子商店(e-Store,也称为Web商店(Web Store))收集大量的数据,网上商业或电子商务成为数据挖掘很有前途的应用,因此应该仔细琢磨怎样给电子商务应用提供特殊领域的数据挖掘解决方案。

目前,许多定制的系统需要具有面向市场的竞争管理(通常叫作电子市场(e-Marketing))功能。理想情况下,这样的系统能同时提供客户数据分析(把OLAP和挖掘技术嵌入到友好的用户界面中)、客户个性分析(Profiling)(或一对一片段(One to One Segment))、竞争出局和竞争分析。

为进行客户关系管理(CRM),这些定制的系统正越来越多地使用数据挖掘技术,以期在大规模的市场中帮助公司给客户提供更特殊的个人化的服务。通过研究Web商店的浏览和购买模式(如通过分析点击流(Click Stream),也就是用户通过鼠标单击提供的信息),公司能够得到更多的关于某个用户或用户组的信息。这些信息将使公司和客户同时受益。例如,如果有非常准确的客户模型,公司可以更好地理解用户的需求,满足这些需求将会在很多方面取得更大的成功,如相关产品的连带销售(Cross-selling)、提高销售额(Up Selling)、一对一促销(One-to-one Promotion)、产品吸引力(Production Affinity)、一揽子购买(Larger Basket)、客户保持(Customer Retention)等。如果所做的定制广告和促销正好满足客户的个性需求,客户就很少会对发到他信箱里的促销等类似邮件感到腻烦了。所有这些活动能为公司节约很多开销。客户将会喜欢你通知他购买他真正感兴趣的东西,从而节约个人时间,获得满意的服务。公司除在网上商店散发广告外,将来还可以在数字电视和在线图书以及报纸上提供广告。这些广告是通过客户个性信息和统计信息为某些特定的用户或用户组专门设计的。

明确数据挖掘只是集成解决方案的一项内容是很重要的,其他还有数据清洗和数据集成 OLAP、用户安全、库存和订单管理、产品管理等。

2. 数据挖掘只是经理的事还是每个人的事?

数据挖掘在帮助公司经理理解市场和商业上面作用很大,但是,你可能又会问:“数据挖掘只是经理的事还是每个人的事?”随着越来越多的数据可以从网上或者自己的磁盘上得到,在日常工作或生活中,利用数据挖掘来理解所访问的数据并从中受益是可能的。而且,随着时间的推移,会出现更多的数据挖掘系统,它们功能更强、用户界面更加友好并且更加多才多艺。因此,每个人都具有使用数据挖掘的需求,并且具有使用它们的手段是可能的。换句话说,数据挖掘不可能一直只被由经理和商业分析者组成的传统知识分子使用,每个人都将可以得到它。

“我在家里用数据挖掘能做些什么呢?”数据挖掘有很多的个人用处。例如,你可能想挖掘你们家的家族疾病史,确定出和遗传有关的医学条件的模式,如癌症和染色体变异,这些知识能帮助决策你的寿命和健康状况;将来,你可能会挖掘和你打过交道的公司的记录并且评价他们的服务,在此基础上选择最好的公司进行合作;你可以用基于内容的文本挖掘来查找你的 E - mail 消息,或者自动地创建分类来管理你收到的消息;你可以通过挖掘股票或公司的业绩来辅助你进行投资。其他的例子包括通过挖掘网上商店来找出最好的交易项目或最好的休假方式。这样,当数据挖掘走出低谷,变得更加普通,有更多的个人计算机和网上数据时,数据挖掘将被普通大众接受,并最终成为每个人手中的工具。

“那么,在使用数据挖掘之前我必须理解数据挖掘系统和数据挖掘算法的内容吗?”就像电视、计算机、办公软件一样,我们希望用一种用户友好的数据挖掘工具,而不需要太多的培训。而且,将会有更多的智能软件隐含地把数据挖掘作为它们的功能部件,如智能网上搜索引擎、适应用户的网上服务、智能数据库系统、协同查询应答(Cooperative Query Answering)系统、E - mail 管理器、日历管理器、售票系统等,可以把数据挖掘模块作为内部的模块,用户根本感觉不到它的存在。数据挖掘的这种隐含的应用称为不可见的数据挖掘(Invisible Data Mining)。期望将来不可见数据挖掘能成为普通大众执行有效数据挖掘的重要手段。

3. 数据挖掘对隐私或数据安全会构成威胁吗?

随着越来越多的信息可以以电子形式或从网上得到,并且有越来越多的数据挖掘工具开发出来并投入使用,我们可能想知道:“数据挖掘对隐私或数据安全构成威胁吗?”数据挖掘与其他任何一种技术一样,它的应用有好的一面也有坏的一面。数据挖掘揭示了不容易发现的模式或各种知识,如果不正确使用它,可能对隐私和信息安全构成威胁。有些消费者为了使公司的服务更好地满足他们的需求,不介意给公司提供个人信息。例如,购物者如果能得到打折回报,他们将很乐意在地区超市的荣誉卡上签字。停下来想一下,这记录了多少关于你的信息,这些信息都说了些什么?每次在使用信用卡、赊账卡(Debit Card)、超市荣誉卡、宣传卡(Frequent Flyer Card)或申请这些卡时,在网上冲浪、回答网上新闻组、订阅杂志、租影碟、参加俱乐部、填写考试登记表或新生儿信息、付药方费用,或者提供你的医疗卡看病时,关于你的个人信息就会被公司收集到。很明显,收集信息很容易,并不局限于通过零售活动来进行。这些信息可以反映出用户的爱好、财力、医疗和保险数据。下次做类似事情的时候可以仔细想一想,可能就会有被人监视的感觉。

“数据安全性怎样?”数据库系统最初曾遭到反对,因为在大型在线数据存储系统中,很多个人的数据面临着安全的威胁,许多数据安全增强技术(Data Security - enhancing Techniques)因此而得以发展。尽管“黑客入侵”时有发生,但由于数据库管理系统安全已做得越来越周全,安全防护体系也越来越完善,因此人们对数据的安全性还是比较放心的。这样的数据安全增强技术同样可以用于数据挖掘中的匿名信息和隐私保护,这些技术包括盲签名(建立在公共密钥加密基础上)、生物加密(人的肖像和指纹用于加密个人数据)、匿名数据库(Anonymous Databases)(允许不同的数据库联合,但是只有那些允许访问数据库的人才可以访问数据库,个人信息被加密存储在不同的地方)。

8.7.10 数据挖掘的发展趋势

数据、数据挖掘任务和数据挖掘方法的多样性给数据挖掘提出了许多挑战性的课题。数据挖掘语言的设计、高效的数据挖掘方法和系统的开发、交互和集成的数据挖掘环境的建立,以及应用数据挖掘技术解决大型应用问题都是目前数据挖掘研究人员、系统和应用开发人员所面临的主要问题。本节描述一些数据挖掘的发展趋势,它反映了面对这些挑战的应对策略。

1. 应用的扩展

早期的数据挖掘应用主要集中在帮助企业提升竞争能力。随着数据挖掘的日益普及,数据挖掘也日益扩展其应用范围,如生物医学、金融分析和电信等领域。此外,随着电子商务和电子市场逐渐成为零售业的主流,数据挖掘也在不断扩展其在商业领域的应用面。通用数据挖掘系统在处理特定应用问题时有其局限性,因此目前的一种趋势是开发针对特定应用的数据挖掘系统。

2. 可伸缩的数据挖掘方法

与传统的数据分析方法相比,数据挖掘必须能够有效地处理大量数据,而且尽可能是交互式的。由于数据量不断地激增,因此针对单独的和集成的数据挖掘功能的可伸缩算法显得十分重要。一个重要的方向是所谓的基于约束的挖掘(Constraint - based Mining),它致力于在增加用户交互的同时如何改进挖掘处理的总体效率,提供了额外的控制方法,允许用户说明和使用约束,引导数据挖掘系统对感兴趣的模式进行搜索。

3. 数据挖掘与数据库系统、数据仓库系统和Web数据库系统的集成

数据库系统、数据仓库系统和WWW已经成为信息处理系统的主流。保证数据挖掘作为基本的数据分析模块能够顺利地集成到此类信息处理环境中是十分重要的。事务管理、查询处理、联机分析处理和联机分析挖掘应集成在一个统一框架中,这将保证数据的可获得性,数据挖掘的可移植性、可伸缩性和高性能,多维数据分析的准确性以及对扩展的集成信息的处理能力。

4. 数据挖掘语言的标准化

标准的数据挖掘语言或其他方面的标准化工作将有助于数据挖掘的系统化开发,改进多个数据挖掘系统和功能间的相互操作,促进数据挖掘系统在企业和社会上教育等机构中的使用。

5. 可视化数据挖掘

可视化数据挖掘是从大量数据中发现知识的有效途径。系统研究和开发可视化数据挖掘技术将有助于推进数据挖掘作为数据分析的基本工具。

6. 复杂数据类型挖掘的新方法

复杂数据类型挖掘是数据挖掘中一项重要的前沿研究课题。虽然在地理空间挖掘、多媒体挖掘、时序挖掘、序列挖掘以及文本挖掘方面取得了一些进展,但它们与实际应用的需要仍存在很大的距离。对此,需要进一步的研究,尤其是把针对上述数据类型的现存数据分析技术与数据挖掘方法集成起来的研究。

7. Web 挖掘

由于 Web 上存在大量信息,并且 Web 在当今社会扮演越来越重要的角色,因此有关 Web 内容挖掘、Weblog 挖掘和因特网上的数据挖掘服务将成为数据挖掘中一个最为重要和繁荣的子领域。

8. 数据挖掘中的隐私保护与信息安全

随着数据挖掘工具和电信与计算机网络的日益普及,数据挖掘要面对的一个重要问题是隐私保护和信息安全。需要进一步开发有关方法,以便在适当的信息访问和挖掘过程中确保隐私与信息的安全。

8.8 数据仓库与决策支持

数据仓库包含海量数据,要求 OLAP 服务器在若干秒内回答决策支持查询。因此,重要的是数据仓库系统要支持高效的数据方计算技术、存取方法和查询处理技术。

8.8.1 数据方的有效计算

多维数据分析的核心是有效地计算多个维集合上的聚集。按 SQL 的术语,这些聚集称为分组。一般情况下,用 compute cube 操作及其实现的方法来扩充 SQL。compute cube 操作在操作所指定维的所有子集上计算聚集。

例 8.1 假设想对 All Electronics 的销售创建一个数据方,包含 item、city、year 和 sales_in_dollars,可能想用以下查询分析数据。

(1)按 item 和 city 分组,计算销售和。

(2)按 item 分组,计算销售和。

(3)按 city 分组,计算销售和。

可从该数据方计算的方体或分组的总数是多少?取 city、item 和 year 三个属性为三个维,sales_ in_ dollars 为度量,可以由该数据方计算的方体总数为 $2^3=8$ 个。可能的分组是{(city item,year),(city,item),(item,item),(city,year),(city),(item),(year),()}。其中,( )意指按空分组,即不对任何维分组。这些分组形成了该数据方的方体格,方体格组成三维数据方,每一个方体代表一个不同的分组,如图 8.3 所示。基本方体包含所有的维 city、item 和 year,它可以返回这三维的任意组合。顶点方体或0 - D方体表示分组为空的情况,它包含所有销售的总和。

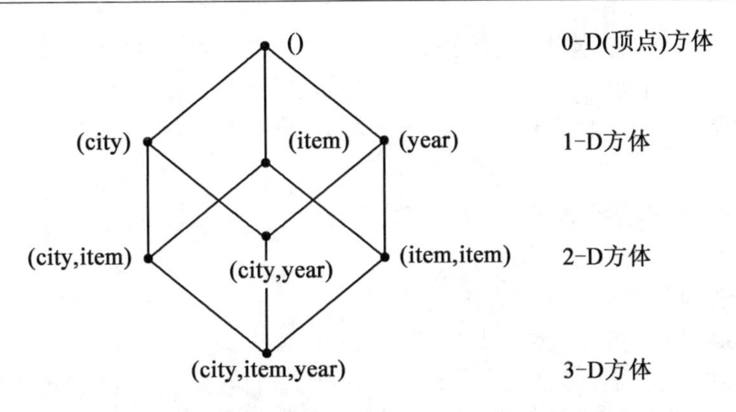

图 8.3　方体格组成三维数据方,每一个方体代表一个不同的分组

不包含分组的 SQL 查询,如“计算全部销售的和”,是 0 维操作;包含一个分组的 SQL 查询,如“按 city 分组,计算销售和”,是一维操作。在 n 维上的一个方操作等价于一组分组语句,每个是 n 维的一个子集。因此,方操作是分组操作的 n 维泛化。

例 8.1 的数据方可以定义为

```
define cube sales [ item,city, year]: sum(sales_ in_dollars)
```

对于 n 维方,包括基本方体总共有 2^n 个方体。语句 compute cube sales 显式地告诉系统,计算集合{item,city,year}的所有 8 个子集(包括空集合)的销售聚集方体。方体操作首先由 Gray 等提出并研究处理。

对于不同的查询,联机分析处理可能需要访问不同的方体。因此,预先计算所有或者至少一部分方体比较好。预计算带来快速的响应,并避免一些冗余计算。实际上,尽管不是全部,但大多数 OLAP 产品都借助于多维聚集的预计算。

然而,如果数据方中所有的方体都预先计算,所需的存储空间可能会欠缺较多,特别是当多个维涉及多个层次时。

“n 维数据方有多少个方体?”如果每个维都没有分层,我们已看到,n 维数据方的方体总数为 2。然而,在实践中,许多维确实都有分层。例如,time 维通常不只是一层 year,而是一个层次或格,如 day < month < quarter < year。对于 n 维数据方,可能产生的方体(包括沿着每层次或格,维的分层结构攀升产生的方体)总数是

$$T = \prod_{j=1}^{n} (L_i + 1)$$

其中,L_i 是维 i(除去虚拟的顶层 all,因为泛化到 all 等价于去掉一个维)的层次数。该公式基于这样一个事实:每个维最多只有一个抽象层出现在一个方体中。例如,如果数据方有 10 维,每维有 4 个层次,则可能产生的方体总数将是 $5^{10} \approx 9.8 \times 10^6$。

现在,你可能已经意识到,预计算并物化由数据方(或由基本方体)可能产生的所有方体是不现实的。如果有很多方体,并且这些方体很大,较合理的选择是部分物化,即只物化可能产生的方体中的一部分。

1. 部分物化——方体的选择计算

给定基本方体,方体的物化有三种选择。

(1)不预计算任何“非基本”方体(不物化)。

(2)预计算所有方体(全物化)。

（3）在整个可能的方体集中，有选择地物化一个适当的子集（部分物化）。第一种选择将导致在运行时计算开销比较大的多维聚集，这可能很慢；第二种选择可能需要海量存储空间，存放所有预计算的方体；第三种选择在存储空间和响应时间二者之间提供了很好的折中。

方体的部分物化应考虑三个因素。

（1）确定要物化的方体子集。

（2）利用查询处理时物化的方体。

（3）在装入和刷新时，有效地更新物化的方体。

物化方体的选择需要考虑工作负荷下的查询，它们的频率和它们的开销。此外，也要考虑工作负荷的特点，渐进更新的开销和整个存储需求量。选择也必须考虑物理数据库设计的情况，如索引的产生和选择。有些 OLAP 产品采用启发式方法进行方体选择。一种流行的方法是物化这样的方体集，这种方体集经常被引用。

一旦选定的方体被物化，重要的是在查询处理时使用它们，这涉及在大量候选的物化方体中确定相关方体，如何使用物化方体中可用的索引结构，以及如何将 OLAP 操作转换成选定方体上的操作。

最后，在装入和刷新期间，应当有效地更新物化的方体，应当使用并行机制和渐进更新技术。

2. 数据方计算中的多路数组聚集

为确保快速地联机分析处理，可能需要预先计算给定数据方的所有方体。方体可能存放在二级存储器，并在需要时访问它们。因此，重要的是开发一种有效的方法计算数据方的所有方体。这些方法必须考虑方体计算时可用的主存限制，以及计算所需的时间。为简单起见，可以排除沿着每维的层次结构攀升而产生的方体。

由于关系 OLAP（ROLAP）使用元组和关系表作为它的基本数据结构，而多维 OLAP（MOLAP）使用的基本数据结构是多维数据模型数组，因此可以预料 ROLAP 和 MOLAP 使用很不相同的方计算技术。

ROALP 方计算使用如下的主要优化技术。

（1）排序、散列和分组操作用于维属性，以便对相关元组重新排序和分簇。

（2）在某些子聚集上分组，作为“部分分组”。这些“部分分组”对于加快其他子聚集的计算是有用的。

（3）可以由以前计算的聚集计算新的聚集，而不必由基本事实表计算。

“这些优化技术如何应用于 MOLAP？”ROLAP 按值寻址，通过基于键的寻址搜索访问维值。相比之下，MOALP 使用直接数组寻址，通过位置或对应数组位置的索引访问维值。这样，MOLAP 不能使用 ROLAP 的基于值的重新排序优化技术。因此，应当为 MOLAP 基于数组的方结构开发不同方法，如下所述。

（1）将数组分成块。块（Chunk）是一个子方，其大小能够放入方计算时可用的内存。分块是一种将 n 维数组划分成小的 n 维块的方法，其中，每个块作为一个对象存放在磁盘上。块被压缩，以避免空数组单元（即不含任何有效数据的单元）导致的空间浪费。对于压缩的稀疏数组结构，可以用“chunkID + offset”作为在块内在找单元的寻址机制。这种压缩技术功能强大，足以处理磁盘和内存中的稀疏方。

（2）通过访问方单元（即访问方单元的值）计算聚集。可以优化访问单元的次序，使得每个单元必须重复访问的次数最小化,从而减少存储访问开销和存储开销。技巧是使用这种定序,使得部分聚集可以同时计算,并避免不必要的单元重新访问。

由于分块技术涉及一些聚集计算的重叠,因此称该技术为数据方计算的多路数组聚集。

8.8.2　元数据存储

“什么是元数据?”元数据是关于数据的数据。在数据仓库中,元数据是定义仓库对象的数据。其他元数据包括对提取数据添加的时间标签、提取数据的源、被数据清理或集成处理添加的字段等。

元数据的存储应当包括如下内容。

(1)数据仓库结构的描述包括仓库模式、视图、维、层次结构、导出数据的定义,以及数据集市的位置和内容。

(2)操作元数据,包括数据血统(移植数据的历史和用于它的转换序列)、数据流通(主动的、档案的或净化的)和管理信息(仓库使用统计、错误报告、审计跟踪)。

(3)汇总用的算法,包括度量和维定义算法数据所处粒度、分割、主题领域、聚集、汇总、预定义的查询与报告。

(4)由操作环境到数据仓库的映射,包括源数据库和它们的内容、网关描述、数据分割、数据提取、清理、转换规则和默认、数据刷新和剪裁规则、安全(用户授权和存取控制)。

(5)关于系统性能的数据,除刷新、更新定时和调度的规则与更新周期外,还包括索引和改善数据存取和提取性能的方法。

(6)商务元数据,包括商务术语和定义、数据拥有者信息和收费策略。

数据仓库包含不同级别的综合,元数据是其中一种类型。其他类型包括当前的细节数据(几乎总是在磁盘上)、老的细节数据(通常在三级存储器上)、稍加综合的数据和高度综合的数据(不要求物理地入仓)。

与数据仓库中的其他数据相比,元数据扮演很不相同的角色,也是重要的角色。例如,元数据用作目录,帮助决策支持系统分析者对数据仓库的内容定位;当数据由操作环境到数据仓库环境转换时,可作为数据映射指南;对于汇总的算法,它也是指南。汇总算法将当前细节数据汇总成稍加综合的数据,或将稍加综合的数据汇总成高度综合的数据。元数据应当持久存放(即存放在磁盘上)。

8.8.3　数据仓库后端工具和实用程序

数据仓库系统使用后端工具和实用程序来加载和刷新它的数据,这些工具和机制包含以下功能。

1. 数据提取

通常,由多个异种的外部数据源收集数据。

2. 数据清理

检测数据中的错误,可能时进行订正。

3. 数据变换

数据仓库的基本观念之一是当数据从业务系统或其他数据来源提取出来时,应该首先经过变换或清洗,才能将它加载到数据仓库中。

4. 装入

排序、综合、加固、计算视图、检查整体性,并建立索引和划分。

5. 刷新

传播由数据源到数据仓库的更新。

除清理、装入、刷新和元数据定义工具外,数据仓库系统通常还提供一组数据仓库维护工具。

8.9 小 结

数据库技术已经从原始的数据处理,发展到开发具有查询和事务处理能力的数据库管理系统。知识发现过程包括数据清理、数据集成、数据变换、数据挖掘、模式评估和知识表示。数据模式可以从不同类型的数据库挖掘,如关系数据库、数据仓库和面向对象的数据库。有趣的数据模式也可以从其他类型的信息存储中提取,包括空间的、时间相关的、文本的、多媒体的和遗产数据库,以及万维网。进一步的发展导致越来越需要有效的数据分析和数据理解工具,这种需求是各种应用收集的爆炸性增长的数据的必然结果。数据挖掘从大量数据中发现有趣的模式,这些数据可以存放在数据库、数据仓库或其他信息存储中。数据仓库是一种数据的长期存储,这些数据来自多种数据源,是有组织的,以便支持管理决策。这些数据在一种一致的模式下存放,并且通常是汇总的。数据仓库提供一些数据分析能力,称为 OLAP (联机分析处理)。

大型数据库中有效的数据挖掘对于研究者和开发者提出了大量的需求和巨大的挑战,涉及数据挖掘技术用户交互性能和可视规模性以及大量不同数据类型的处理,其他问题包括数据挖掘的应用开发和它们的社会影响。这是一个年轻的跨学科领域,源于诸如数据库系统、数据仓库、统计、机器学习、数据可视频化信息提取和高性能计算。其他有贡献的领域包括神经网络、模式识别、空间数据分析、图像数据库、信号处理和一些应用领坡,包括商务和管理、行政管理、科学和工程、环境控制、经济和生物信息学等。

8.10 习 题

一、选择题

1. 数据仓库是随时间变化的,下面的描述不正确的是(　　)。

A. 数据仓库随时间变化不断增加新的数据内容

B. 捕捉到的新数据会覆盖原来的快照

C. 数据仓库随时间变化不断删去旧的数据内容

D. 数据仓库中包含大量的综合数据,这些综合数据会随着时间的变化不断地进行重新综合

2. 关于基本数据的元数据是指(　　)。

A. 基本元数据包括与数据源、数据仓库、数据集市和应用程序等结构相关的信息

B. 基本元数据包括与企业相关的管理方面的数据和信息

C. 基本元数据包括日志文件和建立执行处理的时序调度信息

D. 基本元数据包括关于装载和更新处理、分析处理以及管理方面的信息

3. 有关数据仓库的开发特点,不正确的描述是(　　)。

A. 数据仓库开发要从数据出发

B. 数据仓库使用的需求在开发初期就要明确

C. 数据仓库的开发是一个不断循环的过程,是启发式的开发

D. 在数据仓库环境中,并不存在操作型环境中所固定的和较确切的处理流,数据仓库中数据的分析和处理更灵活,且没有固定的模式

4. 有关数据仓库测试,下列说法不正确的是(　　)。

A. 在完成数据仓库的实施阶段中,需要对数据仓库进行各种测试,测试工作中要包括单元测试和系统集成测试

B. 当数据仓库的每个单独组件完成后,就需要对它们进行单元测试

C. 系统的集成测试需要对数据仓库的所有组件进行大量的功能测试和回归测试

D. 在测试之前没必要制订详细的测试计划

5. OLAP 技术的核心是(　　)。

A. 在线性　　　B. 对用户的快速响应

C. 互操作性　　　D. 多维分析

6. 关于 OLAP 的特性,下面正确的是(　　)。

①快速性;②可分析性;③多维性;④信息性;⑤共享性。

A. ①②③　　B. ②③④　　C. ①②③④　　D. ①②③④⑤

7. 关于 OLAP 和 OLTP 的区别的描述,不正确的是(　　)。

A. OLAP 主要是关于如何理解聚集的大量不同的数据,它与 OLAP 应用程序不同

B. 与 OLAP 应用程序不同,OLTP 应用程序包含大量相对简单的事务

C. OLAP 的特点在于事务量大,但事务内容比较简单且重复率高

D. OLAP 是以数据仓库为基础的,其最终数据来源与 OLTP 一样均来自底层的数据库系统,二者面对的用户是相同的

8. OLAM 技术一般简称为“数据联机分析挖掘”,下面说法正确的是(　　)。

A. OLAP 和 OLAM 都基于客户机/服务器模式,只有后者有与用户的交互性

B. 用于 OLAM 的立方体和用于 OLAP 的立方体有本质的区别

C. 基于 Web 的 OLAM 是 Web 技术与 OLAM 技术的结合

D. OLAM 服务器通过用户图形接口接收用户的分析指令,在元数据的指导下,对超级立方体做一定的操作

9. 数据仓库的数据具有四个基本特征,下列不正确的是(　　)。

A. 面向主题的　　B. 集成的　　C. 不可更新的　　D. 不随时间变化的

10. 下列是关于 OLAP 的描述,不正确的是(　　)。

A. 一个多维数组可以表示为(维 1,维 2,…,维 n)

B. 维的一个取值称为该维的一个维成员

C. OLAP 是联机分析处理

D. OLAP 是以数据仓库进行分析决策的基础

11. 关于 OLAP 和 OLTP 的说法,下列不正确的是(　　)。

A. OLTP 事务量大,但事务内容比较简单且重复率高

B. OLAP 的最终数据来源与 OLTP 不一样

C. OLTP 面对的是决策人员和高层管理人员

D. OLTP 以应用为核心,是应用驱动的

12. 关于数据仓库元数据的描述,下列不正确的是(　　)。

A. 元数据描述了数据的结构、内容、码、索引等项内容

B. 元数据内容在设计数据仓库时被确定后,就不应该再改变

C. 元数据包含对数据转换的描述

D. 元数据是有效管理数据仓库的重要前提

13. 下列描述不正确的是(　　)。

A. 模型辅助决策系统一般可以使用若干个模型来解决同一问题

B. 人机交互系统是决策支持系统的一个组成部分

C. 决策支持系统包含模型库和模型库管理系统

D. 智能决策支持系统包含知识库系统

14. 决策支持系统可以用不同的方法进行构造,下列的说法不正确的是(　　)。

A. 可以用生命周期法和原型法构造决策支持系统

B. 原型法是一个迭代过程

C. 原型法中不存在对用户的反馈

D. SDLC 即是系统开发的生命周期法

15. 数据清洗是数据转移的一种基本类型,它不能通过(　　)方法来完成

A. 范围检验　　B. 枚举清单　　C. 相关检验　　D. 删除不合格的数据

16. 下列不是数据转移的基本类型的是(　　)。

A. 简单转移　　B. 清洗　　C. 集成　　D. 继承

17. 开展数据挖掘的基本目的是(　　)。

A. 建立数据仓库　　B. 帮助用户做决策

C. 从大量数据中提取有用信息　　D. 对数据进行统计和分析

18. 产生数据挖掘的根本原因是(　　)。

A. 数据统计分析　　B. 技术的发展

C. 商业推动　　D. 数据仓库的产生

19. (　　)是通过数据库中的一些属性来预测另一个属性,它在验证用户提出的假设的过程中提取信息。

A. 文本数据挖掘　　B. 发现驱动的数据挖掘

C. 验证驱动的数据挖掘　　D. Web 数据挖掘

20. 数据挖掘工具按照使用方式分类,可以(　　)。

A. 分为基于神经网络的工具,基于规则和决策树的工具,基于模糊逻辑的工具和综合性数据挖掘工具等

B. 分成决策方案生成工具,商业分析工具和研究分析工具三类

C. 分成专用型数据挖掘工具和通用型数据挖掘工具两大类

D. 分成基于神经网络的工具和研究分析工具

二、填空题

1. 数据仓库是________、________、________、________有组织的数据集合，支持管理的决策过程。

2. 一般来说，可将数据仓库的开发和应用过程细分为________、________、________和________。

3. ________是对现实世界进行抽象的工具。将现实世界的事物及其有关特征转换为信息世界的数据，才能对信息进行处理与管理，这就需要依靠________作为这种转换的桥梁。这种转换经历了从现实到________，从________到________，最后从________到物理模型的转换。

4. 元数据是关于数据、________和应用程序的结构和意义的描述信息，其主要目标是________。其范围可以是某个特别的数据库管理系统中从现实世界的概念上的一般概括，到________。

5. 按对象级别对元数据进行分类，可以从三个抽象级别上来认识：________、逻辑级和________。

6. 数据库系统的特点主要体现在下面几个方面：________、数据的共享性、________和________。

7. 依据数据仓库数据量大但是操作单一的特点，可以应用技术来进行数据仓库的物理数据模型设计，如合并表、________、引入冗余、________、建立广义索引等。

8. 数据仓库的接口技术包含多技术接口技术、________和数据的高效率加载技术。

9. 数据仓库中数据的组织方式与数据库不同，通常采用________分级的方式进行组织。一般包括早期细节数据、________、轻度综合数据、________以及________五部分。

10. 数据仓库的需求分析根据不同领域可以划分为________、设计的需求、________和最终用户的需求等方面。

11. 数据仓库虽然是从数据库发展而来的，但二者存在很大的差异。从数据存储内容看，数据库只存放________，而数据仓库则存放________；数据库中的数据的目标是面向________，而数据仓库则面向________。

12. 数据库内的数据是________的，只要有业务发生，数据就会更新，而数据仓库则是________的历史数据，只能定期添加、刷新。

13. 数据仓库主要是供决策分析用的，所涉及的数据操作主要是________，一般情况并不进行________。

14. 数据仓库创建后，首先从________中抽取所需要的数据到数据准备区，在数据准备区中经过________的净化处理，再加载到数据仓库数据库中，最后根据用户的需求将数据发布到________。

15. “主题”在数据仓库中由一系列________实现的。一个主题之下表的划分可按________、数据所属时间段进行划分。主题在数据仓库中可用________方式进行存储。如果主题存储量大，为提高处理效率可采用________方式进行存储。

三、简答题

1. 什么是数据挖掘?

2. 数据挖掘的研究内容是什么?

3. 数据仓库和数据库有何不同? 它们有哪些相似之处?

4. 简述以下高级数据库系统和应用领域:面向对象数据库、空间数据库、文本数据库、多媒体数据库。

5. 数据挖掘提取出的知识主要有哪些类型?

6. 简述数据仓库的组成。

第9章　数据库未来发展趋势

数据库的应用领域和研究领域在不断扩大,数据库技术与其他技术相结合,大大促进了数据技术的发展。本章以数据模型、数据库应用、数据库管理系统开发技术三个方面为主线,概述数据库的发展历程,展示了数据库学科在理论、应用和系统开发等研究和应用领域的主要内容和发展方向,目的在于提供一个宏观的、总体的数据库学科的视图,使读者既能了解数据库的新进展,又能了解数据库技术的来龙去脉,既能了解新的数据库分支的基础,又能了解这些分支之间的相互联系。

了解当前数据库技术的进展、研究数据库发展的动向、分析各种新型数据库的特点对数据库技术的研究和应用具有重大的意义。

数据库技术从20世纪60年代中期产生到今天仅仅有几十年的历史,但其发展速度之快、使用范围之广是其他技术所远不能及的。数据库系统已从第一代网状、层次数据库系统,第二代的关系数据库系统,发展到第三代以面向对象模型为主要特征的数据库系统。

数据库技术与网络通信技术、人工智能技术、面向对象程序设计技术、并行计算技术等互相渗透、互相结合,成为当前数据库技术发展的主要特征。

本章导读

- 数据库技术与多学科的有机结合
- 数据库与面向对象技术结合
- 数据库与应用领域的结合

9.1　数据库技术与多学科的有机结合

9.1.1　面向对象数据库技术

现代数据库应用储存对象的最重要特性之一是其绝对尺寸,对于非结构信息如声音、图形、图像、动画等多种音频、视频信息更是如此。例如,1 min 的压缩视频依据其压缩方法的不同需要10～30 MB的存储空间。如果用常规方法处理,视频剪辑和其他对象将会占用几乎所有资源,包括缓冲区和日志记录,从而会大大降低系统性能。虽然许多数据库系统可以存储大型对象,但一个真正的对象关系型系统必须提供特殊的方法,以提高大型对象应用的性能和尽量减少大型对象对系统资源的冲击。要解决这一问题,必然要将数据库技术与面向对象技术相结合,用面向对象数据库技术给予解决。数据库技术的发展与计算机技术的发展密切相关。数据库技术与其他学科的内容相结合,是新一代数据库技术的一个显著特征。面向对象的数据库技术就是数据库技术与面向对象技术相结合的产物。对象关系型数据库既非纯面向对象的数据库，也非纯的关系型数据库，它是二者的组合。

1. 面向对象关系型数据库的特点

对象关系型数据库结合了关系型和对象型的长处，具有以下特点。

(1)向下兼容性。任何关系数据库和应用都可以移植到对象关系型数据库中而不用重写。

(2)支持 SQL。数据库的标准语言 SQL 在对象关系数据库中仍然可以应用。

(3)关系与对象结合。面向对象与关系表达相结合在对象关系型数据库系统中语义上是清晰的，并且比单独的关系或对象表达更强有力，这使得设计紧凑、有效的数据库更为容易。

2. 对象型与关系型之间的关系

关系数据库方法是在一个最低级的层次上用一系列的表列和表行处理数据。面向对象的方法是在更高层次上处理数据，并处理包含着数据的对象。例如，在面向对象的数据库中处理客户时，是处理一个称为"客户"的对象；在处理一个订单时，引用一个称为"订单"的对象。因为对象数据库理解对象客户和所有与之相关的关系，所以它能容易地理解对象客户和所有与它一起工作的对象。

然而，在关系模型中"订单"实际上是许多不同的表的组合，并带有用来支持和维护一个订单所需属性的表。在关系数据库中操作一个客户的订单时，由于有大量的表，如客户表、清单表、价格表、流水账目表、客户历史表等，因此为处理这些表，程序员必须利用表间的连接来设计代码。可以看出，要操作一个订单，需要操作大量的表，对订单的更改可能会对支持它的基表产生重要的影响。为此，需要数据库设计者来设计新的关系和表示这些关系所涉及的表。在面向对象的模型中就不会这样，因为模型的改变具有继承性。

3. 对象和实例

面向对象的设计本质上是将对象模型直接转换为计算机应用，每一个实体都用系统中的一个对象表示。对象表示了真实世界实体的属性以及对这些属性的操作，即在设计对象时，既要设计对象的属性，还要设计对于这些属性所进行的操作(即方法)。对象关系型数据库系统处理对象就像在关系数据库中处理数据一样，能够存储和检索对象数据，并使用 SQL 作为与数据库进行通信的标准方式。更重要的是，对象关系型数据库系统还提供了一致性事务控制、安全备份和恢复、优秀的查询性能、锁定和同步以及可缩放等功能。对象是将属性和方法封装起来的一种实体，而对象实例则是对象的具体值。

由于一个完整的对象既有数据结构部分，又有程序部分，因此程序部分实际上是对象中的方法，即一个函数或过程。在对象关系型数据库中，从建立对象开始到实例化对象，再到调用对象方法解决实际问题，需经过许多环节。在对象关系型数据库中，对象是建立在数据字典中的，这就使得对象可以被具有访问权限的用户访问。对象关系型数据库除提供一般对象外，还提供了两个特殊对象，即行对象和列对象，这是对象关系型数据库中常用的对象，其对象操作和关系操作基本类似。

行对象就是以表的一行作为一个对象处理，包含行对象的表称为对象表。不难理解，在建立对象表之前，应首先建立对象。对象表中的每一行都包含了对象的一个实例，这样只有对象才能被插入。列对象就是使用列说明作为表的对象。操纵对象数据时，由于对象表的描述方式和关系表的描述很相似,因此仍然可以使用结构化查询语言,但不能直接使用其名字,必须使用特殊的数值运算符(VALUE)和对象指针运算符(REF),才能得到正确的对象结果。

与关系类型的数据不同,对于对象类型而言,只能比较是否相等,而不能比较大小,因此在使用 SQL 语言时,不能直接把 ORDERBY 或 DISTINCT 子句用于对象类型,而需要在定义对象时预先定义 MAP 和 ORDER 方法,才能比较对象类型的大小。

MAP 方法是一个标量类型的函数,不带任何参数。当数据库需要对对象进行排序时,可以调用 MAP 函数将对象转换为一种可以进行排序的类型,然后执行带排序子句的 SQL 语句就可以了。ORDER 方法与 MAP 不同的是可以接受一个参数,并返回所得到的参数。当调用 ORDER 函数后,仍然可以使用带排序子句的 SQL 语句。

9.1.2　时态数据库技术

时态数据库(Temporal Databases)技术是通信网络操作系统的基础。这些系统提供网络的维持、计划和规划等功能,网络电路和设施被模拟成相互连通的网络元素组成的复合对象。这些对象和对象之间联系的状态是随时间而变化的。为支持网络的维持、计划和规划的功能,这些系统不仅需要存储网络的当前状态,还需要存储网络的历史状态和未来有计划的变化状态。时态数据库主要研究下面两个问题。

1. 时态数据模拟和查询语言的设计

传统的数据模型只适合表示应用环境的当前状态,而时态信息则在信息空间中加入时间维。现在已提出许多模型来处理时态,但主要是在关系模型的基础上讨论。有人在概念设计时把 E－R 模型扩充成能处理时态,模型中还包含实体和联系的寿命。这个模型支持时态查询和更新语言及各种时态约束。

Bell 实验室已设计和实现了时态实体联系查询语言(SERQL),同时作为产品使用在电话网络规划系统中。

当前,也在研究时态如何与面向对象模型结合起来。

2. 时态查询处理和索引方法

索引时态数据和处理时态操作方面的研究刚起步。已有的存储技术基本上是把每个独立对象的时态版本连接或聚簇起来。这些技术不能有效地处理时态查询,如查询“某单位 2009 年 1 月 1 日在职职工人数”。

现在有人开发了新的索引模式,称为“TIME”索引,它能基于时间间隔索引时态数据项。TIME 索引能直接找到在某个特定时间内有效的版本。还有若干算法支持时态操作,如 when、select、temporal、joins 和时态聚合操作。例如,可执行如下查询:检索在姓名为 WANG 担任车间主任时,那个车间的所有职工姓名。根据模拟操作的结果,TIME 索引方法改善了与时态存取结构有关的时态查询的性能。

9.1.3　实时数据库技术

在国内企业信息化中,随着工厂控制计算机的普及与网络建设的深入,计算机目前主要应用于生产自动控制(DCS)、管理信息系统(MIS)和办公自动化(OA)。在控制层和管理层的计算机应用逐步形成了规模,但是这两个层次之间的数据交换很多企业仍是人工的,通过报表、电话等手段进行。这样,在管理层所获得的生产信息是间断的、局部的、滞后的，管理者不能及时掌握工厂的整体信息，这对于一些工厂（特别是像炼油、化工、纺织等流程工业）来说是远远不够的。

实时数据库系统能够及时地把控制层的实时生产数据传递至管理层，还能把管理者的指令反馈到控制层，在原本不应断裂的两个层次之间建立一个桥梁，使生产过程控制和管理相结合，同时它也是SMS（智能化工厂系统）的数据平台，工艺模拟、实时在线优化、先进控制、生产全过程管理等都是在实时数据库的基础上实现的，并且它提供了一整套专门用于生产的辅助管理工具。

实时数据库系统允许用户自主地收集、存储、查看、分析、控制、管理工厂信息，使生产更有效率。

在制造信息整合系统（Manufacturing Execution System，MES），能通过信息传递，对从订单下达到产品完成整个的生产过程进行优化管理。当工厂里面有实时事件发生时，MES能对此及时做出反应、报告，并用当前的准确数据对它们进行指导和处理。这种对状态变化的迅速响应使得MES能够减少企业内部没有附加值的活动，有效地指导工厂的生产运作过程，从而使其既能提高工厂及时交货能力、改善物料的流通性能，又能提高生产回报率。MES还通过双向的直接通信在企业内部和整个产品供应链中提供有关产品行为的关键任务信息。最重要的是集成技术，而实时数据库是集成技术的一个核心，它在工厂控制层（DCS、PLS等）与管理信息系统之间建立了实时的数据连接，使全生产过程和管理相结合。

近几年来，由于实时数据管理、异种网络通信和工业控制软件的出现，因此实时数据库系统能够应用于大型的连续化生产的行业（如石油化工、纸浆和造纸、食品和饮料、炼钢、发电等）。它的优势得到以下明显的体现。

（1）具有极大的灵活性，基本数据结构可以被修改，或者用户可以建立自己的数据结构来满足需要，通过对数据结构的重建和修改，提供一种完全灵活的数据库性能。

（2）开放的、友好的客户端接口，使用户可以最大限度地访问重要的过程数据，方便地访问全部的实时数据及历史数据。

（3）透明的、开放式的数据接口，用户可以在两个层次（通信协议和API函数）上进行功能扩充和二次开发，定制出适合自己需要的实时数据库系统。使用时间索引，历史数据转存后可永久保存。

（4）与多种实时数据库和关系数据库的接口，用户可方便地把实时数据从一个数据库导入另一个数据库而无须编程，成为数据共享的纽带。

（5）丰富的设备数据接口。可以和多种DCS、PLC及仪表进行通信。

（6）从Internet/Intranet数据查看。系统提供了一个实时数据的Web服务器。

（7）提供了多种ActiveX控件，用户可在自己开发的程序或超文本中方便地插入实时数据和历史曲线。

（8）提供了ODBC驱动程序，支持SQL语句查询，可以和Infoplus 2.1.PI联合使用，可以和Oracle、Sybase、Informix等交换数据，全部程序采用Visual C++编程，执行速度快。

应用实时数据库系统的经济效益是十分显著的，特别是对大型流程工业如石油、石化、化肥、冶金等来说。其主要的经济效益来自于对过程的监控以及对实时变化的过程进行及时的响应、快速的决策。特别是对管理层，利用实时数据库可以对生产过程进行快速准确的分析，以采取正确的管理方法。应用此类产品带给用户的主要经济效益如下。

(1)建立了一个标准的实时数据库平台,为先进控制和优化提供了保证。在流程工业,特别是石化企业,应用先进控制和优化技术以提高企业的效益已成为一种必然的趋势,而实时数据库是先进控制和优化的基础,如果它与其他产品(如在线仿真和流程模拟软件)一起应用会给企业带来更大的效益。

(2)由于实时数据库系统的集成作用,不仅可以将工厂控制层与管理信息系统集成起来,而且也可以将不同的控制设备如 DCS、PLC 等集成起来,因此工厂管理层可以实时地得到来自工厂过程的实时数据,这样就为管理信息系统的开发与应用提供了一个理想的平台,使管理信息系统实时、高效地运行。

(3)由于实时数据库系统具有很短的实施周期,因此用户可以很快地从应用中获得投资的回报,同时 Windows 的平台也使系统的安装与维护更加容易。

(4)通过对影响过程的运行状态的关键参数的监控,使生产的运行状态保持平稳。当生产状态发生变化时,可以及时地做出反应,避免装置及设备停车,这方面的效益是十分巨大的。

(5)通过对影响原材料用量的过程以及公用工程中水、电、气、风的用量的监测,可以及时地发现问题,特别是对生产调度人员来说,可以利用实时数据库及时地平衡公用工程及物料供应系统,以减少单耗,提高经济效益。

(6)优化生产过程,提高产品的产量及质量。

(7)可以利用实时数据优化生产过程。生产管理人员和工艺管理人员可以利用当前的和历史的数据对生产的工艺过程进行在线分析,进一步发现过程运行的规律,及时调整工艺参数,使过程处于优化状态。同时也可以通过对影响产量及质量的过程参数的监控,甚至可以根据统计规律对产品的质量数据进行在线分析,预测产品的质量,从而达到提高质量的目的。

(8)成本控制人员可以利用实时数据动态地监控生产成本,使成本控制发生在生产过程中,而不是在生产的完成后,以达到降低成本的目的。

(9)分析事故原因。可以利用当前的和长期的历史数据,对事故进行及时的分析,精确地定位事故发生的原因,以避免事故的再次发生。

9.1.4　主动数据库技术

主动数据库(Active Database)是相对于传统数据库的被动性而言的。许多实际的应用领域,如计算机集成制造系统、管理信息系统、办公室自动化系统中,常常希望数据库系统在紧急情况下能根据数据库的当前状态主动适时地做出反应,执行某些操作,向用户提供有关信息。传统数据库系统是被动的系统,它只能被动地按照用户给出的明确请求执行相应的数据库操作,很难充分适应这些应用的主动要求。因此,在传统数据库基础上,结合人工智能技术和面向对象技术提出了主动数据库。

主动数据库的主要目标是提供对紧急情况及时反应的能力,同时提高数据库管理系统的模块化程度。主动数据库通常采用的方法是在传统数据库系统中嵌入 ECA(即事件 - 条件 - 动作)规则,在某一事件发生时引发数据库管理系统去检测数据库当前状态,看是否满足设定的条件,若条件满足,便触发规定动作的执行。

为了有效地支持 ECA 规则,主动数据库的研究主要集中于解决以下问题。

1. 主动数据库的数据模型和知识模型

主动数据库的数据模型和知识模型即如何扩充传统的数据库模型,使之能描述、存储、管理 ECA 规则,适应于主动数据库的要求。

2. 执行模型

执行模型即 ECA 规则的处理和执行方式,是对传统数据库系统事务模型的发展和扩充。

3. 条件检测

条件检测是主动数据库系统实现的关键技术之一。由于条件的复杂性,因此如何高效地对条件求值对提高系统效率有很大的影响。

4. 事务调度

事务调度与传统数据库系统中的数据调度不同,事务调度不仅要满足并发环境下的可串行化要求,而且要满足对事务时间方面的要求。目前,对执行时间估计的代价模型是有待解决的难题。

5. 体系结构

目前,主动数据库的体系结构大多是在传统数据库管理系统的基础上,扩充事务管理部件和对象管理部件以支持执行模型和知识模型,并增加事件侦测部件、条件检测部件和规则管理部件。

6. 系统效率

系统效率是主动数据库研究中的一个重要问题,是设计各种算法和选择体系结构时应主要考虑的设计目标。

主动数据库是目前数据库技术中一个活跃的研究领域,近年来的研究已取得了很大的成果。当然,主动数据库还是一个正在研究的领域,许多问题还有待进一步研究解决。

9.2　数据库与面向对象技术结合

面向对象数据库系统(Object Oriented Database System,OODBS)是数据库技术与面向对象程序设计方法相结合的产物。

由于数据库技术在商业领域的巨大成功,因此数据库的应用领域迅速扩展。20 世纪 80 年代以来,出现了大量的新一代数据库应用。由于层次、网络和关系数据库系统的设计目标源于商业事务处理,因此它们面对层出不穷的新一代数据库应用显得力不从心。人们一直在研究支持新一代数据库应用的数据库技术和方法,试图研制和开发新一代数据库管理系统。

面向对象程序设计方法在计算机的各个领域,包括程序设计语言、人工智能、软件工程、信息系统设计以及计算机硬件设计等都产生了深远的影响。自然地,也给遇到挑战的数据库技术带来了机会和希望。人们发现,把面向对象程序设计方法和数据库技术相结合能够有效地支持新一代数据库应用。于是,面向对象数据库系统研究领域应运而生,吸引了相当多的数据库工作者,获得了大量的研究成果,开发了很多面向对象数据库管理系统,包括实验系统和产品。

有关面向对象(Object Oriented,OO)数据模型和面向对象数据库系统的研究在数据库研究领域是沿着以下三条路线展开的。

(1)第一条是以关系数据库和 SQL 为基础的扩展关系模型。例如,美国加州伯克利分校的 POSTGRES 就是以 INGRES 关系数据库系统为基础,扩展了抽象数据类型(Abstract Data Type,ADT),使之具有面向对象的特性(POSTGRES 后来成为 Illustrator 公司的产品,该公司又被 Informix 公司收购)。目前,Informix、DB2、Oracle、Sybase 等关系数据库厂商都在不同程度上扩展了关系模型,推出了对象关系数据库产品。

(2)第二条是以面向对象的程序设计语言为基础,研究持久的程序设计语言,支持 OO 模型。例如,美国 Onto logic 公司的 Onto 就是以面向对象程序设计语言 C ++ 为基础的,Servialogic 公司的 Gemstones 则是以 Smalltalk 为基础的。

(3)第三条是建立新的面向对象数据库系统,支持 OO 数据模型。例如,法国 O2 Technology 公司的 O2、美国 Itasca System 公司的 Itasca 等。

9.2.1　面向对象数据库语言

在 OODB 中,与对象模型密切相关的是面向对象数据库语言(OODB 语言)。OODB 语言用于描述面向对象的数据库模式,说明并操纵类定义与对象实例。OODB 语言主要包括对象定义语言(ODL)和对象操纵语言(OML)。对象操纵语言中的一个重要子集是对象查询语言(OQL)。

OODB 语言一般应具备以下功能。

1. 类的定义与操纵

面向对象数据库语言可以操纵类,包括定义、生成、存取、修改与撤销类。其中,类的定义包括定义类的属性、操作特征、继承性与约束等。

2. 操作/方法的定义

面向对象数据库语言可用于对象操作/方法的定义与实现。在操作实现中,语言的命令可用于操作对象的局部数据结构。对象模型中的封装性允许操作/方法由不同程序设计语言来实现,并且隐藏不同程序设计语言实现的事实。

3. 对象的操纵

面向对象数据库语言可以用于操纵(即生成、存取、修改与删除)实例对象。

数据库系统从网状模型到关系模型的进步使数据库查询语言从用户导航式的过程性语言进入到由系统自动选择查询路径的非过程性语言。但是非过程性语言的面向集合的操作方式又与高级程序设计语言的面向单个数据的操作方式之间产生了不协调现象,俗称阻抗失配。阻抗失配的根本原因在于关系数据库的数据模型和程序设计语言不一致。因此,对嵌入式数据库语言来说,不可避免地会产生阻抗失配。

但 OODB 不同,它的数据模型的概念来自面向对象的程序设计方法 OOP,因此作为某一面向对象的程序设计语言(OOPL)扩充的 OODB 语言,有望解决数据库系统中的阻抗失配问题。

但 OODB 语言又不同于 OOPL,它是对数据库操作的语言,要提供对数据库的操作功能。而 OOPL 的查询功能很弱,这是因为 OOPL 的查询采用的是导航方式,如定义图书为类,作者为属性。一般的 OOP 可从每一本书(图书类的对象实例)中找到它的所有作者,但不支持另一方向的查询,即从作者中查询他的所有作品,除非把作者也定义成一个类而把作品设置成属性。但这样的设计将在数据库中造成冗余。

此外，OOPL要求所有对象之间的相互通信都通过发送消息来实现。这种要求严重地限制了数据库应用。例如“查找作者为李伟的所有著作”，按照OOPL规范，就要向图书类的每个实例发送一个消息，检查它的作者。如果按照关系数据库来处理这个查询，可以在图书类上建立一个索引，索引字段为属性“作者”，这样就可以通过索引快速地查到“李伟的所有著作”。

因此，面向对象数据库语言的研制是OODB系统开发中的重要部分，人们试图扩充OOPL的查询语言或者扩充SQL的功能。

目前，还没有像SQL那样的关于面向对象数据库语言的标准，因此不同的OODBMS其具体的数据库语言各不相同。

9.2.2　面向对象数据库模式的演进

面向对象数据库模式是类的集合。模式为适应需求的变化而随时间变化称为模式的演进。模式演进包括创建新的类、删除旧的类、修改类的属性和操作等。在关系数据库系统中，模式的修改比较简单，主要有如下的模式修改操作。

(1)创建或删除一个关系。

(2)在关系模式中增加或删除一个属性。

(3)在关系模式中修改完整性约束条件。

OODB应用环境对OODB模式演进提出了许多新的要求，使得面向对象数据库模式的修改要比关系模式的修改复杂得多，其主要原因有如下几方面。

1. 模式改变频繁

使用OODB系统的应用通常需要频繁地改变OODB数据库模式。例如，OODB经常运用于工程设计环境中，设计环境特征之一就是不断变化。设计自身在不断变化，以纠正错误或修改设计使之更完美，更适合于实际。而当设计者对问题及其解决有更深刻的理解时也会修改模式。

2. 模式修改复杂

从OO模型特征可以看到，OO模型具有很强的建模能力和丰富的语义，包括类本身的语义、类属性之间和类之间丰富的语义联系，这使得模式修改操作的类型复杂多样。此外，OODB中模式演进往往是动态的，动态模式演进的实现技术更加复杂。

(1)模式的一致性。模式的演进必须保持模式的一致性。模式一致性是指模式自身内部不能出现矛盾和错误，它由模式一致性约束来刻画。模式一致性约束可分为唯一性约束、存在性约束和子类型约束等，满足所有这些一致性约束的模式则称为是一致的。

①唯一性约束条件要求名字的唯一性，例如：

a. 在同一模式中所有类的名字必须唯一；

b. 类中属性名和方法名必须唯一，包括从超类中继承的属性和方法，模式的不同种类的成分可以同名，如属性的名字和方法可以同名。

②存在性约束是指显式引用的某些成分必须存在，例如：

a. 每一个被引用的类必须在模式中定义，这种引用出现在属性说明、变量说明、变量定义等之中；

b. 每一个操作代码中调用的操作必须给出说明；

c. 对每一说明的操作必须存在一个实现程序。

③子类型约束,例如:

a. 子类/超类联系不能有环;

b. 不能有从多继承带来的任何冲突;

c. 如果只支持单继承,则子类的单一超类必须加以标明。

(2)模式演进对操作。下面给出一些主要的模式演进操作,OODBMS 应该支持这些模式演进。

①类集的改变。

a. 增加一个新的类。

b. 删除一个已有类。

c. 改变一个已有类名字。

②已有类成分的改变。

a. 增加新的属性或新的操作/方法。

b. 删除已有的属性或操作。

c. 改变已有属性的名字或类型。

d. 改变操作的名称或操作的实现。

③超类联系的改变。

a. 增加一新的超类。

b. 删除一已有超类。

3. 模式演进的实现

模式演进主要的困难是模式演进操作可能影响模式的一致性。面向对象数据库中类集的改变比关系数据库中关系模式的改变要复杂得多。例如,增加一新的类可能违背类名唯一的约束。为保持一致性,可能要做大量的一致性验证和修改工作,新增加的类必须放到相关类层次图中,如果新增加的类不是类层次图中的叶节点,则新增加类的所有后裔子类需要继承新类的属性和方法,因此要检查是否存在继承冲突问题。

又如,在面向对象数据库中删除一个类要执行多个操作。被删除类的所有子类继承的变量和方法必须被重新检查,并确认撤销了从被删除类继承的变量和方法。被删除类的实例或者改为其他类的实例(如改为被删除类的超类的实例),或者与该类一起被删除。

与上面的情况类似,类的修改操作可能会影响到其他类的定义。例如,改变一个类的属性名,需要所有使用该属性的地方都要改名。

因此,在 OODB 模式演进的实现中必须具有模式一致性验证功能,这部分的功能类似编译器的语义分析。

进一步,任何一个面向对象数据库模式修改操作不仅要改变有关类的定义,而且要修改相关类的所有对象,使之与修改后的类定义一致。

例如,要在一个类中增加一个属性,简单地保持一致性的方法是首先删除该类所有的实例然后修改类结构。对于已花费了大量人力物力保存起来的有价值信息来说,这种做法显然是不可取的。一般采用转换的机制来实现模式演进。

所谓转换方法,是指在 OO 数据库中,已有的对象将根据新的模式结构进行转换以适应新的模式。例如,在某类中增加一属性时,所有的实例都将增加该属性。这时还要处理新属性的初值,如给定默认初值,或提供算法来自动计算新属性初值,也可以让用户设定初值。删除某类中一属性时只需从该类的所有实例中删除相应属性值即可。

根据转换发生的时间可有以下不同的转换方式。

(1)立即转换方式。一旦模式变化,立即执行所有变换。

(2)延迟转换方式。模式变化后不立即执行,延迟到低层数据库载入时,或者延迟到该对象被存取时才执行变换。

前者的缺点在于系统为了执行转换将停顿一些时间;后者的缺点在于以后应用程序存取一个对象时,要把它的结构与其所属类的定义比较,完成必需的修改,运行效率将受到影响。

在实际的系统中,Gemstones 采用立即转换方式; Orion 则采用延迟转换方式,开始只执行逻辑变换,使用该对象时才变换成新的定义。

此外,通过多模式版本方式来完成转换也是一种有力的手段。当修改面向对象的数据库模式时,建立一个数据库模式新版本,保留旧版本,不废弃原数据库模式。这样,系统中同时存在多个数据库模式版本,这对于历史数据库的存取非常有利。但是,这种方法无疑将导致存储空间开销的增大。

如何实现面向对象数据库模式的演进是面向对象数据库系统研究的一个重要方向。

9.3　数据库与应用领域的结合

9.3.1　工程数据库

工程数据库是一种能存储和管理各种工程设计图形和工程设计文档,并能为工程设计提供各种服务的数据库。传统的数据库能很好地存储规范数据和进行事务处理,而在CAD/CAM、CIM、CASE 等 CAX 的工程应用领域,对具有复杂结构和工程设计内涵的工程对象以及工程领域中的大量“非经典”应用,传统的数据库无能为力。工程数据库正是针对工程应用领域的需求而提出来的,目的是利用数据库技术对工程对象有效地加以管理,并提供相应的处理功能及良好的设计环境。

工程数据库管理系统是用于支持工程数据库的数据库管理系统。工程数据库具有数据结构复杂,相互联系紧密,数据存储量大的特点,工程数据库管理系统的功能与传统数据库管理系统有很大的不同,主要应具有以下功能:

(1)支持复杂对象(如图形数据、工程设计文档)的表示和处理;

(2)可扩展的数据类型;

(3)支持复杂多样的工程数据的存储和集成管理;

(4)支持变长结构数据实体的处理;

(5)支持工程复杂事务和嵌套事务的并发控制和恢复;

(6)支持设计过程中多个不同数据版本的存储和管理;

(7)支持模式的动态修改和扩展;

(8)支持多种工程应用程序等。

在工程数据库的设计过程中,由于传统的数据模型难以满足工程应用的要求,因此需要运用当前数据库研究中的一些新的模型技术,如扩展的关系模型语义模型、面向对象的数据模型。

目前的工程数据库的研究和开发虽然已取得了很大的成绩,但要全面达到应用所要求的目标仍有待进一步努力。

9.3.2　统计数据库

统计数据库是一种用来对统计数据进行存储、统计、分析的数据库系统。

现实社会中对国民经济、科学技术、文化教育、国防军事、日常生活的大量调查数据是人类社会活动结果的实际反映,是重要的信息资源。采用数据库技术实现对统计数据的管理,对于充分发挥统计信息的作用具有重大的意义。

统计数据具有层次型特点,但并不完全是层次型结构;统计数据也有关系型特点,但关系型也不完全满足需要。概括起来,统计数据具有以下基本特性。

1. 分类属性和统计属性

统计数据库中的数据按语义可以分为两类:一类是用于统计分析的计量数据;另一类是用于说明计量数据的参数数据。例如,某系、某班、某年龄段的学生人数这一统计数据中,某系、某班、某年龄段这三个数据是参数数据,学生人数是计量数据。

2. 多维性

虽然一般统计表都是二维表,但统计数据实际上是多维的。例如,经济统计信息,由统计指标名称(如工业总产值)、统计时间(如1999年)、统计空间范围(如全国)、统计分组特性(如按行业)、统计度量种类(如万元)等相互独立的多种因素方可确切地定义出一批数据,反映在数据结构上就是一种多维性 。

表示参数数据的属性称为分类属性,计量数据的属性称为统计属性。分类属性的笛卡儿积构成了一个多维空间。计量数据是多维空间中的点,统计数据库可以看成多维空间中的点集。

多维性是统计数据最基本的特点。统计数据库的多维性确定了它的其他属性。

3. 分类属性的层次结构

分类属性具有复杂的层次结构。例如,上面提到的每个系有多个班,包括多个年龄段。这种层次结构可以用有向树来表示。每条从根到叶的路径对应一组分类属性的值,确定一个统计属性值。

4. 微数据和宏数据

统计数据库中的数据可分为两类:微数据(Micro Data)和宏数据(Macro Data)。微数据描述的是个体或事件的信息;而宏数据描述的是综合统计数据,它可以直接来自应用领域,也可以是微数据综合分析的结果。

统计数据库中常用的操作有抽样、邻近搜索、估计与插值、转置、聚集及复杂的分析操作。这些操作不同于关系数据库中传统的查询、增加、删除、修改操作。若把这些操作放在应用程序一级的统计软件包来实现,则系统效率会较低,所以人们希望统计数据库能从DMBS一级来支持以上的数据特性和操作。

目前,统计数据库研究的问题和技术如下。

(1)数据模型。人们已提出了概念统计模型、统计对象描述模型、统计关系表模型、代数语义数据模型等多种具有更丰富语义的数据模型,以便能够较好地描述统计数据及其语义。

(2)查询语言和用户接口。它是研究支持统计数据操作的各种查询语言。

①人们研究了基于扩展关系模型的查询语言,设计了关系代数、集合代数,矩阵代数和向量代数操作。

②人们研究了统计报表查询语言,把统计报表作为数据模型的数据对象,提供了直接在统计报表上进行统计分析的各种操作。

③人们研究了友善的用户接口,如基于自然语言的统计分析请求和直观清晰的统计分析结果显示。

(3)统计数据的物理组织。统计数据的多维性和稀疏性对数据的物理组织提出了很多新的要求,其中主要的技术包括:

①数据压缩;

②多维数据的物理组织。

统计数据库中分类属性数很多,有时可达数百个,而且分类属性值重复出现的频率极高,使得分类属性的多维空间十分稀疏。因此,数据压缩和解压缩是多维数据物理组织的重要技术。

统计数据库的多维性质使得多维数据结构成为统计数据库中重要的物理组织方法,人们提出了 GRID 文件、QUAD 树、K－D－B 树等多种多维数据结构。

(4)时序数据。统计数据的任何统计量都离不开时间因素,时间属性是统计数据中一个最基本的属性。从这个角度看,统计数据是时序数据。人们对时序数据的许多研究成果如时序数据操作(时序连接)、时序数据模型等可以用到统计数据库之中。

(5)统计数据库安全性。统计数据库在安全性方面有特殊的要求,要防止某些用户在统计数据库中利用对统计数据(如综合数据)的合法查询推导出该用户无权了解的某一个体的具体数据。

9.3.3　空间数据库

空间数据库的研究始于 20 世纪 70 年代的地图绘制与遥感图像处理领域,其目的是为了有效地利用卫星遥感资源迅速绘制出各种经济专题地图。传统数据库在空间数据的表示、存储、管理和检索上存在许多缺陷,从而形成了空间数据库这一新的数据库研究领域,它涉及计算机科学、地理学、地图制图学、摄影测量与遥感、图像处理等多个学科。

空间数据库系统是描述存储和处理空间数据及其属性数据的数据库系统,是随着地理信息系统(Geographical Information System)的开发和应用而发展起来的数据库新技术。空间数据库系统不是独立存在的系统,它与应用紧密结合,大多数作为地理信息系统的基础和核心的形式出现。空间数据是用于表示空间物体的位置、形状、大小和分布特征等诸方面信息的数据,适用于描述所有二维、三维和多维分布的关于区域的现象。

空间数据适用于描述多维分布的关于区域的现象。它的特点是不仅包括物体本身的空间位置及状态信息,还包括表示物体的空间关系(即拓扑关系)的信息。属性数据为非空间数据,用于描述空间物体的性质,对空间物体进行语义定义。

空间数据库技术研究的主要内容包括以下几方面:

1. 空间数据模型

空间数据模型是描述空间实体和空间实体关系的数据模型。一般来说,可以用传统的数据模型加以扩充和修改来实现,也可以用面向对象的数据模型来实现。空间数据库中常用的空间数据结构有矢量数据结构和栅格数据结构两种(图9.1)。

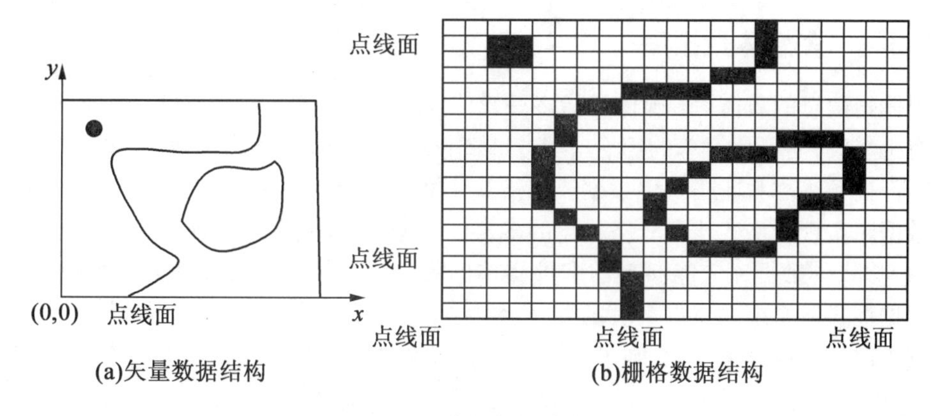

图9.1　空间数据结构

在矢量数据结构中,一个区域或一个地图被划分为若干个多边形,每个多边形由若干条线段或弧组成。每条线段或弧包含两个节点,节点的位置用(x,y)坐标表示。空间关系用点和边、边和面、面和岛之间的关系隐式或显式表示。矢量数据结构数据存储量小、图形精度高、容易定义单个空间对象,但是处理空间关系比较费时,常用于描述图形数据。

在栅格数据结构中,地理实体用栅格单元的行和列作为位置标识,栅格数据的每个元素(灰度)与地理实体的特征相对应。行和列的数目决定于栅格的分辨率(大小)。栅格数据简单,容易处理空间位置关系,但数据存储量大、图形精度低,常用于描述图像(和影像)数据。

2. 空间数据查询语言

空间数据查询包括位置查询、空间关系查询和属性查询,前两种查询是空间数据库特有的。查询的基本方式如下:

(1)面-面查询。例如,查询与某一面状物A相邻的多边形。

(2)线-线查询。例如,查询某一河流A的所有支流。

(3)点-点查询。例如,查询两点之间的距离。

(4)线-面查询。例如,查询铁路A穿过的所有城镇。

(5)点-线查询。例如,查询某一河流A(线)上的所有桥梁(点)。

(6)点-面查询。例如,查询某一城市A地图(面)中的所有医院(点)。

空间数据查询语言是为了正确表达以上查询请求。

3. 空间数据库管理系统

空间数据库管理系统的主要功能是提供对空间数据和空间关系的定义和描述、提供空间数据查询语言、实现对空间数据的高效查询和操作、提供对空间数据的存储和组织、提供对空间数据的直观显示等。可以想象,空间数据库管理系统比传统的数据库管理系统在数据的查询、操作、存储和显示等方面要复杂许多。

目前,以空间数据库为核心的地理信息系统的应用已经从解决道路、输电线路等基础设施的规划和管理,发展到更加复杂的领域。地理信息系统已经广泛应用于环境和资源管理、土地利用、城市规划、森林保护、人口调查、交通、商业网络等各个方面的管理与决策。例如,我国已建立了国土资源管理信息系统、黄土高原信息系统、洪水灾情预报和分析系统等,许多公司和研究所已研制了许多地理信息系统(GIS)软件产品。

9.3.4　多媒体数据库

媒体是信息的载体。多媒体是指多种媒体,如数字、字符、文本、图形、图像、声音和视频的有机集成,而不是简单的组合。其中,数字、字符等称为格式化数据;文本、图形、图像、声音、视频等称为非格式化数据。非格式化数据具有数据量大、处理复杂等特点。多媒体数据库实现对格式化和非格式化的多媒体数据的存储、管理和查询。

(1)多媒体数据库应能够表示多种媒体的数据。非格式化数据表示起来比较复杂,需要根据多媒体系统的特点来决定其表示方法。如果感兴趣的是它的内部结构且主要是根据其内部特定成分来检索,则可把它按一定算法映射成包含它所有子部分的一张结构表,然后用格式化的表结构来表示它;如果感兴趣的是它本身的内容整体,要检索的也是它的整体,则可以用源数据文件来表示它;文件由文件名来标记和检索。

(2)多媒体数据库应能够协调处理各种媒体数据,正确识别各种媒体数据之间在空间或时间上的关联。例如,关于乐器的多媒体数据包括乐器特性的描述、乐器的照片、利用乐器演奏某段音乐的声音等。这些不同媒体数据之间存在着自然的关联,如多媒体对象在表达时必须保证时间上的同步特性。

(3)多媒体数据库应提供比传统数据管理系统更强的,适合非格式化数据查询的搜索功能。例如,可以对 Image 等非格式化数据进行整体和部分搜索。

(4)多媒体数据库应提供特种事务处理与版本管理的能力。

9.3.5　知识库

知识库系统是数据库和人工智能两种技术结合的产物。目前,已成为数据库研究的热门课题之一。

数据库和人工智能是计算机科学两个十分重要的领域,它们相互独立发展,在各自的领域取得突出成就并获得了广泛的应用。然而,它们各自都存在着突出的问题和矛盾。

一方面,现有的 AI 系统(如专家系统)可以使用成百上千条基于规则的知识去进行启发式搜索与推理,却缺乏高效检索访问事例库和管理大量数据和规则的能力;另一方面,现有的 DBMS 已发展到可以处理海量数据和大量商业事务的水平,却缺乏表达和处理 AI 系统中常见的规则和知识,以提高数据库的演绎、推理能力。人们认识到 AI 和 DB 技术相结合可以克服单方面研究的局限性,彼此取长补短更具有共同发展的广阔前景。

在数据库技术中引入人工智能技术,多年来是沿着数据库的智能化和智能化的数据库这两个途径发展的。

1.数据库的智能化

所谓数据库的智能化,是指把数据库视为一个 AI 系统或专家系统,借鉴 AI 技术来提高 DBMS 的表达、推理和查询能力。例如:

(1)用知识表示方法来描述 DBMS 中的数据模型、完整性约束条件、安全性约束条件;

(2)将更多的语义信息以知识表示形式存入系统,利用知识表示与搜索方法去描述和开发复杂对象的数据库系统,以扩展数据库的应用领域;

(3)开发智能化的用户界面,它能以自然语言理解的形式为用户使用数据库提供灵活、方便、友好的用户界面,建立数据库的用户界面管理系统,提供用户使用数据库的经验和知识。

2. 智能化的数据库

所谓智能化的数据库,是指扩大数据库的功能,使其不仅具有传统数据库的现有功能,还具有一些 AI 能力,以提高数据库的演绎、推理功能和智能化的程度。

(1)数据库的演绎功能。能从现有的数据库的数据中演绎和导出一些新数据。具有这种功能的数据库称为演绎数据库系统。

(2)数据库的搜索功能。将数据库中的操作与 AI 中的问题求解、搜索技术结合,适当扩充其功能,使数据库具有智能搜索能力。

(3)数据库的问题求解能力。扩大数据库功能,使之成为能共享信息的、面向知识处理的问题求解系统。这种系统称为专家数据库系统。

(4)数据库的归纳功能。能将数据库中的数据归纳成规则,存入知识库,进一步可使数据库具有学习能力。

(5)数据库的知识管理能力。在数据库管理事实(数据)的基础上加以扩充,使其具有管理规则的功能即管理知识的能力,从而形成一个知识库及知识库管理系统。

总之,在数据库领域引进 AI 的思想和方法,并将这两种技术有效地结合起来,必将为克服传统数据库技术的缺陷、不足和解决各种难题提供新的方法与手段。

这里要说明一点,由于知识库的概念来自数据库和人工智能(及其分支——知识工程)这两个不同的领域,因此数据库界(从数据库的角度引入 AI 技术)和人工智能界(从 AI 的角度引入数据库技术)对知识库有着不同的理解和定义。

通常,从数据库角度引入 AI 技术来开发具有智能的数据库系统,主要是从逻辑程序设计的观点出发进行知识库系统的研究,以改进和扩充数据库的功能和执行效率。其功能体现在演绎(推理)能力的扩充、语义知识的引入、知识的获取、知识和数据的有效组织及管理等方面,而效率则体现在数据库对用户查询的快速响应与查询优化上。

例如,J. D. Ullman 定义一个知识库系统是具有如下两种特征的逻辑程序设计系统:一是有一个既作为查询语言又作为宿主语言的描述性语言;二是支持数据库系统的主要功能,如支持大批量的数据的高效存取、数据共享、并发控制及错误恢复等。

另一个知识库系统的定义是 D. H. Warren 给出的。他认为,一个知识库系统是能够有效地处理中等规模知识库(由 30 000 个谓词、3 万条规则和 300 万个事实组成,总存储量达 30 MB)的逻辑程序设计系统。

以上知识库系统的定义代表了数据库专家对知识库的理解。

从 AI 角度所理解的知识库系统更为广泛,通常是指利用人类所认识的各种知识进行推理、联想、学习和问题求解的智能计算机信息系统。在 AI 研究中,将数据定义为特定实例(事实)的信息,而知识则定义为一般(抽象)概念信息。从 AI 角度来看待的知识库系统,其主要操纵和管理的对象是知识。

目前,多数数据库工作者将知识库系统视为智能数据库系统。但多数 AI 工作者认为,由于知识库和智能数据库操纵和管理的对象不同(是数据还是知识),加之目前在 AI 领域,知识库已成为实现专家系统及其他知识处理系统的主要组成部分而独立出来的一门学科,因此他们主张将知识库系统与智能数据库系统区别开来。

可知,推动数据库技术前进的原动力是应用需求和硬件平台的发展。正是这些应用需求的提出，推动了特种数据库系统的研究和新一代数据库技术的产生和发展，而新一代数据库技术也首先在这些特种数据库中发挥了作用，得到了应用。

从这些特种数据库系统的实现情况来分析，可以发现它们虽然采用不同的数据模型，但都带有 OO 模型的特征。具体实现时，有的是对关系数据库系统进行扩充，有的则是从头做起。

人们会问，难道不同的应用领域就要研制不同的数据库管理系统吗？能否像第一、第二代数据库管理系统那样研制一个通用的、能适合各种应用需求的数据库管理系统呢？这实际上正是第三代数据库系统研究探索的问题，或者说是第三代数据库系统的数据模型即面向对象数据模型研究探索的问题。

人们期望第三代数据库系统能够提供丰富而又灵活的建模能力，具有强大而又容易适应的系统功能，从而能针对不同应用领域的特点，利用通用的系统模块比较容易地构造出多种多样的特种数据库。

9.4　小　　结

本章以数据模型、数据库新技术内容、数据库应用领域为三条主线，阐述了新一代数据库系统及其相互关系，并从这三个方面介绍了数据库技术的进展。

(1)数据库技术发展的核心是数据模型的发展。

(2)传统的数据库技术和其他计算机技术的互相结合、互相渗透是数据库新技术的主要特征。

(3)数据库技术在特定领域的应用使数据库的应用范围不断扩大，从而为数据库技术的发展提供了源源不断的动力。

4. 介绍了数据库大家庭中的主要成员以及面向特定领域的工程数据库系统、统计数据库系统、空间数据库系统、多媒体数据库系统和知识库系统。

9.5　习　　题

一、选择题

1. 知识库系统是(　　)。

A. 数据库技术与人工智能技术相结合的产物

B. 数据库技术与存储技术相结合的产物

C. 数据库技术与面向对象技术相结合的产物

D. 数据库技术与硬件技术相结合的产物

2. (　　)技术是通信网络操作系统的基础。

A. 时态数据库　　B. 统计数据库　　C. 工程数据库　　D. 空间数据库

3. 第三代数据库系统是以(　　)为主要特征的。

A. 网状、层次数据库系统　　B. 关系数据库系统

C. 面向对象模型　　D. 文件型数据库系统

4.(　　)不是当前数据库技术发展的主要特征。

A. 网络通信技术　　B. 人工智能技术

C. 面向对象程序设计技术　　D. 层次数据库系统

5. 第二代数据库系统是以(　　)为主要特征的。

A. 网状、层次数据库系统　　B. 关系数据库系统

C. 面向对象模型　　D. 文件型数据库系统

二、填空题

1. 数据库技术与________、________、________、________等互相渗透、互相结合,成为当前数据库技术发展的主要特征。

2. 数据库系统已从第一代的________、第二代的________,发展到第三代以________为主要特征的数据库系统。

3. ________的数据库技术就是数据库技术与面向对象技术相结合的产物。

4. ________技术是通信网络操作系统的基础。

5. ________是一种用来对统计数据进行存储、统计、分析的数据库系统。

6. ________是一种能存储和管理各种工程设计图形和工程设计文档,并能为工程设计提供各种服务的数据库。

7. ________是用于表示空间物体的位置、形状、大小和分布特征等诸方面信息的数据,适用于描述所有二维、三维和多维分布的关于区城的现象。

8. ________实现对格式化和非格式化的多媒体数据的存储、管理和查询。

9. ________是数据库和人工智能两种技术结合的产物。

三、简答题

1. 试述数据库技术的发展过程。

2. 当前数据库技术发展的主要特征是什么?

3. 第三代数据库系统的主要特点是什么?

4. 试述数据模型在数据库系统发展中的作用和地位。

5. 请用实例阐述数据库技术与其他学科的技术相结合的成果。

6. 什么是工程数据库?

7. 什么是统计数据库?

8. 什么是空间数据库?

9. 什么是多媒体数据库?

第 10 章　数据库应用系统的开发

本章通过一个数据库应用系统实例的开发过程，介绍数据库应用系统设计方法和数据库应用系统的体系结构。无论是面向数据的数据库应用系统还是面向处理的数据库应用系统，第一步都要做好数据库的设计。数据库所存储的信息能否正确地反映现实世界，在运行中能否及时、准确地为各个应用程序提供所需的数据，关系到以此数据库为基础的应用系统的性能。因此，设计一个能够满足应用系统中各个应用要求的数据库，是数据库应用系统设计中的一个关键问题。

本章导读

- 数据库应用程序设计方法
- 数据库应用程序的体系结构
- 数据库应用程序开发
- 数据库应用系统设计实例

10.1　数据库应用程序设计方法

按照传统的软件开发方法，开发一个应用程序应该遵循“分析—设计—编码—测试”的步骤，分析的任务是弄清让目标程序“做什么”(what)，即明确程序的需求。设计则为了解决“怎样做”(how)，又可以分成两步走：第一步称为概要设计，用于确定程序的总体结构；第二步称为详细设计，目的是决定每个模块的内部逻辑过程。然后便是编码，使设计的内容能通过某种计算机语言在机器上实现。最后是测试，以保证程序的质量。

数据库应用程序开发通常情况下采取以下几个步骤，即应用程序总体设计—模块设计和编码设计，下面主要从应用程序设计方面加以说明。

1. 应用程序总体设计

通常，一个应用系统总体可以划分为若干个子系统，而每个子系统又可以划分为若干个程序模块。总体设计的任务，就是根据功能分析所得到的系统需求，自顶向下地对整个系统进行功能分解，以便分层确定应用程序的结构。图 10.1 所示为用层次图(简称 HC 图)显示系统的总体结构。图中顶层为总控模块，次层为子系统的控制模块，第三层为功能模块，它们是应用程序的主体，借以实现程序的各项具体功能。自此以下为操作模块层，其任务是完成功能模块中的各种特定的具体操作，操作模块可以不止一层。划分模块时，应注意遵守“模块独立性”的原则，尽可能使每个模块完成一项独立的功能，借以增强模块内部各个成分之间的块内联系，减少存在于模块相互之间的块间联系。

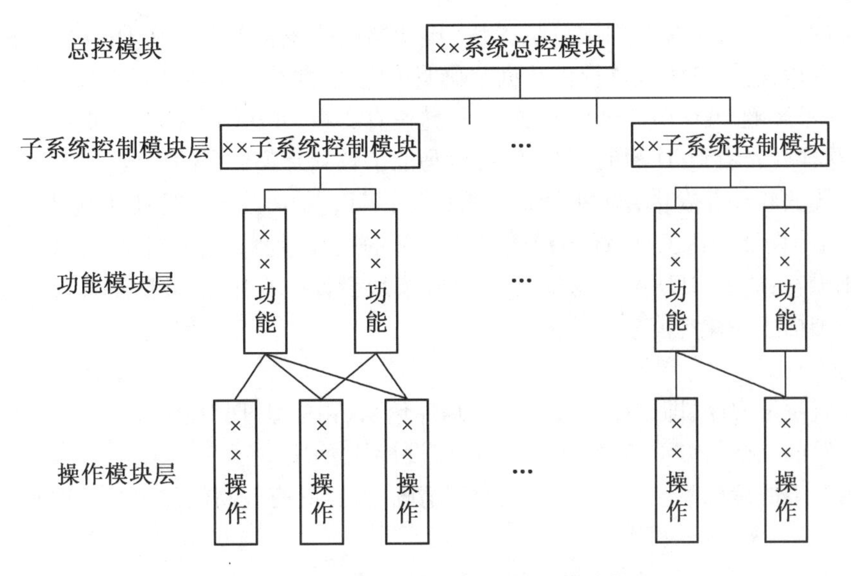

图10.1 用层次图显示系统的总体结构

为提高模块的利用率,可以将操作模块层的模块设计成"公用"模块,使同一模块能够供多个同层的模块调用。因此,一个典型的应用程序通常有两头小中间大的总体结构,典型的两头小中间大的总体结构如图10.2所示。上半部分因自顶向下分解,由小变大;下半部分因模块公用,又由大变小。系统层是总程序的控制模块。

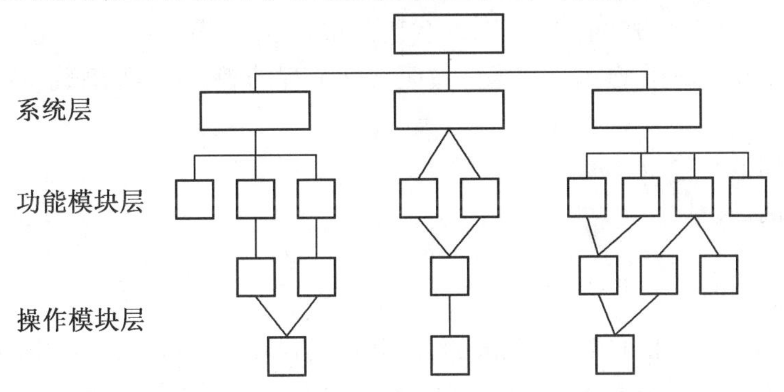

图10.2 典型的两头小中间大的总体结构

2. 模块设计

数据库应用程序的模块设计一般可包括确定模块基本功能和画出模块数据流图这两个步骤。

总体结构确定后首先要对HC图中的所有模块逐个确定其基本功能,一般应包括模块的输入、输出和主要处理功能。然后,可以用数据流图(Data Flow Diagram,DFD)画出每个模块从接受输入数据起,怎样逐步地通过加工或处理,生成所需要的输出数据的全部流程。

DFD图是传统软件开发中一种常用的工具,它通过描述数据从输入到输出所经历的加工或处理,勾画出应用程序的逻辑模型。与流程图等工具相似,它表达的范围可大可小,内容也可粗可细,从整个应用程序到其中的单个模块都可用这种图来描述。在数据库应用系统的开发中,它主要用来分析模块,建立模块的逻辑模型。在 DFD 图上出现的数据流或数据库文件,其组成均应由数据字典明确定义,并载入字典条目卡片。但有时为方便查阅,在不影响 DFD 图清晰性的前提下,允许直接在 DFD 图上标明个别数据流或文件的组成,这样在查看 DFD 图的同时,就可以马上了解到有关数据的组成。

在传统的软件开发中,模块设计又称详细设计,其中心任务是使用伪代码或 N – S 图、PAD 图等设计表达工具,详细描述模块内部的逻辑过程。但由于数据库语言通常是非过程化语言,加上 DFD 本身的特点,因此在模块设计中直接用 DFD 图来代替模块逻辑过程的详细描述往往更能事半功倍。

3. 编码测试

编码就是编程序,即按照所选择的数据库语言,由模块 DFD 图直接写出应用程序的代码。编码的风格与方法应遵循结构化程序设计的原则。

编码产生的源程序应该正确可靠、简明清晰,而且具有较高的效率。在编码中应该尽量做到:

(1)尽可能使用标准的控制结构;

(2)要有规律地使用控制语句;

(3)要实现源程序的文档化;

(4)尽量使程序满足运行工程学的输入和输出风格。

编码完成后要进行软件的测试。应用程序的测试通常和数据库的测试结合进行。软件测试是为了发现错误而执行程序的过程,它是提高软件质量的重要手段,在软件开发中占重要的地位。测试的方法有人工测试(代码复审)和机器测试(动态测试),在机器测试中可用黑盒测试技术和白盒测试技术。按照软件工程的观点,软件测试包括下面几个层次的测试:

(1)单元测试;

(2)综合测试;

(3)确认测试;

(4)系统测试。

其中,单元测试是在编码阶段完成的;综合测试和确认测试则是在测试阶段完成的;系统测试是指整个计算机系统的测试,可与系统的安装与验收结合进行。在对规模不太大的应用程序进行测试时,若发现程序有错,可以采用下面几种测试技术,迅速找出并纠正其中的错误。

(1)在程序的合适位置临时增加一些输出命令,输出某些变量的中间结果或者把对用户有用的信息反馈出来,可以帮助分析错误的原因进而纠正错误。

(2)通过对系统环境参数的设置来获得更多的运行信息。例如,由 SET 命令的设置可以得到更多的运行信息。

(3)在程序中设置断点,使它在预定的地方自动停止运行,可以分段观察与分析程序的执行情况。

(4)如果分段观察仍未找到出错的位置,可以逐条跟踪程序的运行进程,从而找出错误。

(5)将程序分解为若干个小的部分,分别执行,以缩小错误的范围。

10.2 数据库应用程序的体系结构

随着计算机系统功能的不断增强和计算机应用领域的不断拓展,数据库应用系统的环境也在不断变化,数据库系统体系结构的研究与应用也不断地取得进展。当前最常见的数据库系统的体系结构是分布式数据库系统和客户机/服务器系统。本节介绍关于分布式数据库系统、客户机/服务器系统的结构,并介绍开放式数据库的互联技术(ODBC)。

10.2.1 分布式数据库系统

分布式数据库是由一组数据组成的,这组数据分布在计算机网络的不同计算机上,网络中的每个节点都具有独立处理的能力(称为场地自治),可以执行局部应用。同时,每个节点也能通过网络通信子系统执行全局应用。

这个定义强调了场地自治性以及自治场地之间的协作性,即每个场地是独立的数据库系统,它有自己的数据库、自己的用户、自己的CPU,运行自己的DBMS,执行局部应用,具有高度的自治性。同时,各个场地的数据库系统又相互协作组成一个整体。这种整体性的含义是,对于用户来说,一个分布式数据库系统从逻辑上看就如同一个集中式数据库系统,用户可以在任何一个场地执行全局应用。

分布式数据库系统是在集中式数据库系统技术的基础上发展起来的,但不是简单地把集中式数据库分散地实现,它是具有自己的性质和特征的系统。集中式数据库的许多概念和技术,如数据独立性、数据共享和减少冗余度、并发控制、完整性、安全性和恢复等,在分布式数据库系统中都有不同的但更加丰富的内容。

1. 数据独立性

数据独立性是数据库系统的主要目标之一。在集中式数据库系统中,数据独立性包括数据的逻辑独立性与数据的物理独立性,其含义是用户程序与数据的全局逻辑结构及数据的存储结构无关。

在分布式数据库系统中,数据独立性这一特性更加重要,并具有更多的内容。除数据的逻辑独立性与物理独立性外,还有数据分布独立性亦称分布透明性。分布透明性指用户不必关心数据的逻辑分布,不必考虑数据物理位置分布的细节,也不必关心重复副本(冗余数据)的一致性问题,同时也不必关心局部场地上数据库支持哪种数据模型。分布透明性也可以归入物理独立性的范围。

有了分布透明性,用户的应用程序书写起来就如同数据没有分布一样,当数据从一个场地移到另一场地时不必改写应用程序,当增加某些数据的重复副本时也不必改写应用程序。数据分布的信息由系统存储在数据字典中。用户对非本地数据的访问请求由系统根据数据字典予以解释、转换和传送。

在集中式数据库系统中,数据独立性是通过系统的三级模式(外模式、模式、内模式)和它们之间的二级映像得到的。在分布式数据库系统中,分布透明性则是引入了新的概式和模式间的映像得到的。

2. 集中与自治相结合的控制结构

数据库是多个用户共享的资源。在集中式数据库系统中,为保证数据库的安全性和完整性,对共享数据库的控制是集中的,并设有 DBA 负责监督和维护系统的正常运行。

在分布式数据库系统中,数据的共享有以下两个层次。

(1)局部共享。即在局部数据库中存储局部场地上各用户的共享数据,这些数据是本场地用户常用的。

(2)全局共享。即在分布式数据库系统的各个场地也存储供其他场地的用户共享的数据,支持系统的全局应用。

因此,相应的控制结构也具有两个层次:集中和自治。分布式数据库系统常常采用集中和自治相结合的控制结构。各局部的 DBMS 可以独立地管理局部数据库,具有自治的功能。同时,系统又设有集中控制机制,协调各局部 DBMS 的工作,执行全局应用。对于不同的系统,集中和自治的程度不尽相同。有些系统高度自治,连全局应用事务的协调也由局部 DBMS、局部 DBA 共同承担,而不要集中控制,不设全局 DBA。有些系统则集中控制程度较高,而场地自治功能较弱。

3. 适当增加数据冗余度

在集中式数据库系统中,尽量减少冗余度是系统目标之一,其原因是冗余数据不仅浪费存储空间而且容易造成各数据副本之间的不一致。为保证数据的一致性,系统要付出一定的维护代价。减少冗余度的目标是用数据共享来达到的。

在分布式数据库系统中,却希望适当增加冗余数据,在不同的场地存储同一数据的多个副本,主要原因如下。

(1)提高系统的可靠性、可用性。当某一场地出现故障时,系统可以对另一场地上的相同副本进行操作,不会因一处故障而造成整个系统的瘫痪。

(2)提高系统性能。系统可以选择用户最近的数据副本进行操作,减少通信代价,改善整个系统的功能。

但是,数据冗余同样会带来和集中式数据库系统中一样的问题。不过,冗余数据增加存储空间的问题将随着硬件磁盘空间的增大和价格的下降得到解决,而冗余副本之间数据不一致的问题则是分布式数据库系统必须着力解决的问题。

一般来说,增加数据冗余度方便了检索,提高了系统的查询速度、可用性和可靠性,但不利于更新,增加了系统维护的代价。因此,应在这些方面做出权衡,进行优化。

4. 全局的一致性、可串行性和可恢复性

分布式数据库系统中各局部数据库应满足集中式数据库的一致性、可恢复性和并发事务的可串行性。此外,还应保证数据库的全局一致性、系统的全局可恢复性和全局并发事务的可串行性。这是因为在分布式数据库系统中全局应用要涉及两个以上节点的数据,全局事务可能由不同场地上的多个操作组成。例如,某银行转账事务包括两个节点上的更新操作。这样,当其中某一个节点出现故障时,操作失败后如何使全局事务回滚?若操作已完成或已完成部分,如何使另一个节点撤销已执行的操作?若操作尚未执行,则不必再执行该事务的其他操作。这些技术要比集中式数据库系统复杂和困难得多,是分布式数据库系统必须要解决的。

5. 分布式数据库系统的目标

分布式数据库系统的目标主要包括技术和组织两方面,具体可表述为以下几点。

(1)适应部门分布的组织结构,降低费用。使用数据库的单位在组织上常常是分布的(如分为部门、科室、车间等),在地理上也是分布的。分布式数据库系统的结构应符合部门分布的组织结构,允许各个部门对自己常用的数据存储在本地,在本地录入、查询、维护,实行局部控制。由于计算机资源靠近用户,因此可以降低通信代价,提高响应速度,使这些部门使用数据库更方便、更经济。

(2)提高系统的可靠性和可用性。改善系统的可靠性和可用性是分布式数据库系统的主要目标之一。将数据分布于多个场地,并增加适当的冗余度可以提供更好的可靠性。对于那些可靠性要求较高的系统,这一点尤其重要。一个场地出了故障不会引起整个系统崩溃,因为故障场地的用户可以通过其他场地进入系统,而其他场地的用户可以由系统自动选择存取路径,避开故障场地,利用其他数据副本执行操作,不影响事务的正常执行。

(3)充分利用数据库资源,提高现有集中式数据库的利用率。当在一个大企业或大部门中已建成若干个数据库之后,为利用相互的资源和开发全局应用,就要研制分布式数据库系统。这种情况可称为以自底向上的方式建立分布式系统。这种方法虽然也要对向现存的局部数据库系统做某些改动和重构,但比起把这些数据库集中起来重建一个集中式数据库,无论从经济还是从组织上考虑,分布式数据库都是较好的选择。

(4)逐步扩展处理能力和系统规模。当一个单位扩大规模,要增加新的部门(如银行增加新的分行,工厂增加新的科室、车间)时,分布式数据库系统的结构为扩展系统的处理能力提供了较好的途径,即在分布式数据库系统中可以灵活地增加一些新的节点。这样比在集中式系统中扩大系统规模要方便、灵活、经济得多。在集中式系统中,扩大规模常用的方法有两种:一种是在开始设计时留有较大的余地,但这样容易造成浪费,而且由于预测困难,设计结果仍可能适应不了情况的变化;另一种方法是系统升级,这会影响现有应用的正常运行,并且当升级涉及不兼容的硬件或系统软件有了重大修改而要相应地修改已开发的应用软件时,升级的代价就十分昂贵,常常使得升级的方法不可行。分布式数据库系统能方便地将一个新的节点纳入系统,不影响现有系统的结构和系统的正常运行,提供了逐渐扩展系统能力的较好途径,有时甚至是唯一的途径。

10.2.2　分布式数据库系统

分布式数据库系统的体系结构在原来集中式数据库系统的基础上增加了分布式处理功能,比集中式数据库系统增加了四级模式和映像。

1. 分布式数据库系统的模式结构

图10.3所示为分布式数据库系统模式结构的示意图。在图的下半部分,就是原来集中式数据库系统的结构,只是加上"局部"二字。实际上每个"局部"都是一个相对独立的数据库系统。图的上半部分增加了四级模式和映像,各级模式如下。

(1)全局部外模式。全局应用的用户视图,是全局概念模式的子集。

(2)全局概念模式。定义分布式数据库系统的整体逻辑结构,它的功能主要是局部模式的映像。为便于向其他模式映像,一般采取关系模式,其内容包括一组全局关系的定义。

(3)分片模式。全局关系可以划分为若干个不相交的部分,每个部分就是一个片段。分片模式定义片段以及全局关系到片段的映像。一个全局关系可以定义多个片段,每个片段只能来源于一个全局关系。

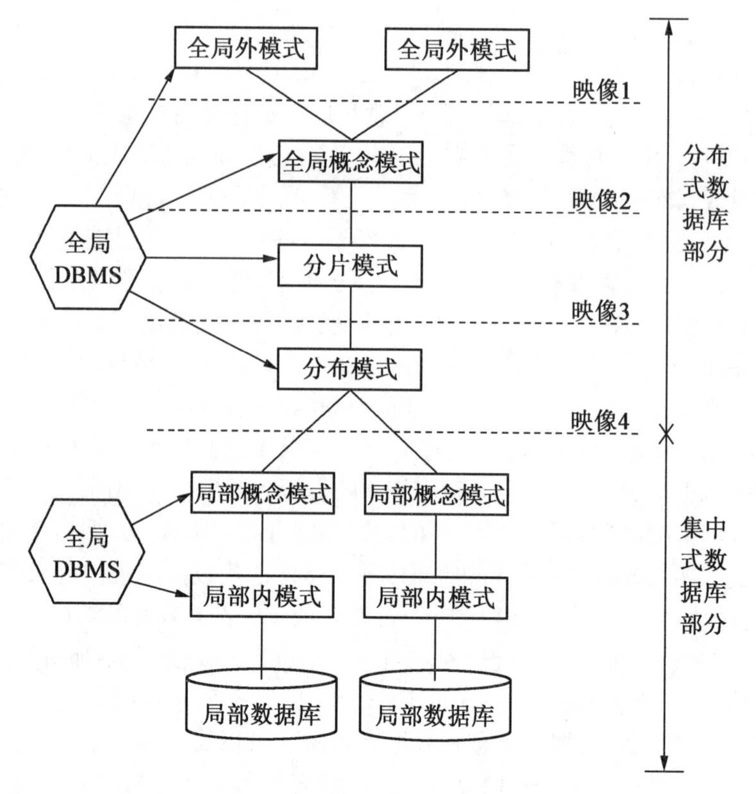

图 10.3　分布式数据库系统的模式结构

(4)分布模式。一个片段可以物理地分配在网络的不同节点上,分布模式定义片段的存放节点。如果一个片段存放于多个节点,就是冗余的分布式数据库,否则是非冗余的分布式数据库。

由分布模式到各个局部数据库的映像,把存储在局部节点的全局关系或全局关系的片段映像为各个局部概念模式。局部概念模式采用局部节点上 DBMS 所支持的数据模型。

分片模式和分布模式是定义全局的,在分布式数据库系统中增加了这些模式和映像使得分布式数据库系统具有了分布透明性。

2. 分布透明性

分布透明性是分布式数据库系统的重要特征,透明性层次越高,应用程序的编写就越简单、方便。通常情况下包括分片透明性、位置透明性和局部数据模式透明性。

(1)分片透明性。这是全局分布透明性的最高层次。用户或应用程序只考虑对全局关系的操作而不必考虑关系的分片,当分片模式改变时,通过全局概念模式到分片模式的映像(映像 2),全局模式不变,从而应用程序不变,这就是分片透明性。

(2)位置透明性。是全局分布透明性的下一层。用户或应用程序不必了解片段的具体存储地点(场地),当场地改变时,通过分片模式到分布模式的映像(映像 3),应用程序不变,并且即使在冗余存储的情况下,用户也不必考虑如何保持副本的数据的一致性,这就是位置透明性。

(3)数据模式透明性。用户或应用程序不必考虑场地使用的是哪种数据模式和哪种数据库语言,这些转换是通过分布模式与局部概念模式之间的映像(映像 4)来实现的。

在分布式数据库系统中,由分布式数据库管理系统(D-DBMS)来管理各类数据处的问题,特别是有关查询优化和并发控制的问题,这方面软件的工作要比集中式数据库系统复杂得多。

10.2.3　客户机/服务器系统

与分布式数据库系统一样,客户机/服务器系统是在计算机网络环境下的数据库系统。首先介绍“分布计算”的概念。

1. 分布计算

分布计算的主要含义如下。

(1)处理的分布。数据是集中的,处理是分布的。网络中各节点上的用户应用程序从同一个集中的数据库存取数据,而由各自节点上的计算机进行应用处理。这是单点数据、多点处理的集中式数据库模式。数据在物理上是集中的,仍属于集中式的 DBMS。

(2)数据的分布。数据分布在计算机网络的不同计算机上,逻辑上是一个整体。网络中的每个节点具有独立处理的能力,可以执行局部应用,同时,每个节点也能通过网络通信子系统执行全局应用,这就是前面介绍的分布式数据库。

(3)功能的分布。将在计算机网络系统中的计算机按功能区分,把 DBMS 功能与应用处理功能分开。在计算机网络系统中,把进行应用处理的计算机称为“客户机”,把执行 DBMS 功能的计算机称为“服务器”,这样组成的系统就是客户机/服务器系统。

2. 客户机/服务器系统的结构

客户机/服务器结构的基本思路是计算机将具体应用分为多个子任务,由多台计算机完成。客户机端完成数据处理用户接口等功能,服务器端完成 DBMS 的核心功能。客户机向服务器发出信息处理的服务请求,系统通过数据库服务器响应用户的请求,将处理结果返回客户机。客户机/服务器结构有单服务器结构和多服务器结构两种方式。数据库服务器是服务器中的核心部分,它实施数据库的安全性、完整性、并发控制处理,还具有查询优化和数据库维护的功能,图 10.4 所示为客户机/服务器系统结构的示意图(单服务器结构)。

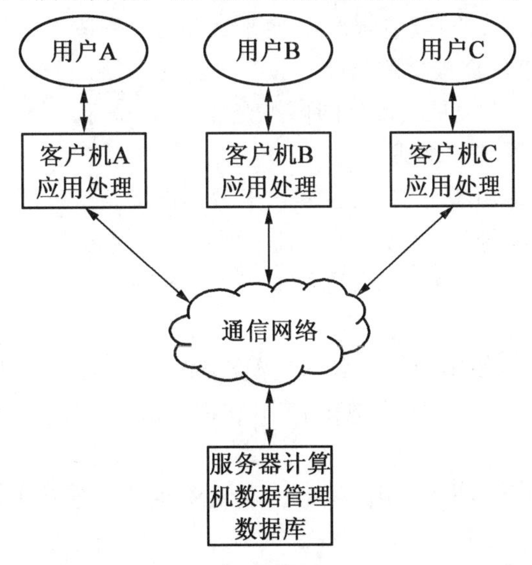

图 10.4　客户机/服务器系统结构的示意图

3. 客户机/服务器系统的工作模式

在客户机/服务器结构中客户机安装所需要的应用软件工具（如 Visual Basic、Power - Builder、Delphi 等），在服务器上安装 DBMS（如 Oracle、Sybase、SQL Server 等），数据库存储在服务器中。

客户机的主要任务如下：

①管理用户界面；

②接收用户的数据和处理请求；

③处理应用程序；

④产生对数据库的请求；

⑤向服务器发出请求；

⑥接收服务器产生的结果；

⑦以用户需要的格式输出结果。

服务器的主要任务如下：

①接收客户机发出的数据请求；

②处理对数据库的请求；

③将处理结果送给发出请求的客户机；

④查询/更新的优化处理；

⑤控制数据安全性规则和进行数据完整性检查；

⑥维护数据字典和索引；

⑦处理并发问题和数据库恢复问题。

4. 客户机/服务器系统的主要技术指标

（1）一个服务器可以同时为多个客户机提供数据服务，服务器必须具备对多用户共享资源的协调能力，必须具备处理并发控制和避免死锁的能力。

（2）客户机/服务器应向用户提供位置透明性服务。用户的应用程序书写起来就如同数据全部都在客户机一样，用户不必知道服务器的位置，就可以请求服务器服务。

（3）客户机和服务器之间通过报文交换来实现“服务请求/服务响应”的传递方式。服务器应具备自动识别用户报文的功能。

（4）客户机/服务器系统具有良好的可扩充性。

5. 客户机/服务器系统的组成

客户机/服务器系统由服务器平台、客户平台和连接支持三部分组成。

（1）服务器平台。必须是多用户计算机系统。安装网络操作系统（如 UNIX、Windows NT 等），安装客户机/服务器系统支持的 DBMS 软件（如 SQL Server、Sybase、Oracle、Informix 等）。

（2）客户平台。一般使用微型计算机，操作系统可以是 DOS、Windows、UNIX 等。应根据处理问题的需要安装方便高效的应用软件系统（如 Power Builder、Visual Basic、Developer 2000、Delphi 等）。

（3）连接支持。位于客户机和服务器之间，负责透明地连接客户机与服务器，完成网络的通信功能。

在客户机/服务器结构中，服务器负责提供数据和文件的管理、打印、通信接口等标准服务。客户机运行前端应用程序，提供应用开发工具，并且通过网络获得服务器的服务，使用服务器上的共享资源。这些计算机通过网络连接起来成为一个相互协作的系统。

6. 网络服务器的类型

目前客户机/服务器系统大多为三层结构，由客户机、应用服务器和数据库服务器组成，即把服务器端分成了应用服务器和数据库服务器两部分。应用服务器包括从客户机中划分出部分工作，从专用服务器中划分出部分工作，从而使客户端进一步变小。特别在 Internet 结构中，客户端只需安装浏览器就可以访问应用程序。这样形成的浏览器/服务器结构是客户机/服务器体系结构的继承和发展。

网络服务器包含如下类型的服务器。

(1)数据库服务器。数据库服务器是网络中最重要的组成部分，客户通过网络查询数据库服务器中的数据，数据库服务器处理客户的查询请求，将处理结果传送给客户机。

(2)文件服务器。仿真大中型计算机对文件共享的管理机制，实行对用户口令、合法身份和存取权限的检查。通过网络，用户可以在文件服务器和自己的计算机中上传或下载所需要的文件。

(3) Web 服务器。广泛应用于 Internet/Intranet 网络中，采用浏览器/服务器网络计算模式。

(4)电子邮件服务器。客户通过电子邮件服务器在 Internet 上通信和交流信息。

(5)应用服务器。根据应用的需求设置的服务器。

7. 客户机/服务器系统的完整性与并发控制

数据的完整性约束条件定义在服务器上，以进行数据完整性和一致性的控制。一般系统中大多采用数据库触发器的机制，即当某个事件发生时，由 DBMS 调用一段程序去检测是否符合数据完整性的约束条件，以实现对数据完整性的控制。在客户机/服务器上还设置必要的封锁机制，以处理并发控制问题和避免发生死锁。

客户机/服务器系统是计算机网络中常用的一种数据库体系结构，目前许多数据库系统都是基于这种结构，对于具体的软件，在功能和结构上仍存在一定的差异。

10.2.4　开放的数据库连接技术

在计算机网络环境中，各个节点上的数据来源有很大的差异，数据库系统也可能不尽相同，利用传统的数据库应用程序很难实现访问多个数据库系统，这对数据库技术的推广和发展是个很大的障碍。因此，在数据库应用系统的开发中需要突破这个障碍。开放的数据库连接(Open DataBase Connectivity，ODBC)技术的出现提出了解决这个问题的办法。ODBC 是开发一套开放式数据库系统应用程序的公共接口，利用 ODBC 接口使得在多种数据库平台上开发的数据库应用系统之间可以直接进行数据存取，提高了系统数据的共享性和互用性。本节仅对开放的数据库连接技术的基本概念结构和接口等问题做简要的说明。

1. ODBC 的总体结构

ODBC 为应用程序提供了一套调用层接口函数库和基于动态链接库的运行支持环境，在使用 ODBC 开发数据库应用程序时，在应用程序中调用 ODBC 函数和 SQL 语句，通过加载的驱动程序将数据的逻辑结构映射到具体的数据库管理系统或应用系统所使用的系统中。ODBC 的作用就在于使应用程序具有良好的互用性和可移植性，具备同时访问多种数据库的能力。ODBC 的体系结构如图 10.5 所示。下面介绍 ODBC 的组成。

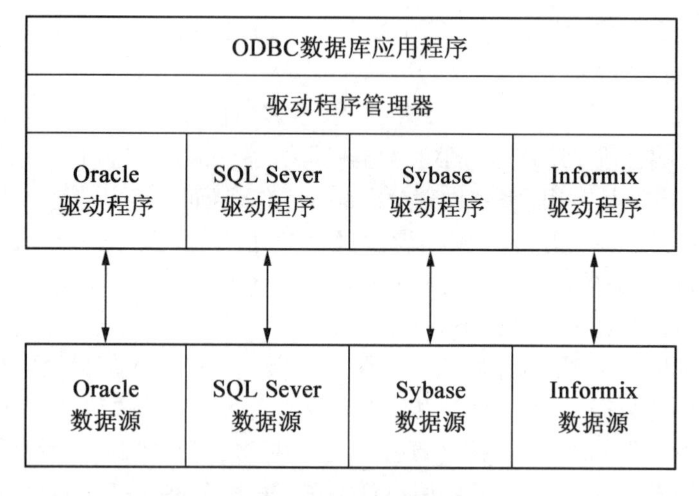

图 10.5　ODBC 的体系结构

(1)ODBC 数据库应用程序。ODBC 数据库应用程序的主要功能包括:

①连接数据库;

②向数据库发送 SQL 语句;

③为 SQL 语句执行结果分配存储空间,定义所读取的数据格式;

④读取结果和处理错误;

⑤向用户提交处理结果;

⑥请求事务的提交和回滚操作;

⑦断开与数据库的连接。

(2)驱动程序管理器。这是一个动态链接库,连接各种数据库系统的驱动程序的作用是加载 ODBC 驱动程序,检查 ODBC 调用参数的合法性,记录 ODBC 的数据调用,并且为不同驱动程序的 ODBC 函数提供单一的入口,调用正确的驱动程序,提供驱动程序信息等。

(3)数据库驱动程序。在驱动程序管理器的控制下,针对不同的数据源执行数据库操作,并将操作结果通过驱动程序返回给应用程序。驱动程序的作用包括:

①建立应用系统与数据库的连接;

②向数据源提交用户请求执行的 SQL 语句;

③进行数据格式和数据类型的转换;

④向应用程序返回处理结果;

⑤将错误代码返回给应用程序。

数据库驱动程序分为以下两类。

①单层驱动程序。单层驱动程序不仅要处理 ODBC 函数调用,还要解释执行 SQL 语句。实际上,单层驱动程序具备 DBMS 的功能,如图 10.6 所示为单层 ODBC 驱动程序的结构。

②多层驱动程序。多层驱动程序只处理应用程序的 ODBC 函数调用和数据转换,将 SQL 语句传递给数据库服务器,由数据库管理系统解释执行 SQL 语句,实现用户的各种操作请求。

多层驱动程序与数据库管理系统的功能是分离的。基于多层的 ODBC 驱动程序的数据库应用程序适合客户机/服务器系统结构,多层 ODBC 驱动程序的结构如图 10.7 所示。客户端软件由应用程序驱动程序管理器、数据库驱动程序和网络支撑软件组成;服务器端软件由数据库引擎、数据库文件和网络支撑软件组成。

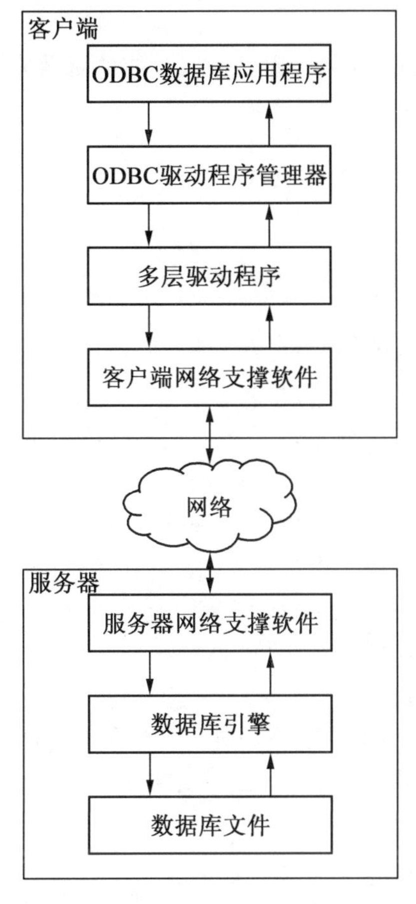

图 10.6　单层 ODBC 驱动程序的结构

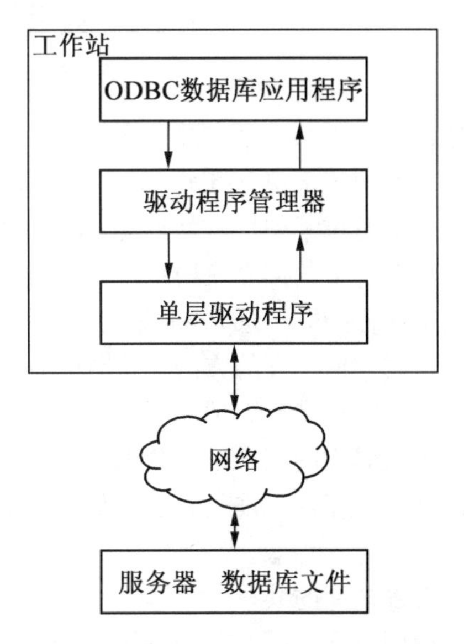

图 10.7　多层 ODBC 驱动程序的结构

多层驱动程序与单层驱动程序的区别不仅是驱动程序是否具有数据库管理系统的功能,它们在效率上也存在很大的差别。由于单层驱动程序的应用程序是把存放数据库的服务器当作文件服务器使用,在网络中传输的是整个数据库文件,网络的数据通信量很大,不仅网络负荷大,且负载不均衡,因此效率较低。多层驱动程序的应用程序使用的是客户机服务器系统结构,在数据库服务器上实现对数据库的各种操作,在网络上传输的只是用户请求和数据库处理的结果,使网络的通信量大大减少,不仅减轻了网络的负担,还均衡了服务器和客户机的负载,提高了应用程序的运行效率,这是客户机服务器结构的优点。

(4)ODBC 数据源管理。数据源是数据库驱动程序与数据库系统连接的桥梁,数据源不是数据库系统,而是用于表达 ODBC 驱动程序和 DBMS 特殊连接的命名,这个命名表达了一个具体数据库连接的建立。在开发 ODBC 数据库应用程序时应首先建立数据源。

ODBC 数据源有以下三种类型。

①用户数据源。只有创建数据源的用户才能在所定义的机器上使用的数据源,这种数据源是专用数据源。

②系统数据源。当前系统的所有用户和所运行的应用程序都可以使用的数据源,这种数据源是公共数据源。

③文件数据源。应用于某专项应用所建立的数据源,这种数据源具有相对的独立性。

2. ODBC 接口

ODBC 接口由一些函数组成。在 ODBC 的应用程序中,通过调用相应的函数来实现开放式数据库互联功能,这些函数的主要类别如下:

①分配与释放函数;

②连接数据源函数;

③执行 SQL 语句并接收处理结果。

10.3 数据库应用程序开发

数据库应用系统是在数据库管理系统(DBMS)支持下运行的一类计算机应用系统。对于大多数用户来说,DBMS 可以使用市场上出售的商品软件,不必自己设计。数据库应用程序是指通过某种形式访问数据库中存储的数据,可以查看、编辑相应数据的应用程序。而开发一个数据库应用系统实际上包含数据库结构设计和相应的应用程序设计两个方面的工作,这两个方面分别对应于数据库结构特性设计和数据库行为特性设计。本节主要是依照软件工程的方法,介绍如何开发应用程序。

按照对数据进行管理的不同方式,计算机应用系统可以分为基于普通文件的应用系统和基于数据库的应用系统两大类。所谓数据库应用系统,就是对后一类系统的简称。

由于数据库与文件代表着两代不同的数据管理方式,因此它们之间存在以下较大的差别。

1. 对数据库的共享

在使用普通文件的应用系统中,数据从属于程序,一般由某一程序专用。而在数据库应用系统中,数据通常独立于程序,可以为多个应用程序所共享。

2. 数据操作的访问范围

对普通文件的访问以“记录”为单位,一次仅能访问一个记录。而对数据库文件的访问则以整个“文件”为单位,一次数据操作可以覆盖数据库文件的全部记录,也可以根据给出的条件只访问其中的部分记录式字段。

3. 数据的整体结构

在关系数据库应用系统中,通过某种“联系数据”可以实现不同数据库文件的相互关联,从而使数据库在整体上形成一定的结构。而在基于文件的应用系统中,各个数据文件是彼此孤立的,从整体上看是“非结构化”的。

上述的差别反映在系统开发上,又使数据库应用系统的开发具有下述特点。

①数据的共享使数据库的设计在系统开发中成为头等重要的任务,处于系统的核心地位。按照共享用户范围大小的不同,数据库应用系统还可进一步区分为“面向数据”和“面向处理”两大类。前者以数据为中心,多为拥有大量数据的大型数据库系统;后者则以处理为中心,包括大多数中小型的数据库应用系统。而基于文件的应用系统则总是面向处理的。

②允许一次访问整个文件,极大地简化对数据的处理和操作。关系数据库常采用的是非过程化的命令语言,特别是现在,许多关系数据库系统支持快速应用开发工具,不仅使应用程序的长度较传统的应用系统大为缩短,而且也明显提高了应用程序的开发效率。

③就整体而言的数据的结构化,使数据库比普通文件更适合表达数据量大,且在数据之间存在着复杂联系的应用系统。为实现跨文件的数据操作,关系数据语言一般都提供多库操作的命令,使数据库文件之间的连接关系运算十分方便。

由于这些特点,数据库在计算机应用系统,尤其是信息系统中的作用日益重要。现在微型机开发的信息系统,都是以数据库为中心进行设计的。

无论是面向数据的数据库应用系统还是面向处理的数据库应用系统,第一步都要做好数据库的设计。这两类系统都主要是通过应用程序向用户提供信息服务的,都拥有自己的应用程序。但是,前者的应用面更宽,其数据对应用程序的依赖因而也更小,反映在系统的开发步骤上,对两类系统的具体做法也有较大的不同。

10.3.1　以数据为中心的系统

以数据为中心的系统通常是大型的数据库系统,图 10.8 所示为以数据为中心的数据库应用系统的开发示意图。

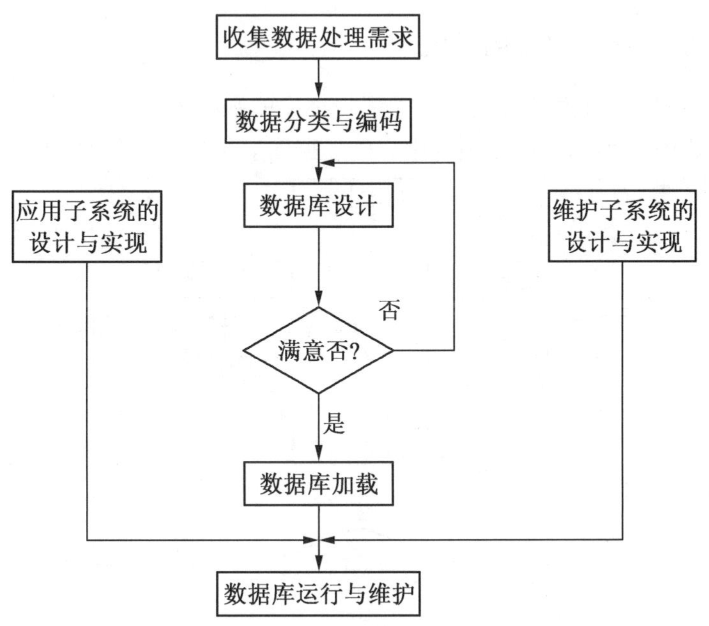

图 10.8　以数据为中心的数据库应用系统的开发示意图

下面简要说明此类系统的开发特点与步骤。

1. 数据库设计

数据量大是这类系统的主要特点,另外,还要充分估计到数据量的增长。在设计时既要达到把一些有用的数据作为历史资料长期保存的目的,又可使对当前数据的频繁处理更加高效和方便。

如何把数量巨大而且不断增长的数据科学地组织到数据库中,是这类系统在开发中要解决的关键问题。在图 10.8 中把数据库设计置于全图的中心,并指明不断改进直至满足要求,形象地显示出数据库设计在系统开发活动中所处的核心地位。

2. 应用程序的设计

在图 10.8 中,在“数据库设计”的左右两侧列出应用程序设计所包含的两项工作,即应用子系统的设计和维护子系统的设计。需要强调指出,对于以数据为中心的系统,其应用子系统不仅数量大,而且将伴随用户的增加而不断扩充。由此可见,这类系统的应用子系统可以在数据库设计之后,甚至已运行之后,再根据用户的需要逐步开发与扩充。因此,在这类系统中,数据是独立于应用程序的。

除此之外,设计这类系统的应用程序还需注意以下的特点:

①由于用户众多,系统应十分重视数据的安全,防止有意或无意地造成数据的破坏和泄密,因此程序应具有鉴别用户身份(如核对口令)和限制操作权限(如只读不写)等功能,用户才能安全地在维护子系统中设置对数据进行后备(即复制备份数据以防意外)和转移(将数据的当前库转入历史库)等有关数据。

②考虑到大多数用户是不熟悉计算机操作的非专业用户,所以应用程序应具有友好的用户界面并尽可能利用图形等技术,以方便用户的操作。

③维护数据的完整性。这类系统往往是适用于多用户的计算机网络环境,这一点必须引起足够的重视。

10.3.2 以处理为中心的系统

在微型机 DBMS 上开发的应用系统大都是小型的数据库系统,它们是以处理为中心的应用系统。图 10.9 所示为以处理为中心的数据库应用系统的开发示意图。

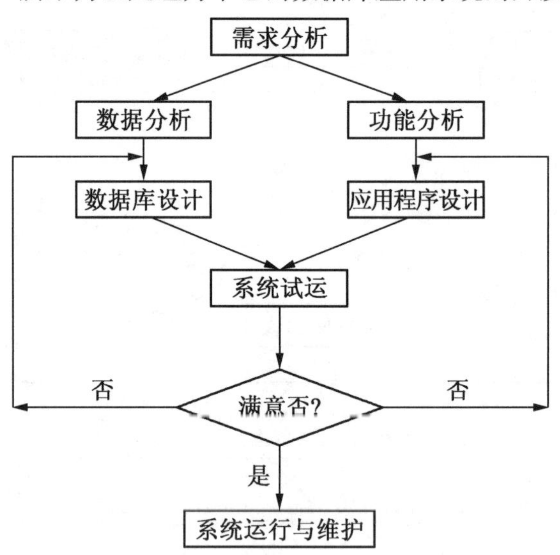

图 10.9 以处理为中心的数据库应用系统的开发示意图

由图 10.9 可知,整个开发活动是从对系统的需求分析开始的。需要指出,系统需求包括对数据的需求和对数据处理或对应用的需求两方面的内容。图中把前者称为数据分析,后者称为功能分析。它们的分析结果将分别作为数据库设计和应用程序设计的依据。当然,在实际系统中,这两方面的需求往往不能截然分开。具体地说,不仅在应用程序设计中仍须接受数据库当前结构的约束,在设计数据库时也须充分考虑满足数据处理的需要。

需求分析结束后,就要分别开始数据库设计和应用程序设计。前者又可分为"概念设计、逻辑设计、物理设计"等步骤;后者则通常包括"软件概要设计(确定总体结构)、软件详细设计(模块设计)、编码软件测试"等内容。这两项工作完成后,系统应进入试运行,即把数据库文件连同有关的应用程序一起装入计算机,考查它们在各种应用中能否达到预定的功能和性能要求。若不能满足要求,还须返回前面的步骤,修改数据库或应用程序的设计。为提高效率,在试运行阶段一般只装入少量数据,确认没有重大问题后再装入大批数据,以免导致较大的返工。

试运行的结束,标志着系统开发的基本完成。但是,只要系统存在一天,对系统的调整和修改就会继续一天。还须经常做好系统的维护工作,包括纠错和系统性能的改进等。

数据库应用系统的开发与设计是一项复杂的功能,属于软件工程范畴。其开发周期长、耗资多、失败的风险大,所以应该按软件工程的原理和方法来进行数据库应用系统的设计与开发。

开发一个好的数据库应用系统对系统的设计开发人员要求较高,他应具备以下多方面的技术和知识:

①计算机科学基础和程序设计技术方面的知识;

②数据库原理及其应用方面的知识;

③掌握软件工程的原理和方法;

④应用领域的知识。

同时,要求设计人员具有较强的综合抽象能力,以便全面考虑许多问题(如应用环境、DBMS 管理、操纵能力、存储方式效率等),使设计工作得以顺利进行。

10.4　数据库应用系统设计实例

10.4.1　开发背景

吉林农业科技学院图书馆始终坚持"以人为本,服务至上"的服务理念,努力营造和谐温馨的人文阅读环境,不断提高馆藏文献资料的利用率,着力提高服务水平。在学校不断发展的同时,传统的人工管理方式也暴露了一些问题。例如,读者想要借阅一本书,图书管理人员需要花费大量时间在茫茫的书海中苦苦"寻觅",如果找到了读者想要借阅的图书还好,否则只能向读者说"抱歉"了。学校为提高工作效率,同时摆脱图书管理人员在工作中出现的尴尬局面,开发了一个图书馆管理系统。

10.4.2　系统分析

长期以来,人们使用传统的人工方式管理图书馆的日常业务,其操作流程比较烦琐。在借书时,首先读者将要借的书和借阅证交给工作人员,然后工作人员将每本书的信息卡片和读者的借阅证放在一个小格栏里,最后在借阅证和每本书贴的借阅条上填写借阅信息。在还书时,读者首先将要还的书交给工作人员,然后工作人员根据图书信息找到相应的书卡和借阅证,并填好相应的还书信息。从上述描述中可以发现,传统的手工流程存在的不足。首先,处理借书、还书业务流程的效率很低;其次,处理能力比较低,一段时间内所能服务的读者人数是有限的。为此,图书馆管理系统需要为企业解决上述问题,为企业提供快速的图书信息检索功能、快捷的图书借阅和归还流程。

10.4.3　JSP 预备知识

1. JSP 概述

JSP 全名为 Java Server Page,中文名为 Java 服务器页面,其根本是一个简化的 Servlet 设计,它是由 Sun Microsystems 公司倡导、许多公司参与一起建立的一种动态网页技术标准。JSP 技术有点类似 ASP 技术,它是在传统的网页 HTML(标准通用标记语言的子集)文件(*.htm、*.html)中插入 Java 程序段(Scriptlet)和 JSP 标记(tag),从而形成 JSP 文件,后缀名为 *.jsp。用 JSP 开发的 Web 应用是跨平台的,既能在 Linux 下运行,也能在其他操作系统上运行。下面分别介绍 JSP 所具有的这些特性。

(1)跨平台。

既然 JSP 是基于 Java 语言的,那么它就可以使用 Java API,所以它也是跨平台的,可以应用在不同的系统中,如 Windows、Linux 和 Mac Os 等。正是因为跨平台的特性,应用 JSP 技术开发的项目可以不加修改地应用到任何不同的平台上,这也应验了 Java 语言的"一次编写、到处运行"的特点。

(2)业务代码分离。

JSP 技术开发的项目,使用 HTML 语言来设计和格式化静态页面的内容。使用 JSP 标签和 Java 代码片段来实现动态部分,程序开发人员可以将业务处理代码全部放到 Java Bean 中,或者把业务处理代码交给 Servlet、Struts 等其他业务控制层来处理,从而实现业务代码从视图层分离,这样 JSP 页面只负责显示数据即可。当需要修改业务代码时,不会影响 JSP 页面的代码。

(3)组件重用。

JSP 中可以使用 Java Bean 编写业务组件,也就是使用一个 Java Bean 类封装业务处理代码,或者作为一个数据存储模型,在 JSP 页面甚至整个项目中都可以重复使用这个 Java Bean。Java Bean 也可以应用到其他 Java 应用程序中,包括桌面应用程序。

(4)基于 Java Servlet 功能。

Servlet 是 JSP 出现以前的主要 Java Web 处理技术,它接受用户请求,在 Serve 类中编写所有 Java 和 HTML 代码,然后通过输出流把结果页面返回给浏览器。在类中编写 HTML 代码非常不利于阅读和编写,使用 JSP 技术之后,开发 Web 应用更加简单易用,并且 JSP 最终要编译成 Servlet 才能处理用户请求,所以 JSP 拥有 Servlet 的所有功能和特性。

(5)预编译。

预编译就是在用户第一次通过浏览器访问 JSP 页面时,服务器将对 JSP 页面代码进行编译,并且仅执行一次编译,编译好的代码被保存,在用户下一次访问时直接执行编译好的代码,这样不仅节约了服务器的 CPU 资源,还大大提升了客户端的访问速度。

2. JSP 的开发及运行环境

在搭建 JSP 的开发环境时,首先需要安装开发工具包 JDK,然后安装 Web 服务器和数据库,这时 Java Web 应用的开发环境就搭建完成了。为提高开发效率,通常还需要安装 IDE(集成开发环境)工具。

图 10.10 所示为进行 JSP 应用开发所需的软件,浏览器建议采用 Google Chrome,其安装包可以到互联网上搜索,JDK、Eclipse、Tomcat 和 MySQL 可以到其对应的官方网站中下载,JDK、Eclipse、Tomcat 和 MySQL 的官方网站地址见表 10.1。

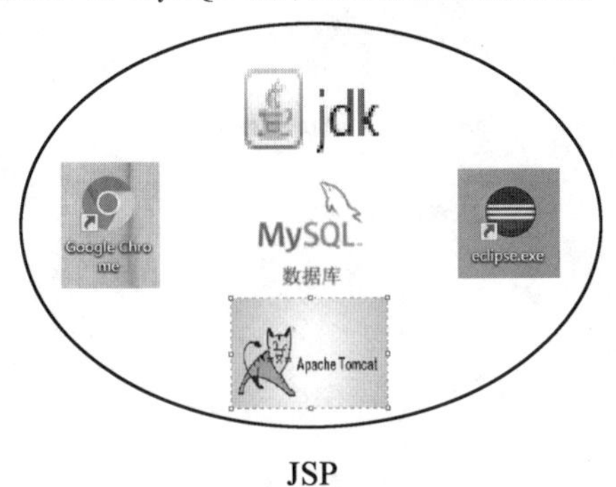

JSP

图 10.10　进行 JSP 应用开发所需的软件

表 10.1　JDK、Eclipse、Tomcat 和 MySQL 的官方网站地址

软件名称	作用	官网地址
JDK	Java 开发工具包,包括运行 Java 程序所必需的 JRE 环境及开发过程中常用的库文件	Oracle 官方网站(http://www.oracle.com/index.html)
Tomcat	运行及发布 Web 应用的大容器	Tomcat 官方网站(http://tomcat.apache.org/)
Eclipse	构建集成 Web 和应用程序开发工具的平台	Eclipse 官方网站(http://www.eclipse.org)
MySQL	保存网站中需要的数据	MySQL 官方网站(http://dev.mysql.com)

3. JSP 页面的基本构成

JSP 页面是指扩展名为.jsp 的文件,在该文件中可以包括指令标识、HTML 代码、Java Script 代码、嵌入的 Java 代码、注释和 JSP 动作标识等内容,但这些内容并不是一个 JSP 页面所必需的。图 10.11 所示为一个简单的 JSP 页面。

```
NewFile.jsp
1 <%@page import="java.text.SimpleDateFormat"%>
2 <%@page import="java.util.*"%>
3 <%@ page language="java" contentType="text/html; charset=UTF-8"
4     pageEncoding="UTF-8"%>
5 <!DOCTYPE html PUBLIC "-//W3C//DTD HTML 4.01 Transitional//EN" "http://www.w3.org/TR/html4/loose.dtd">
6 <html>
7 <head>
8 <meta http-equiv="Content-Type" content="text/html; charset=UTF-8">
9 <title>一个简单的jsp页面</title>
10 </head>
11 <body>
12     <%
13         Date d = new Date();
14         SimpleDateFormat df = new SimpleDateFormat("yyyy-MM-dd HH:mm:ss");
15         String now = df.format(d);
16     %>
17
18     当前时间：<%=now %>
19 </body>
20 </html>
```

图 10.11　一个简单的 JSP 页面

运行图 10.11 所示的 JSP 页面，显示结果如图 10.12 所示。

图 10.12　显示结果

10.4.4　系统设计

1. 系统目标

根据前面所做的需求分析及用户的需求可以得出，图书馆管理系统实施后，应达到以下目标：

①界面设计友好、美观；

②数据存储安全、可靠；

③信息分类清晰、准确；

④具有强大的查询功能，保证数据查询的灵活性；

⑤实现对图书借阅、续借和归还过程的全程数据信息跟踪；

⑥提供图书借阅排行榜，为图书馆管理员提供真实的数据信息；

⑦提供借阅到期提醒功能，使管理者可以及时了解到已经到达归还日期的图书借阅信息；

⑧提供灵活、方便的权限设置功能，使整个系统的管理分工明确；

⑨具有易维护性和易操作性。

2. 系统功能结构

根据图书馆管理系统的特点，可以将其分为系统设置、读者管理、图书管理、图书借还、系统查询等五个部分，系统功能结构图如图 10.13 所示。

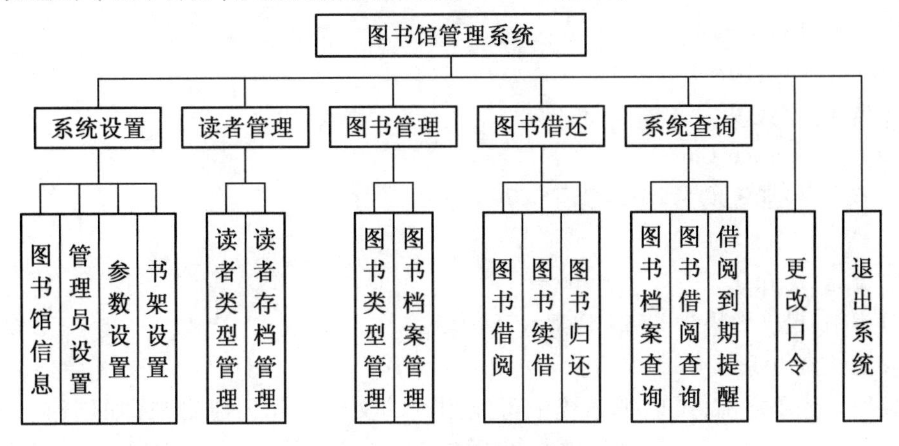

图 10.13　系统功能结构图

3. 系统流程图

图书馆管理系统的系统流程如图 10.14 所示。

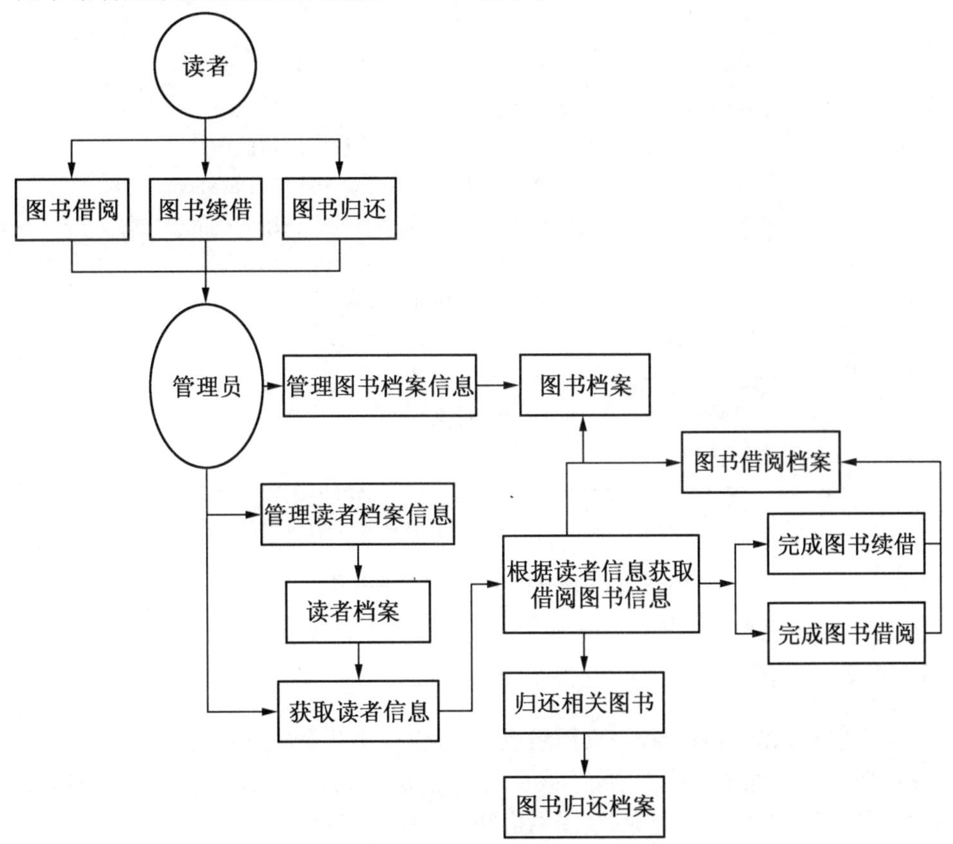

图 10.14　图书馆管理系统的系统流程

4. 开发环境

在开发图书馆管理系统时,需要具备下面的软件环境。

(1)服务器端。

操作系统：Windows 7/ windows 8 /windows 8.1。

Web 务器：Tomcat 9.0。

Java 开发包:JDK 1.8 以上。

数据库：MySQL。

浏览器：Google Chrome。

分辨率:最佳效果为 1 024 像素 ×768 像素。

(2)客户端。

浏览器:IE 6.0。

分辨率:最佳效果为 1 024 像素 ×768 像素。

5. 文件夹组织结构

在编写代码之前,可以把系统中可能用到的文件夹先创建出来(如创建一个名为 Images 的文件夹,用于保存网站中所使用的图片),这样不仅可以方便以后的开发工作,还可以规范网站的整体架构。本书在开发图书馆管理系统时,设计了如图 10.15 所示的图书馆管理系统文件夹组织结构。在开发时,只需要将所创建的文件保存在相应的文件夹中就可以了。

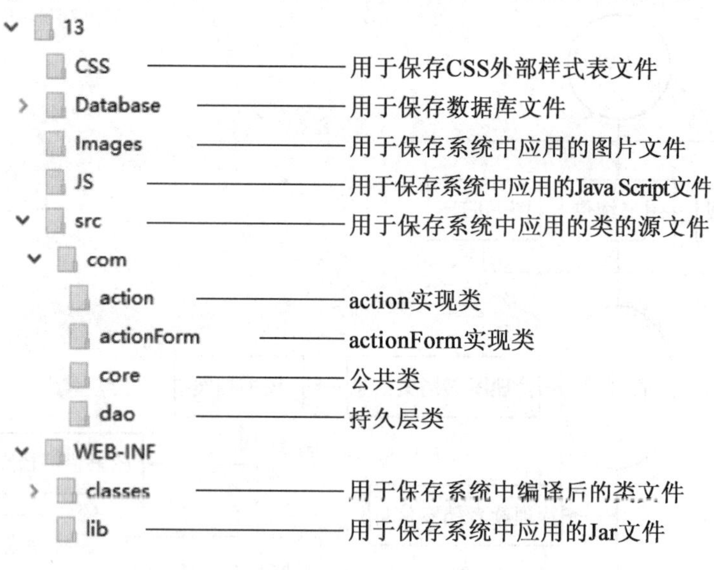

图 10.15　图书馆管理系统文件夹组织结构

10.4.5　系统预览

图书馆管理系统由多个程序页面组成,下面仅列出几个典型页面。

系统登录页面如图 10.16 所示,该页面用于实现管理员登录。主界面如图 10.17 所示,该页面用于实现显示系统导航、图书借阅排行榜和版权信息等功能。图书借阅页面如图 10.18 所示,该页面用于实现图书借阅功能。查询界面如图 10.19 所示,该页面用于实现按照符合条件查询图书借阅信息的功能。

图 10.16　系统登录页面

图书馆管理系统

2019-07-26　05:22:34　首页　系统设置　读者管理　图书管理　图书借还　系统查询　更改口令　退出系统

图书表

书名：　作者：　分类：--请选择--　isbn：　状态：--请选择--

录入　编辑　批量删除　查看　导入Excel　查询　重置

	书名	作者	分类	isbn	出版社名称	状态	操作
1	Struts框架技术	王勇	科技	12332	北京出版社	已入库	[删除]
2	spring框架技术	王勇	科技	111-2	动力节点	已入库	[删除]
3	hibernate框架技术	王勇	科技	111-3	动力节点	已入库	[删除]
4	Java基础	杜聚宾	科技	111-4	动力节点	已入库	[删除]
5	Java零基础	吴士忠	科技	111-5	动力节点	已入库	[删除]
6	西游记	吴承恩	小说	222-1	北京出版社	已入库	[删除]
7	盗墓笔记	南派三叔	小说	223-4	北京出版社	已入库	[删除]
8	鬼吹灯	天下霸唱	小说	234-5345	北京出版社	已入库	[删除]
9	艺术学概论	彭吉象	文艺	23-557	北京出版社	已入库	[删除]
10	灌篮高手	井上雄彦	青春	9234-23	北京出版社	已入库	[删除]

Copyright ©2008 [使用者网站] Powered By [网站程序名称] Version 1.0.0

图 10.17　主界面

图书馆管理系统

2019-07-26　05:22:34　首页　系统设置　读者管理　图书管理　图书借还　系统查询　更改口令　退出系统

当前位置：系统查询->图书借阅查询

读者验证　读者条形码：

姓名：　性别：

证件类型：　证件号：

添加的收藏：　图书名称

图书名称	借阅时间	归还时间	出版社	书架	售价
java开发宝典	2019-02-01	2019-03-01	清华大学出版社	3a-1	20.00

Copyright ©2008 [使用者网站] Powered By [网站程序名称] Version 1.0.0

图 10.18　图书借阅页面

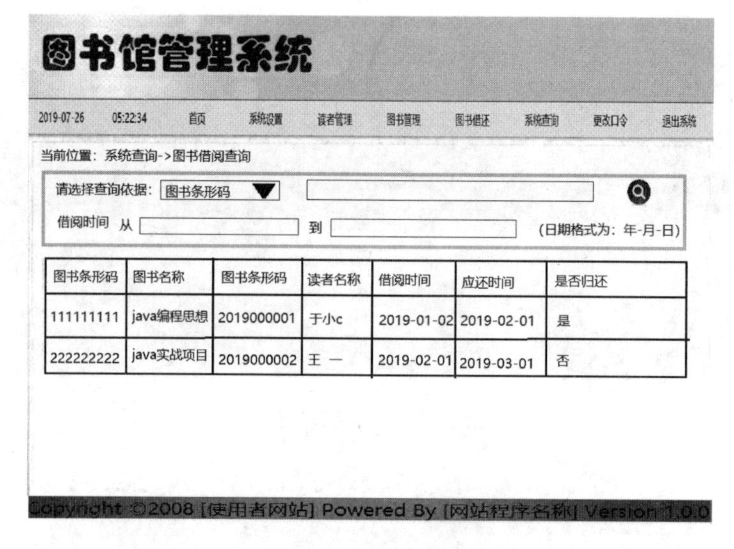

图 10.19　查询页面

10.4.6　数据库设计

由于本系统是为中小型图书馆开发的程序，因此需要充分考虑到成本问题及用户需求（如跨平台）等问题，而 MySQL 是目前最为流行的开放源码的数据库，是完全网络化的跨平台的关系型数据库系统，这正好满足了中小型企业的需求，所以本系统采用 MySQL 数据库。

1. 实体图设计

根据以上各节对系统所做的需求分析和系统设计，规划出本系统中使用的数据库实体，分别为图书档案实体、读者档案实体、图书借阅实体、归还档案实体。下面将介绍几个关键实体的 E－R 图。

（1）图书档案实体。

图书档案实体包括编号、条形码、书名、类型、作者、译者、出版社、价格、页码、书架、库存总量、录入时间、操作员和是否删除等属性。其中，“是否删除”属性用于标记图书是否被删除，由于图书馆中的图书信息不可以被随意删除，因此即使当某种图书不能再借阅，而需要删除其档案信息时，也只能采用设置删除标记的方法。图书档案实体如图 10.20 所示。

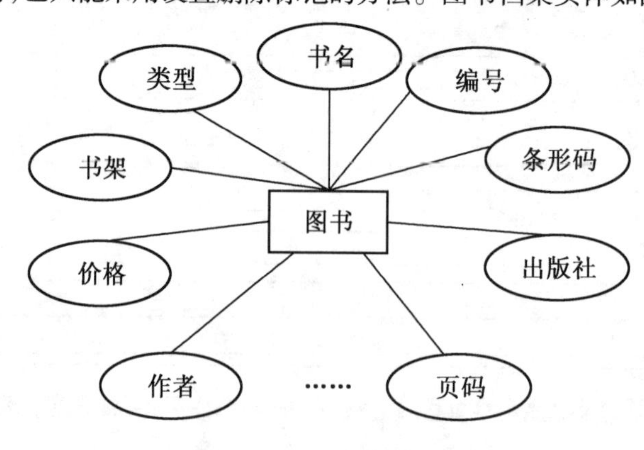

图 10.20　图书档案实体

(2)读者档案实体。

读者档案实体包括编号、姓名、性别、条形码、职业、出生日期、有效证件、证件号码、电话、电子邮件、登记日期、操作员、类型和备注等属性。读者档案实体如图 10.21 所示。

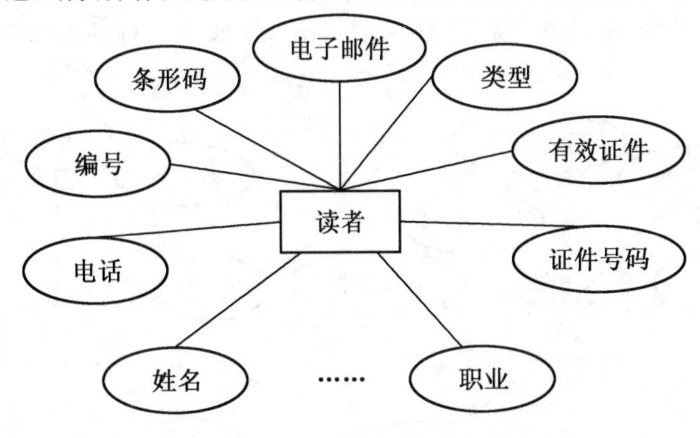

图 10.21　读者档案实体

(3)借阅档案实体。

借阅档案实体包括编号、读者编号、图书编号、借书时间、应还时间、操作员和是否归还等属性。借阅档案实体如图 10.22 所示。

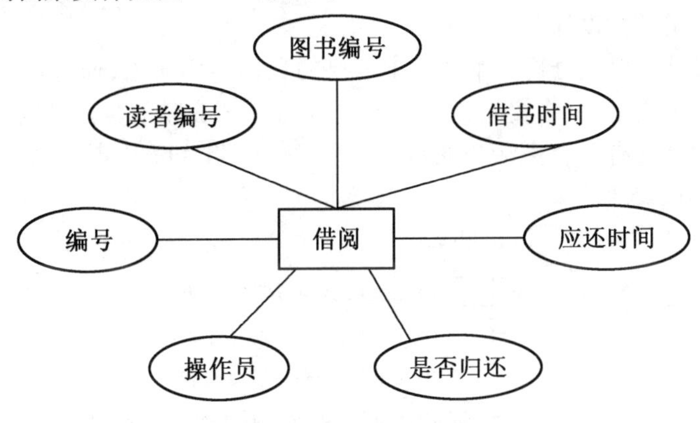

图 10.22　借阅档案实体

(4)归还档案实体。

归还档案实体包括编号、读者编号、图书编号、归还时间和操作员等属性。归还档案实体如图 10.23 所示。

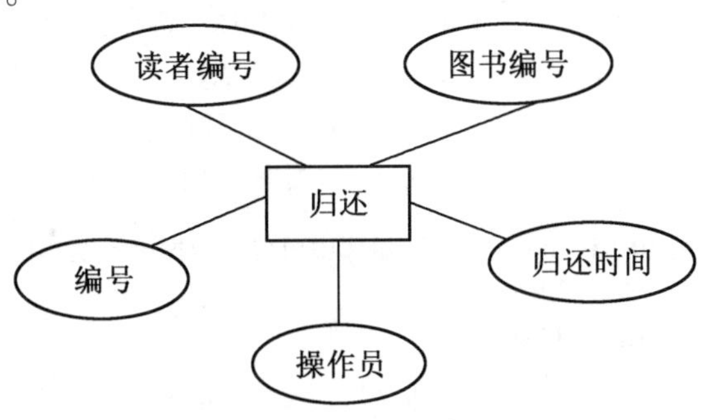

图 10.23　归还档案实体

2. E－R 图设计

在图书馆管理系统中,主要包括两个实体和两个关系。两个实体分别是图书和读者实体;两个关系分别是借阅和归还,这两个关系都是多对多的关系。其中,在借阅关系中,还包括借阅日期属性;在归还关系中,还包括归还日期属性。对应的总体 E－R 图设计如图 10.24 所示。

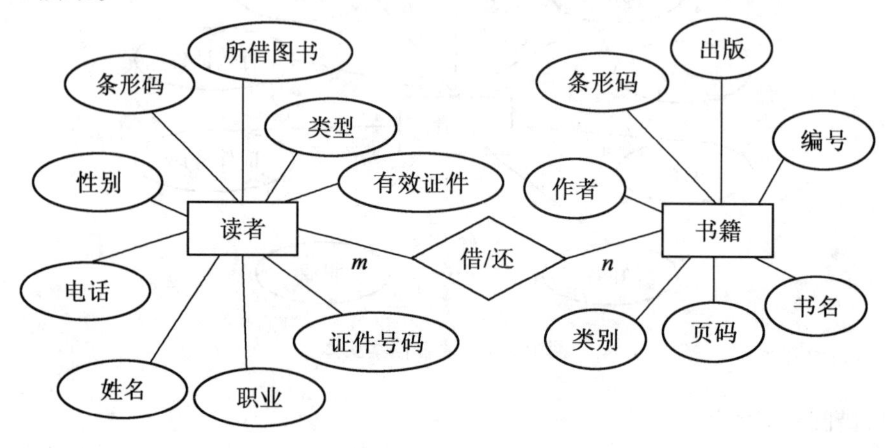

图 10.24　总体 E－R 图设计

3. 数据库逻辑结构设计

在实体图设计中已经分析了本系统中主要的数据实体对象,通过这些实体可以得出数据表结构的基本模型,最终实施到数据库中,从而形成完整的数据结构。为使读者对本系统的数据库的结构有一个更清晰的认识,下面给出 db_library 数据库中所包含数据表的结构图,如图 10.25 所示。

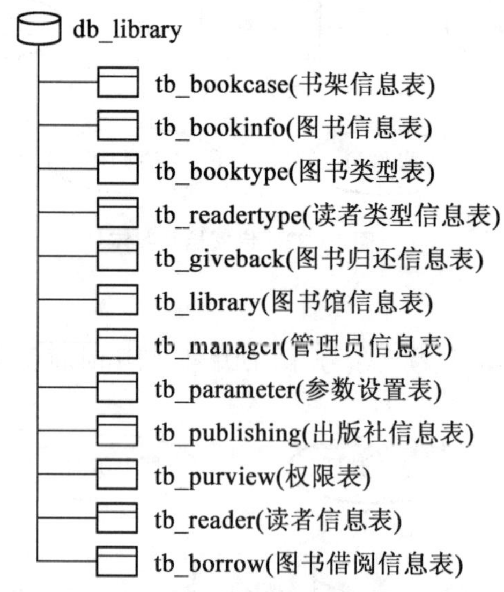

图 10.25　db_library 数据库中所包含数据表的结构图

(1) tb_manager(管理员信息表)。

管理员信息表主要用来保存管理员信息。tb_manager 的结构见表 10.2。

表 10.2　tb_manager 的结构

字段名	数据类型	是否为空	是否主键	默认值	描述
Id	Varchar(10)	No	Yes		ID(自动编号)
Name	Varchar(20)	Yes		NULL	管理员名称
Pwd	Varchar(20)	Yes		NULL	密码

(2)tb_purview(权限表)。

权限表主要用来保存管理员的权限信息,该表中的 id 字段与管理员信息表(tb_manager)中的 id 字段相关联。tb_purview 的结构见表 10.3。

表 10.3　tb_purview 的结构

字段名	数据类型	是否为空	是否主键	默认值	描述
Id	Int(20)	No	Yes	0	管理员 ID
System	Tinyint(1)	Yes		0	系统设置
Readerset	Tinyint(1)	Yes		0	读者管理
Bookset	Tinyint(1)	Yes		0	图书管理
Borrowback	Tinyint(1)	Yes		0	图书借还
Sysquery	Tinyint(1)	Yes		0	系统查询

(3)tb_bookinfo(图书信息表)。

图书信息表主要用来保存图书类型信息。tb_bookinfo 的结构见表 10.4。

表 10.4　tb_bookinfo 的结构

字段名	数据类型	是否为空	是否主键	默认值	描述
Barcode	Varchar(20)	Yes		NULL	条形码
Bookname	Varchar(70)	Yes		NULL	书名
Typeid	Int(20)unsigned	Yes		NULL	类型
Author	Varchar(20)	Yes		NULL	作者
Translator	Varchar(20)	Yes		NULL	译者
ISBN	Varchar(30)	Yes		NULL	出版社
Price	Float(5.3)	Yes		NULL	价格
Page	Int(20)unsigned	Yes		NULL	页码
Bookcase	Int(20)unsigned	Yes		NULL	书架
InTime	Date	Yes		NULL	录入时间
Operator	Varchar(20)	Yes		NULL	操作员
Del	Tinyint(1)	Yes		0	是否删除
Id	Int(5)	No	Yes		ID

(4)tb_parameter(参数设置表)。

参数设置表主要用来保存办证费及书证的有效期限等信息。tb_parameter 的结构见表 10.5。

表 10.5　tb_parameter 的结构

字段名	数据类型	是否为空	是否主键	默认值	描述
Id	Int(20) unsigned	No	Yes		ID
Cost	Int(20) unsigned	Yes		NULL	类型名称
Validity	Int(20) unsigned	Yes		NULL	有效期限

(5)tb_booktype(图书类型表)。

图书类型表主要用来保存图书类型信息。tb_booktype 的结构见表 10.6。

表 10.6　tb_booktype 的结构

字段名	数据类型	是否为空	是否主键	默认值	描述
Id	Int(20) unsigned	No	Yes		ID
Typename	Varchar(30)	Yes		NULL	类型名称
Days	Int(20) unsigned	Yes		NULL	可借天数

(6)tb_bookcase(书架信息表)。

书架信息表主要用来保存书架信息。tb_bookcase 的结构见表 10.7。

表 10.7　tb_bookcase 的结构

字段名	数据类型	是否为空	是否主键	默认值	描述
Id	Int(20) unsigned	No	Yes		ID
Name	Varchar(30)	Yes		NULL	书架名称

(7)tb_borrow(图书借阅信息表)。

图书借阅信息表主要用来保存图书借阅信息。tb_borrow 的结构见表 10.8。

表 10.8　tb_borrow 的结构

字段名	数据类型	是否为空	是否主键	默认值	描述
Id	Int(20) unsigned	No	Yes		ID
Readerid	Int(20) unsigned	Yes		NULL	读者编号
Bookid	Int(20)	Yes		NULL	图书编号
Borrowtime	Date	Yes		NULL	借书时间
Backtime	Date	Yes		NULL	应还时间

续表 10.8

字段名	数据类型	是否为空	是否主键	默认值	描述
Operator	Varchar(20)	Yes		NULL	操作员
Ifback	Tinytin(1)	Yes		0	是否归还

(8)tb_giveback(图书归还信息表)。

图书归还信息表主要用来保存图书归还信息。tb_giveback 的结构见表 10.9。

表 10.9　tb_giveback 的结构

字段名	数据类型	是否为空	是否主键	默认值	描述
Id	Int(20)unsigned	No	Yes		ID
Readerid	Int(10)	Yes		NULL	读者编号
Bookid	Int(10)	Yes		NULL	图书编号
Backtime	Date	Yes		NULL	归还时间
Operator	Varchar(20)	Yes		NULL	操作员

(9)tb_readertype(读者类型信息表)。

读者类型信息表主要用来保存读者类型信息。tb_readertype 的结构见表 10.10。

表 10.10　tb_readertype 的结构

字段名	数据类型	是否为空	是否主键	默认值	描述
Id	Int(10)unsigned	No	Yes		ID
Name	Varchar(20)	Yes		NULL	名称
Number	Int(5)	Yes		NULL	可借数量

(10)tb_reader(读者信息表)。

读者信息表主要用来保存读者信息。tb_reader 的结构见表 10.11。

表 10.11　tb_reader 的结构

字段名	数据类型	是否为空	是否主键	默认值	描述
Id	Int(10)unsigned	No	Yes		ID
Name	Varchar(20)	Yes		NULL	姓名
Sex	Varchar(4)	Yes		NULL	性别
Barcode	Varchar(20)	Yes		NULL	条形码
Vocation	Varchar(40)	Yes		NULL	职业

续表 10.11

字段名	数据类型	是否为空	是否主键	默认值	描述
Birthday	Date	Yes		NULL	出生日期
PaperType	Varchar(20)	Yes		NULL	有效证件
PaperNO	Varchar(20)	Yes		NULL	证件号码
Tel	Varchar(20)	Yes		NULL	电话
Email	Varchar(20)	Yes		NULL	电子邮箱
CreateDate	Date	Yes		NULL	登记日期
Operator	Varchar(20)	Yes		NULL	操作员
Remark	Text	Yes		NULL	备注
Typeid	Int(10)	Yes		NULL	类型

10.4.7 公共模块设计

在开发过程中,经常会用到一些公共模块,如数据库连接及操作的类、字符串处理的类及解决中文乱码的过滤器等。因此,在开发系统前首先需要设计这些公共模块,下面将具体描述几组图书馆管理系统中所需要的公共模块的设计过程。

(1)数据库连接及操作类的编写。

数据库连接及操作类通常包括连接数据库的方法 getConnection()、执行查询语句的方法 executeQuery()、执行更新操作的方法 executeUpdate()、关闭数据库连接的方法 close()。下面将详细介绍如何编写图书馆管理系统中的数据库连接及操作的类 ConnDB。

①定类 ConnDB 保存的包,并导入所需的类包,本例将其保存到 Com. core 包中,代码如下:

```
package com.core;
import java.io.InputStream;
import java.sql.*;
import java.util.Properties;
```

②定义 ConnDB 类,并定义该类中所需的全局变量及构造方法,代码如下:

```
public class ConnDB {
    public Connection conn = null;
    public Statement stmt = null;
    public ResultSet rs = null;
    private static String propFileName = "/com/connDB.properties";
                                        //指定资源文件保存的位置
    private static Properties prop = new Properties();
    private static String dbClassName = "com.mysql.jdbc.Driver";
     private static String dbUrl = "jdbc:mysql://127.0.0.1:3306/db_
librarysys?" + "user=root&password=root&useUnicode=true";
    public ConnDB(){
```

```
        try {
          InputStream in = getClass().getResourceAsStream(propFileName);
          prop.load(in);                          //通过输入流对象加载 Properties 文件
          dbClassName = prop.getProperty("DB_CLASS_NAME");      //获取数据库驱动
          dbUrl = prop.getProperty("DB_URL",dbUrl);
        }
        catch (Exception e) {
          e.printStackTrace();                    //输出异常信息
        }
      }
```

③为方便程序移植,这里将数据库连接所需的信息保存到 properties 文件中,并将该文件保存在 com 包中。connDB. properties 文件的内容如下:

```
#DB_CLASS_NAME = com.mysql.jdbc.Driver
#DB_URL = jdbc:mysql://127.0.0.1:3306/db_librarysys? user = root&password =
root&useUnicode = true
```

propreties 文件为本地资料文本文件,以“消息/消息文本”的格式存放数据,文件中“#”的后面为注释行。使用 Properties 对象时,首先需创建并实例化该对象,代码如下:

```
private static properties prop = new Properties();
```

再通过文件输入流对象加载 Properties 文件,代码如下:

```
prop.load(new FileInputStream(propFileName));
```

最后通过 Properties 对象的 getProperty 方法读取 properties 文件中的数据。

④创建连接数据库的方法 getConnection(),该方法返回 Connection 对象的一个实例,getConnection()方法的代码如下:

```
public static Connection getConnection() {
      Connection conn = null;
      try {
        Class.forName(dbClassName).newInstance();
        conn = DriverManager.getConnection(dbUrl);
      }catch (Exception ee) {
        ee.printStackTrace();
        System.out.println("wgh:" + dbUrl);
      }
      if (conn = = null) {
        System.err.println(
            "警告: DbConnectionManager.getConnection() 获得数据库连接失败.\r\n\
r\n 连接类型:" +
            dbClassName + "\r\n 连接位置 1:" + dbUrl);
      }
      return conn;
    }
```

⑤创建执行查询语句的方法 executeQuery,返回值为 Resultset 结果集。executeQuery 方法的代码如下:

```
public ResultSet executeQuery(String sql) {
```

```
    try {
      conn = getConnection();
      stmt = conn.createStatement(ResultSet.TYPE_SCROLL_INSENSITIVE,
          ResultSet.CONCUR_READ_ONLY);
      rs = stmt.executeQuery(sql);
      } catch (SQLException ex) {
        System.err.println(ex.getMessage());
    }
    return rs;
  }
```

⑥创建执行更新操作的方法 executeUpdate(),返回值为 int 型的整数,代表更新的行数, executeQuery()方法的代码如下:

```
  public int executeUpdate(String sql) {
    int result = 0;
    try {
      conn = getConnection();                    //调用 getConnection()方法构造
                                                  Connection 对象的一个实例 conn
      stmt = conn.createStatement(ResultSet.TYPE_SCROLL_INSENSITIVE,
              ResultSet.CONCUR_READ_ONLY);
      result = stmt.executeUpdate(sql);          //执行更新操作
    } catch (SQLException ex) {
      result = 0;
    }
    return result;
  }
```

⑦创建关闭数据库连接的方法 close(),close()方法的代码如下:

```
  public void close() {
    try {
      if (rs ! = null) {
          rs.close();
      }
      if (stmt ! = null) {
          stmt.close();
      }
      if (conn ! = null) {
        conn.close();
      }
    } catch (Exception e) {
      e.printStackTrace(System.err);
    }
    }
  }
```

(2)字符串处理类的编写。

字符串处理的类是解决程序中经常出现的有关字符串处理问题方法的类，本实例中只包括过滤字符串中危险字符的方法 filterStr( )。filterStr( )方法的代码如下：

```
public static final String filterStr(String str){
    str = str.replaceAll(";","");
    str = str.replaceAll("&","&amp;");
    str = str.replaceAll("<","&lt;");
    str = str.replaceAll(">","&gt;");
    str = str.replaceAll("'","");
    str = str.replaceAll("--"," ");
    str = str.replaceAll("/","");
    str = str.replaceAll("%","");
    return str;
  }
}
```

(3)配置解决中文乱码的过滤器。

在程序开发时，通常有两种方法解决程序中经常出现的中文乱码问题：一种是通过编码字符串处理类，对需要的内容进行转码；另一种是配置过滤器。其中，第二种方法比较方便，只需要在开发程序时配置正确即可。下面将介绍本系统中配置解决中文乱码的过滤器的具体步骤。

①写 CharacterEncodingFilter 类，让它实现 Filter 接口，成为一个 Servlet 过滤器，在实现 doFilter 接口方法时，根据配置文件中设置的编码格式参数分别设置请求对象的内容类型参数。代码如下：

```
public class CharacterEncodingFilter implements Filter {
  protected String encoding = null;                //定义编码格式变量
  protected FilterConfig filterConfig = null; //定义过滤器配置对象
  public void init(FilterConfig filterConfig) throws ServletException {
    this.filterConfig = filterConfig;             //初始化过滤器配置对象
    this.encoding = filterConfig.getInitParameter("encoding");
                                                  //获取配置文件中指定的编码格式
  }
                                                  //过滤器的接口方法，用于执行过滤
                                                  业务
  public void doFilter(ServletRequest request, ServletResponse response,
      FilterChain chain) throws IOException, ServletException {
    if (encoding != null) {
      request.setCharacterEncoding(encoding); //设置请求的编码
      response.setContentType("text/html; charset=" + encoding);
                                                  //设置应答对象的内容类型(包括编
                                                  码格式)
    }
    chain.doFilter(request, response);            //传递给下一个过滤器
  }
```

```
    public void destroy() {
      this.encoding = null;
      this.filterConfig = null;
    }
  }
```

②在 web - inf xml 文件中配置过滤器，并设置编码格式参数和过滤器的 URL 映射信息。代码如下：

```
<filter>
    <filter-name>CharacterEncodingFilter</filter-name>
    <filter-class>com.CharacterEncodingFilter</filter-class>
    <init-param>
      <param-name>encoding</param-name>
      <param-value>utf-8</param-value>
    </init-param>
  </filter>
  <filter-mapping>
    <filter-name>CharacterEncodingFilter</filter-name>
    <url-pattern>/*</url-pattern>
    <dispatcher>REQUEST</dispatcher>
    <dispatcher>FORWARD</dispatcher>
  </filter-mapping>
```

10.4.8 主界面设计

1. 主界面概述

管理员通过“系统登录”模块的验证后，可以登录到图书馆管理系统的主界面。系统主界面主要包括 Banner 信息栏、导航栏、排行榜和版权信息四部分。其中，导航栏中的功能菜单将根据登录管理员的权限进行显示。例如，系统管理员 mr 登录后，将拥有整个系统的全部功能，因为它是超级管理员。系统主界面的运行结果如图 10.26 所示。

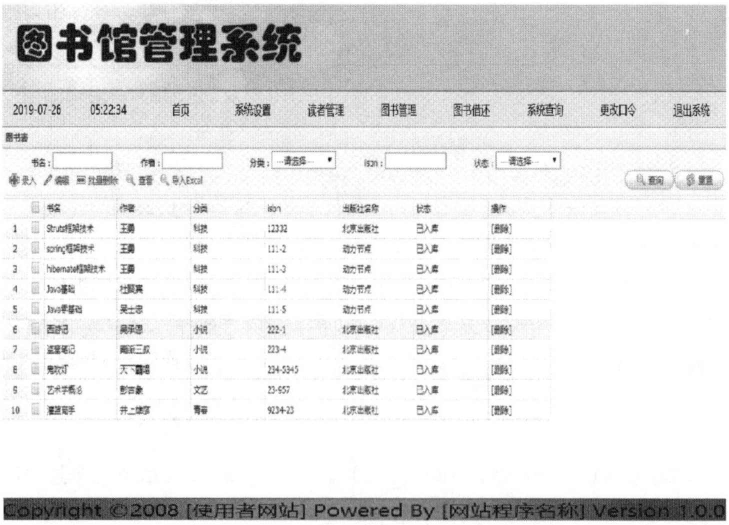

图 10.26 系统主界面的运行结果

2. 主界面的实现过程

在图 10.26 所示的主界面中，Banner 信息栏、导航栏和版权信息并不是仅存在于主界面中的，其他功能模块的子界面中也需要包括这些部分。因此，可以将这几个部分分别保存在单独的文件中，这样在需要放置相应功能时只需包含这些文件即可。主界面的布局如图 10.27 所示。

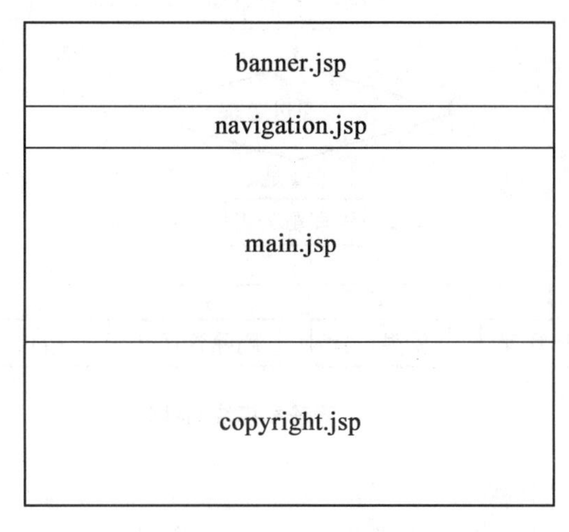

图 10.27　主界面的布局

应用 <%@ include% >指令包含文件的方法进行主界面布局的代码如下：

```
<%@ include file = "banner.jsp"%>
<%@ include file = "navigation.jsp"%>
<%
BorrowDAO borrowDAO = new BorrowDAO();
Collection coll_book = (Collection)borrowDAO.bookBorrowSort();
%>
<%@ include file = "copyright.jsp"%>
```

在上面的代码中，第一行的代码用于应用 <%@ include% >指令包含 banner.jsp 文件，该文件用于显示 Banner 信息及当前登录管理员；第二行的代码用于应用 <%@ include >指令包含 navigation.jsp 文件，该文件用于显示当前系统时间及系统导航菜单；最后一行的代码用于应用 <% @ include% >指令包含 copyright.jsp 文件，该文件用于显示版权信息。

10.4.9　管理员模块设计

1. 管理员模块概述

管理员模块主要包括管理员登录、查看管理员列表、添加管理员信息、管理员权限设置、管理员删除和更改口令六个功能。管理员模块的框架如图 10.28 所示。

2. 编写管理员模块的实体类和 Servlet 控制类

由于本系统采用的是 JSP 经典设计模式中的 Model2，即 JSP + Servlet + JavaBean，该开发模式遵循 MVC 设计理念，因此在实现管理员模块时，需要编写管理员模块对应的实体类和 Servlet 控制类。在 MVC 中,实体类属于模型层,用于封装实体对象,是一个具有 get＊＊＊()和 set＊＊＊()方法的类。请求控制类属于控制层,用于接收各种业务请求,是一个 Servlet。下面将详细介绍如何编写管理员模块的实体类和 Servlet 控制类。

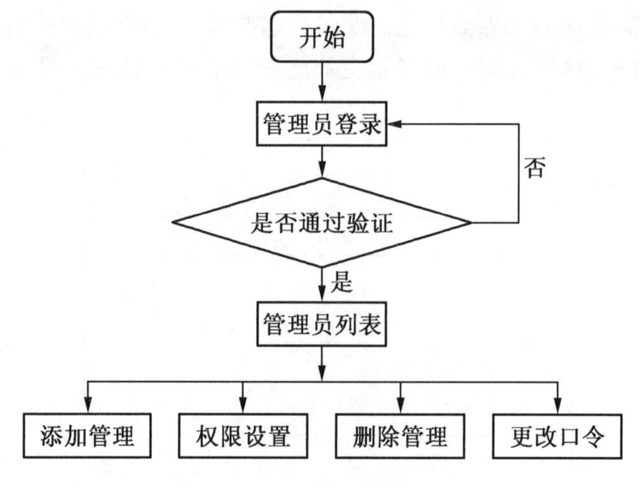

图 10.28　管理员模块的框架

(1)编写管理员的实体类。

在管理员模块中,涉及的数据表是 tb_ manager(管理员信息表)和 tb_ purview(权限表)。其中,管理员信息表中保存的是管理员名称和密码等信息;权限表中保存的是各管理员的权限信息。这两个表通过各自的 id 字段相关联,通过这两个表可以获得完整的管理员信息,根据这些信息可以得出管理员模块的实体类。管理员模块的实体类的名称为 ManagerForm,具体代码如下:

```
public class ManagerForm {
    private Integer id = new Integer( -1);        //管理员 ID 号
    private String name = "";                     //管理员名称
    private String pwd = "";                      //管理员密码
    private int sysset = 0;                       //系统设置权限
    private int readerset = 0;                    //读者管理权限
    private int bookset = 0;                      //图书管理权限
    private int borrowback = 0;                   //图书借还权限
    private int sysquery = 0;                     //系统查询权限
    public Integer getId() {
        return id;
    }
```

(2)编写管理员的 Servlet 控制类。

管理员功能模块的 Servlet 控制类继承了 HttpServlet 类,在该类中,首先需要在构造方法中实例化管理员模块的 ManagerDAO 类(该类用于实现与数据库的交互),然后编写 doGet()和 doPost()方法,在这两个方法中根据 request 的 getParameter()方法获取的 action 参数值执行相应方法。由于这两个方法中的代码相同,因此只需在第一个方法 doGet()中写相应代码,在另一个方法 doPost()中调用 doGet()方法即可。

管理员模块的 Servlet 控制类的关键代码如下:

```
public class Manager extends HttpServlet {
  private ManagerDAO managerDAO = null;          //声明 ManagerDAO 的对象

  public Manager() {
    this.managerDAO = new ManagerDAO();          //实例化 ManagerDAO 类
  }

   public  void  doGet ( HttpServletRequest  request,  HttpServletResponse
response)
      throws ServletException, IOException {
    String action = request.getParameter("action");
    System.out.println("获取的查询字符串:" + action);
    if (action == null || "".equals(action)) {
      request.getRequestDispatcher("error.jsp")
              .forward(request, response);
    } else if ("login".equals(action)) {         //当 action 值为 login 时,调用
                                                 managerLogin()方法验证管理员
                                                 身份
      managerLogin(request, response);
  } else if ("managerAdd".equals(action)) {
      managerAdd(request, response);             //添加管理员信息
  } else if ("managerQuery".equals(action)) {
      managerQuery(request, response);           //查询管理员及权限信息
  } else if ("managerModifyQuery".equals(action)) {
      managerModifyQuery(request, response);  //设置管理员权限时查询管理员信息
  } else if ("managerModify".equals(action)) {
      managerModify(request, response);          //设置管理员权限
  } else if ("managerDel".equals(action)) {
      managerDel(request, response);             //删除管理员
  } else if ("querypwd".equals(action)) {
      pwdQuery(request, response);               //更改口令时应用的查询
  } else if ("modifypwd".equals(action)) {
      modifypwd(request, response);              //更改口令
  }
 }

                                                 //管理员身份验证
 public  void  doPost  ( HttpServletRequest  request,  HttpServletResponse
response)
     throws ServletException, IOException {

   doGet(request, response);
   }

 }
```

(3)配置管理员的 Servlet 控制类。

管理员的 Servlet 控制类编写完毕后,还需要在 web.xml 文件中配置该 Servlet,代码如下:

```
<servlet>
    <servlet-name>Manager</servlet-name>
    <servlet-class>com.action.Manager</servlet-class>
  </servlet>
  <servlet-mapping>
    <servlet-name>Manager</servlet-name>
    <url-pattern>/manager</url-pattern>
  </servlet-mapping>
```

3. 系统登录的实现过程

系统登录使用的数据表为 tb_manager。

系统登录是进入图书馆管理系统的入口。在运行本系统后,首先进入的是系统登录页面。在该页面中,系统管理员可以通过输入正确的管理员名称和密码登录到系统,当用户没有输入管理员名称或密码时,系统会通过 JavaScript 进行判断,并给予提示信息,系统登录的运行结果如图 10.29 所示。

图 10.29　系统登录的运行结果

在实现系统登录前,需要在 MySQL 数据库中手动添加一条系统管理员的数据(管理员名为 mr,密码为 mrsoft,拥有所有权限),即在 MySQL 的客户端命令行中应用下面的语句分别向管理员信息表 tb_manager 和权限表 tb_purview 中各添加一条数据记录。

(1)设计系统登录页面。

系统登录页面主要用于收集管理员的输入信息及通过自定义的 JavaScript 函数验证输入信息是否为空,系统登录页面表单元素见表 10.12。

表 10.12　系统登录页面表单元素

名称	元素类型	重要属性	含义
Form1	Form	Method = "post" action = "manager? action = login"	管理员登录表单
Name	Text	Size = "25"	管理员名称

续表 10.12

名称	元素类型	重要属性	含义
Pwd	Password	Size = “25”	管理员密码
Submit	Submit	Value = “确定”onclick = “return check(forum1)”	“确定”按钮
Submit3	reset	Value = “重置”	“重置”按钮

编写自定义的 Javascript 函数，用于判断管理员名称和密码是否为空。代码如下：

```
<script language = "javascript" >
function check(form){
  if (form.name.value = = ""){
    alert("请输入管理员名称!");form.name.focus();return false;
  }
  if (form.pwd.value = = ""){
    alert("请输入密码!");form.pwd.focus();return false;
  }
}
</script>
```

(2)修改管理员的 Servlet 控制类。

在管理员登录页面的管理员名称和管理员密码文本框中输入正确的管理员名称和密码后，单击“确定”按钮，网页会访问一个 URL，这个 URL 是 manger? action = login。从该 URL 地址中可以知道系统登录模块涉及的 action 的参数值为 login，也就是当 action = login 时，会调用验证管理员身份的方法 managerLogin()。具体代码如下：

```
If(“managerAdd”,equals(action)){
managerAdd(request,response);
}
```

在验证管理员身份的方法 managerLogin()中，首先需要将接收到的表单信息保存到管理员实体类 ManagerForm 中，然后调用 ManagerDAO 类中的 check Manager()方法验证登录管理员信息是否正确。如果正确，将管理员名称保存到 session 中，并将页面重定向到系统主界面；否则，将错误提示信息“您输入的管理员名称或密码错误!”保存到 HttpServletRequest 的对象 error 中，并重定向页面至错误提示页。验证管理员身份的方法 managerLogin()的具体代码如下：

```
public void managerLogin(HttpServletRequest request,
    HttpServletResponse response) throws ServletException, IOException {
  ManagerForm managerForm = new ManagerForm();
                                        //实例化 managerForm 类
  managerForm.setName(request.getParameter("name"));
                                        //获取管理员名称并设置 name 属性
  managerForm.setPwd(request.getParameter("pwd"));
                                        //获取管理员密码并设置 pwd 属性
  int ret = managerDAO.checkManager(managerForm);
                                        //调用 ManagerDAO 类的 checkManager()
```

方法

```
if (ret == 1) {
/*********将登录到系统的管理员名称保存到 session 中**********/
  HttpSession session = request.getSession();
  session.setAttribute("manager",managerForm.getName());
/*****************************************/
  request.getRequestDispatcher("main.jsp").forward(request, response);
                                        //转到系统主界面
} else {
    request.setAttribute("error", "您输入的管理员名称或密码错误!");
    request .getRequestDispatcher("error.jsp")
            .forward(request, response);  //转到错误提示页
}
}
```

(3)编写系统登录的 ManagerDAO 类的方法。

从 managerLogin()方法中可以知道系统登录页调用的 ManagerDAO 类的方法是 checkManager()。在 checkManager()方法中,首先从数据表 tb_manager 中查询输入的管理员名称是否存在。如果存在,再判断查询到的密码是否与输入的密码相等,如果相等,将标志变量设置为 1,否则设置为 0;反之,如果不存在,则将标志变量设置为 0。在验证用户身份时,先判断用户名,再判断密码,可以防止非法用户直接登录系统。checkManager()方法的具体代码如下:

```
public int checkManager(ManagerForm managerForm) {
    int flag = 0;
    ChStr chStr = new ChStr();
    String sql = "SELECT * FROM tb_manager where name ='" +
    chStr.filterStr(managerForm.getName()) + "'";
    ResultSet rs = conn.executeQuery(sql);
    try {
        if (rs.next()) {
            String pwd = chStr.filterStr(managerForm.getPwd());
                                        //获取输入的密码并过滤输入字符
                                        串中的危险字符
            if (pwd.equals(rs.getString(3))) {
                flag = 1;
            } else {
                flag = 0;
            }
        }else{
            flag = 0;
        }
    } catch (SQLException ex) {
        flag = 0;
    }finally{
```

```
        conn.close();
    }
    return flag;
}
```

(4)防止非法用户登录系统。

从网站安全的角度考虑,仅仅使用上面介绍的系统登录页面并不能有效地保证系统的安全,一旦系统主界面的地址被他人获得,就可以通过在地址栏中输入系统的主界面地址而直接进入到系统中。由于系统的 Banner 信息栏 banner. jsp 几乎包含于整个系统的每个页面,因此这里将验证用户是否将登录的代码放置在该页中。验证用户是否登录的具体代码如下:

```
<%
String manager = (String)session.getAttribute("manager");
                                                    //验证用户是否登录
if (manager = = null || "".equals(manager)){
  response.sendRedirect("login.jsp");
}
%>
```

这样,当系统调用每个页面时,都会判断 session 变量 manager 是否存在,如果不存在,将页面重定向到系统登录页面。

4. 查看管理员的实现过程

查看管理员使用的数据表为 tb_manager 和 tb_purview。

管理员登录后,选择"系统设置"/"管理员设置"命令,进入到查看管理员列表的页面。在该页面中,将以表格的形式显示系统中全部管理员及其权限信息,并提供添加管理员信息、删除管理员信息和设置管理员权限的超链接。

在实现系统导航菜单时,引用了 JavaScript 文件 menu. JS,该文件中包含全部实现半透明背景菜单的 JavaScript 代码。打开该 JS 文件,可以找到"管理员设置"菜单项的超链接代码,具体代码如下:

```
<a href = manager? action = managerQuery >管理员设置</a>
```

从上面的 URL 地址中可知,查看管理员列表模块涉及的 action 的参数值为 managerQuery,当 action = managerQuery 时,会调用查看管理员列表的方法 managerQuery(),具体代码如下:

```
private void managerQuery(HttpServletRequest request,
    HttpServletResponse response) throws ServletException, IOException {
  String str = null;
  request.setAttribute("managerQuery", managerDAO.query(str));
  request.getRequestDispatcher("manager.jsp").forward(request, response);
}
```

从 managerQuery()方法中可以看出,查看管理员列表使用的 ManagerDAO 类的方法是 query()。在 query()方法中,首先使用左连接从数据表 tb_manager 和 tb_purview 中查询出符合条件的数据,然后将查询结果保存到 Collection 集合类中并返回该集合类的实例。query()方法的具体代码如下:

```
public Collection query(String queryif) {
```

```
        ManagerForm managerForm = null;
      Collection managercoll = new ArrayList();
        String sql = "";
        if (queryif == null || queryif == "" || queryif == "all") {
                                                      //当参数 queryif 的值为 null、
                                                      all 或空时查询全部数据
             sql = "select m.*,p.sysset,p.readerset,p.bookset,p.borrowback,p.
sysquery from tb_manager m left join tb_purview p on m.id=p.id";
           }else{
               sql="select m.*,p.sysset,p.readerset,p.bookset,p.borrowback,p.
sysquery from tb_manager m left join tb_purview p on m.id=p.id where m.name='"+
queryif+"'";                                          //此处需要应用左连接
        }
        ResultSet rs = conn.executeQuery(sql);        //执行 SQL 语句
        try {                                         //捕捉异常信息
            while (rs.next()) {
                managerForm = new ManagerForm();
                managerForm.setId(Integer.valueOf(rs.getString(1)));
                managerForm.setName(rs.getString(2));
                managerForm.setPwd(rs.getString(3));
                managerForm.setSysset(rs.getInt(4));
                managerForm.setReaderset(rs.getInt(5));
                managerForm.setBookset(rs.getInt(6));
                managerForm.setBorrowback(rs.getInt(7));
                managerForm.setSysquery(rs.getInt(8));
                managercoll.add(managerForm);         //将查询结果保存到 Collection
                                                      集合中
            }
        } catch (SQLException e) {}
        return managercoll;                           //返回查询结果
    }
```

接下来的工作是将 Servler 控制类中 managerQuery()方法返回的查询结果显示在查看管理员列表页 manager.jsp 中,在 manager.jsp 中首先通过 request.getAttribute()方法获取查询结果并将其保存在 Connection 集合中,再通过循环将管理员信息以列表形式显示在页面中,关键代码如下:

```
    <%@ page import="java.util.*"%>
    <html>
    <%
    String flag="mr";
    Collection coll=(Collection)request.getAttribute("managerQuery");
    %>
    <head>
    <title>图书馆管理系统</title>
```

```
<link href="CSS/style.css" rel="stylesheet">
</head>
<body onLoad="clockon(bgclock)">
<%@ include file="banner.jsp"%>
  <%@ include file="navigation.jsp"%>
  <table width="778"  border="0" cellspacing="0" cellpadding="0" align
="center">
  <tr>
    <td valign="top" bgcolor="#FFFFFF"><table width="99%" height="
510"  border="0" align="center" cellpadding="0" cellspacing="0" bgcolor="#
FFFFFF" class="tableBorder_gray">
  <tr>
    <td height="510" valign="top" style="padding:5px;"><table width="
98%" height="487"  border="0" cellpadding="0" cellspacing="0">
      <tr>
        <td height="22" valign="top" class="word_orange">当前位置:系统设置
&gt; 管理员设置 &gt;&gt;&gt; </td>
      </tr>
      <tr>
        <td align="center" valign="top"><%
   if(coll==null || coll.isEmpty()){
   %>
            <table width="100%" height="30"  border="0" cellpadding="0"
cellspacing="0">
              <tr>
                <td height="36" align="center">暂无管理员信息！ </td>
              </tr>
            </table>
            <table width="100%"  border="0" cellspacing="0" cellpadding="
0">
  <tr>
    <td>
      <a href="#" onClick="window.open('manager_add.jsp','','width=452,
height=175')">添加管理员信息</a> </td>
  </tr>
</table>
<%
}else{
                                            //通过迭代方式显示数据
  Iterator it=coll.iterator();
  int ID=0;
  String name="";
  int sysset=0;
  int readerset=0;
  int bookset=0;
```

```
    int borrowback =0;
    int sysquery =0;
    %>
  <table width = "100%"  border = "0" cellspacing = "0" cellpadding = "0">
    <tr>
      <td width = "84%">        </td>
  <td width = "16%">
        <a href = "#" onClick = "window.open('manager_add.jsp','','width = 452,
height = 180')">添加管理员信息</a> </td>
    </tr>
  </table>
    <table width = "91%"  border = "1" cellpadding = "0" cellspacing = "0" class
= "table">
    <tr align = "center" bgcolor = "#e3F4F7">
      <td width = "26%" bgcolor = "#F9D16B">管理员名称</td>
      <td width = "12%" bgcolor = "#F9D16B">系统设置</td>
      <td width = "12%" bgcolor = "#F9D16B">读者管理</td>
      <td width = "12%" bgcolor = "#F9D16B">图书管理</td>
      <td width = "11%" bgcolor = "#F9D16B">图书借还</td>
      <td width = "10%" bgcolor = "#F9D16B">系统查询</td>
      <td width = "9%" bgcolor = "#F9D16B">权限设置</td>
      <td width = "8%" bgcolor = "#F9D16B">删除</td>
    </tr>
  <%
    while(it.hasNext()){
      ManagerForm managerForm = (ManagerForm)it.next();
    ID = managerForm.getId().intValue();
    name = managerForm.getName();
    sysset = managerForm.getSysset();
    readerset = managerForm.getReaderset();
    bookset = managerForm.getBookset();
    borrowback = managerForm.getBorrowback();
    sysquery = managerForm.getSysquery();
    %>
    <tr>
      <td style = "padding:5px;"><% =name%></td>
      <td align = "center"><input name = "checkbox" type = "checkbox" class = "
noborder" value = "checkbox" disabled = "disabled" <% if (sysset = = 1) {out.
println("checked");}%>></td>
      <td align = "center"><input name = "checkbox" type = "checkbox" class = "
noborder" value = "checkbox" disabled = "disabled" <%if(readerset = = 1){out.
println("checked");}%>></td>
      <td align = "center"><input name = "checkbox" type = "checkbox" class = "
noborder" value = "checkbox" disabled <% if (bookset = = 1) {out.println("
checked");}%>></td>
```

```
        <td align="center"><input name="checkbox" type="checkbox" class="
noborder" value="checkbox" disabled <%if(borrowback==1){out.println("
checked");}%>></td>
        <td align="center"><input name="checkbox" type="checkbox" class="
noborder" value="checkbox" disabled <%if(sysquery==1){out.println("
checked");}%>></td>
        <td align="center"><%if(! name.equals(flag)){ %><a href="#"
onClick="window.open('manager? action=managerModifyQuery&id=<%=ID%
>','','width=452,height=185')">权限设置</a><%}else{%> <%}%></
td>
        <td align="center">
      <%if(! name.equals(flag)){ %><a href="manager? action=managerDel&id
=<%=ID%>">删除</a><%}else{%> <%}%></td>
      </tr>
    <%
      }
    }
    %>
    </table></td>
          </tr>
        </table>
    </td>
      </tr>
    </table><%@ include file="copyright.jsp"%></td>
      </tr>
    </table>
```

5. 添加管理员的实现过程

添加管理员使用的数据表为 tb_manager。

管理员登录后，选择“系统设置”/“管理员设置”命令，进入查看管理员列表页面，在该页面中单击“添加管理信息”超链接，打开添加管理员信息页面。

(1)设计添加管理员信息页面。

添加管理员页面主要用于收集输入的管理员信息及通过自定义的 JavaScript 函数验证输入信息是否合法，添加管理员页面表单元素见表 10.13。

表 10.13 添加管理员页面表单元素

名称	元素类型	重要属性	含义
Form1	Form	Method = “post” action = “manager? action = managerAdd”	表单
Name	Text		管理员名称
Pwd	Password		管理员密码
Pwd1	Password		确认密码
Submit	Button	Value = “保存” onclick = “ check(form1)”	“保存”按钮
Submit3	Button	Value = “关闭” onclick = “Windows. close();”	“关闭”按钮

编写自定义的 JavaScript 函数，用于判断管理员名称、管理员密码，确认密码文本框是否为空，以及两次输入的密码是否一致。程序代码如下：

```
<script language="javascript">
function check(form){
  if(form.name.value==""){
    alert("请输入管理员名称!");form.name.focus();return;
  }
  if(form.pwd.value==""){
    alert("请输入管理员密码!");form.pwd.focus();return;
  }
  if(form.pwd1.value==""){
    alert("请确认管理员密码!");form.pwd1.focus();return;
  }
  if(form.pwd.value! =form.pwd.value){
    alert("您两次输入的管理员密码不一致,请重新输入!");form.pwd.focus();return;
  }
  form.submit();
}
</script>
```

(2)修改管理员的 Servlet 控制类。

在添加管理员页面中，输入合法的管理员名称及密码后，单击“保存”按钮，网页会访问一个 URL，这个 URL 是 manager? action = managerAdd。从该 URL 地址中可以知道添加管理员信息页面涉及的 action 的参数值为 managerAdd，也就是当 action = managerAdd 时，会调用添加管理员信息的方法 managerAdd( )，具体代码如下：

```
if("managerAdd".equals(action)){
  managerAdd(request,response);
}
```

在添加管理员信息的方法 managerAdd( )中，首先需要将接收到的表单信息保存到管理员实体类 ManagerForm 中，然后调用 ManagerDAO 类中的 insert( )方法，将添加的管理员信息保存到数据表中并将返回值保存到变量 ret 中。如果返回值为 1，则表示信息添加成功，将页面重定向到添加信息成功的页面。如果返回值为 2，则表示该管理员信息已经添加，将错误提示信息“该管理员信息已经存在!”保存到 HttpServletRequest 对象的 error 参数中，然后将页面重定向到错误提示信息页面；否则，将错误提示信息“添加管理员信息失败!”保存到 HttpServletRequest 的对象 error 中，并将页面重定向到错误提示页。添加管理员信息的方法 managerADD 的具体代码如下：

```
private void managerAdd(HttpServletRequest request,
    HttpServletResponse response) throws ServletException, IOException {
  ManagerForm managerForm = new ManagerForm();
  managerForm.setName(request.getParameter("name"));   //获取设置管理员名称
  managerForm.setPwd(request.getParameter("pwd"));     //获取并设置密码
  int ret = managerDAO.insert(managerForm);            //调用添加管理员信息
  if (ret == 1) {
```

```
    request.getRequestDispatcher("manager_ok.jsp? para=1").forward(
      request, response);                                  //转到管理员信息添加
                                                           成功页面

  } else if (ret == 2) {
    request.setAttribute("error", "该管理员信息已经添加!");
                                                           //将错误信息保存到
                                                           error 参数中
    request .getRequestDispatcher("error.jsp")
            .forward(request, response);                   //转到错误提示页面
  } else {
    request.setAttribute("error", "添加管理员信息失败!"); //将错误信息保存到
                                                            error 参数中
    request .getRequestDispatcher("error.jsp")
            .forward(request, response);                   //转到错误提示页面
  }
}
```

(3)编写添加管理员信息的 ManagerDAO 类的方法。

从 managerAdd( )方法中可知,添加管理员信息使用的 MnnagerDAO 类的方法是 insert( )。在 insert( )方法中,首先从数据表 tb_manager 中查询输入的管理员名称是否存在。如果存在,将标志变量设置为 2;否则,将输入的信息保存到管理员信息表中,并将返回值赋给标志变量,最后返回标志变量。Insert( )方法的具体代码如下:

```
public int insert(ManagerForm managerForm) {
    String sql1 = "SELECT * FROM tb_manager WHERE name ='" + managerForm.
getName() + "'";
   ResultSet rs = conn.executeQuery(sql1);
   String sql = "";
   int falg = 0;
     try {
       if (rs.next()) {
          falg=2;
       } else {
          sql = "INSERT INTO tb_manager (name,pwd) values('" +
                managerForm.getName() + "','" +
                managerForm.getPwd() +
                "')";
          falg = conn.executeUpdate(sql);
          System.out.println("添加管理员信息的 SQL:" + sql);
       }
     } catch (SQLException ex) {
       falg=0;
     }finally{
      conn.close();
```

```
        }
      return falg;
  }
```

(4)制作添加信息成功页面。

这里将添加管理员信息、设置管理员权限和管理员信息删除三个模块操作成功的页面用一个JSP文件实现,只是通过传递的参数para的值进行区分,关键代码如下:

```
<%int para=Integer.parseInt(request.getParameter("para"));
switch(para){
  case 1:
  %>
    <script language="javascript">
    alert("管理员信息添加成功!");
    opener.location.reload();
    window.close();
    </script>
  <%  break;
  case 2:
  %>
    <script language="javascript">
    alert("管理员权限设置成功!");
    opener.location.reload();
    window.close();
    </script>
    <%  break;
  case 3:
  %>
    <script language="javascript">
    alert("管理员信息删除成功!");
    window.location.href="manager? action=managerQuery";
    </script>
  <%  break;
}
%>
```

6. 设置管理员权限的实现过程

设置管理员权限使用的数据表为tb_manager和tb_purview。

管理员登录后,选择"系统设置"/"管理员设置"命令,进入到查看管理员列表页面,在该页面中单击指定管理员后面的"权限设置"超链接,即可进入到权限设置页面,设置该管理员的权限。

(1)在管理员列表中添加权限设置页面的入口。

在"查看管理员列表"页面的管理员列表中,添加"权限设置"列,并在该列中添加以下用于打开"权限设置"页面的超链接代码。代码如下:

```
<a href="#" onClick=
"window.open('manager? action = managerModifyQuery&id = <% = ID% >)'.".'
```

```
width=292,height=175)'">
    >
```

从上面的 URL 地址中可知，设置管理员权限页面所涉及的 action 的参数值为 managerModifyQuery，当 action = managerModifyQuery 时，会调用查询指定管理员权限信息的方法 manager ModifyQuery( )。具体代码如下：

```
if("managerModifyQuery".equals(action)){
managerModifyQuery(request,response);
}
```

在查询指定管理员权限信息的方法 managerModifyQuery( )中，首先需要将接收到的表单信息保存到管理员实体类 ManagerForm 中；然后调用 ManagerDAO 类中的 query_update( )方法，查询出指定管理员权限信息；最后将返回的查询结果保存到 HttpServletRequest 的对象 managerQueryif 中。查询指定管理员权限信息的方法 managerModifyQuery( )的具体代码如下：

```
private void managerModifyQuery(HttpServletRequest request,
    HttpServletResponse response) throws ServletException, IOException {
  ManagerForm managerForm = new ManagerForm();
  managerForm.setId(Integer.valueOf(request.getParameter("id")));
                                                    //获取并设置管理 ID 号
  System.out.print("查询到的 id:" + request.getParameter("id"));
  request.setAttribute("managerQueryif", managerDAO
          .query_update(managerForm));
  request.getRequestDispatcher("manager_Modify.jsp").forward(request,
          response);                                //转到权限设置成功页面
}
```

从 managerModifyQuery( )中可知，查询指定管理员权限信息使用的 ManagerDAO 类的方法是 query_update( )。在 query_update( )方法中，首先使用左连接从数据表 tb_manager和 tb_purview 中查询出符合条件的数据，然后将查询结果保存到 Collection 集合类中，并返回该集合类。query_ update( )方法的具体代码如下：

```
public ManagerForm query_update(ManagerForm managerForm) {
    ManagerForm managerForm1 = null;
    String sql = "select m.*,p.sysset,p.readerset,p.bookset,p.borrowback,
p.sysquery from tb_manager m left join tb_purview p on m.id=p.id where m.id=" +
        managerForm.getId() + "";
    ResultSet rs = conn.executeQuery(sql);          //执行查询语句
    try {
        while (rs.next()) {
            managerForm1 = new ManagerForm();
            managerForm1.setId(Integer.valueOf(rs.getString(1)));
            managerForm1.setName(rs.getString(2));
```

```
                managerForm1.setPwd(rs.getString(3));
                managerForm1.setSysset(rs.getInt(4));
                managerForm1.setReaderset(rs.getInt(5));
                managerForm1.setBookset(rs.getInt(6));
                managerForm1.setBorrowback(rs.getInt(7));
                managerForm1.setSysquery(rs.getInt(8));
            }
        } catch (SQLException ex) {
            ex.printStackTrace();                                   //输出异常信息
        }finally{
            conn.close();                                           //关闭数据库连接
        }
        return managerForm1;
    }
                                                                    //更改口令时应用的查询方法
    public ManagerForm query_pwd(ManagerForm managerForm) {
        ManagerForm managerForm1 = null;
        String sql = "SELECT * FROM tb_manager WHERE name ='" + managerForm.
getName() + "'";
        ResultSet rs = conn.executeQuery(sql);
        try {
            while (rs.next()) {
                managerForm1 = new ManagerForm();
                managerForm1.setId(Integer.valueOf(rs.getString(1)));
                managerForm1.setName(rs.getString(2));
                managerForm1.setPwd(rs.getString(3));
            }
        } catch (SQLException ex) {
            ex.printStackTrace();
        }finally{ conn.close(); }
        return managerForm1;
    }
```

(2)设计权限设置页面。

将 Servlet 控制类中 managerModifyQuery()方法返回的查询结果显示在设置管理员权限页 manager_Modify.jsp 中。在 manager_Modify.jsp 中,通过 request.getAttribute()方法获取查询结果,并将其显示在相应的表单元素中。权限设置页面表单元素见表 10.14。

表 10.14　权限设置页面表单元素

名称	元素类型	重要属性	含义
Form1	Form	Method = "post" action = "manager? action = managerModify"	表单
Id	Hidden	Value = " < % = ID % > "	管理员编号
Name	Text	Readonly = "yes" value = " < % = name % > "	管理员名称
Sysset	Checkbox	Value = "1" < %if(sysset = = 1){out.println("checked");} % >	系统设置
Readerset	Checkbox	Value = "1" < %if(readerset = = 1){out.println("checked");} % >	读者管理
Bookset	Checkbox	Value = "1" < %if(bookset = = 1){out.println("checked");} % >	图书管理
Borrowback	Checkbox	Value = "1" < %if(borrowback = = 1){out.println("checked");} % >	图书借还
Sysquery	Checkbox	Value = "1" < %if(sysset = = 1){out.println("checked");} % >	系统查询
Button	Submit	Value = "保存"	"保存"按钮
Submit2	button	Value = "关闭" onClick = "window.close();"	"关闭"按钮

(3)修改管理员的 Servlet 控制类。

在权限设置页面中设置管理员权限后，单击"保存"按钮，网页会访问一个 URL，这个 URL 是 manager? action = managerModify。从该 URL 地址中可知，保存设置管理员权限信息涉及的 action 的参数值为 managerModify，也就是当 action = managerModify 时，会调用保存设置管理员权限信息的方法 managerModify()。具体代码如下：

```
if ("manager Modify".equals(action)) {
managerModify(request, response);
}
```

在保存设置管理员权限信息的方法 managerModify()中，首先需要将接收到的表单信息保存到管理员实体类 ManagerForm 中，然后调用 ManagerDAO 类中的 update()方法，将设置的管理员权限信息保存到权限表 tb_purview 中，并将返回值保存到变量 ret 中。如果返回值为 1，表示信息设置成功，将页面重定向到设置信息成功页面；否则，将错误提示信息"修改管理员信息失败！"保存到 HttpServletRequest 对象的 error 参数中，然后将页面重定向到错误提示信息页面。保存设置管理员权限信息的方法 managerModify()的具体代码如下：

```
private void managerModify(HttpServletRequest request,
    HttpServletResponse response) throws ServletException, IOException {
  ManagerForm managerForm = new ManagerForm();
  managerForm.setId(Integer.parseInt(request.getParameter("id")));
                                                  //获取并设置管理员 ID 号
  managerForm.setName(request.getParameter("name"));
                                                  //获取并设置管理员名称
  managerForm.setPwd(request.getParameter("pwd")); //获取并设置管理员密码
  managerForm.setSysset(request.getParameter("sysset") = = null ? 0
    : Integer.parseInt(request.getParameter("sysset")));
```

```
                                                    //获取并设置系统设置权限
    managerForm.setReaderset(request.getParameter("readerset") == null ? 0
      : Integer.parseInt(request.getParameter("readerset")));
                                                    //获取并设置读者管理权限
    managerForm.setBookset(request.getParameter("bookset") == null ? 0
      : Integer.parseInt(request.getParameter("bookset")));
                                                    //获取并设置图书管理权限
    managerForm
      .setBorrowback(request.getParameter("borrowback") == null ? 0
        : Integer.parseInt(request.getParameter("borrowback")));
                                                    //获取并设置图书借还权限
    managerForm.setSysquery(request.getParameter("sysquery") == null ? 0
      : Integer.parseInt(request.getParameter("sysquery")));
                                                    //获取并设置系统查询权限
    int ret = managerDAO.update(managerForm);       //调用设置管理员权限的方法
    if (ret == 0) {
      request.setAttribute("error", "设置管理员权限失败!");
                                                    //保存错误提示信息到
                                                    error 参数中
      request.getRequestDispatcher("error.jsp")
            .forward(request, response);            //转到错误提示页面
    } else {
      request.getRequestDispatcher("manager_ok.jsp? para=2").forward(
            request, response);                     //转到权限设置成功页面
    }
  }
```

(4)编写保存设置管理员权限信息的 ManagerDAO 类的方法。

从 mangerModify()方法中可知,设置管理员权限时使用的 ManagerDAO 类的方法是 update()。在 update()方法中,首先从数据表 tb_manager 中查询要设置权限的管理员是否已经存在权限信息。如果是,则修改该管理员的权限信息;如果不是,则在管理员倍息表中添加该管理员的权限信息,并将返回值赋给标志变量,然后返回标志变量。update()方法的具体代码如下:

```
  public int update(ManagerForm managerForm) {
      String sql1 = "SELECT * FROM tb_purview WHERE id = " + managerForm.getId()
+ "";
      ResultSet rs = conn.executeQuery(sql1);       //查询要设置权限的管理员
                                                    的权限信息
      String sql = "";
      int falg = 0;
      try {                                         //捕捉异常信息
```

```
        if (rs.next()) {                              //当已经设置权限时,执行更
                                                      新语句
            sql = "Update tb_purview set sysset = " + managerForm.getSysset
() +
                    ",readerset = " + managerForm.getReaderset() + ",bookset
= " + managerForm.getBookset() + ",borrowback = " + managerForm.getBorrowback()
+ ",sysquery = " + managerForm.getSysquery() + " where id = " +
                managerForm.getId() + "";
        }else{                                        //未设置权限时,执行插入
                                                      语句
            sql = "INSERT INTO tb_purview values(" + managerForm.getId() + ","
+ managerForm.getSysset() + "," + managerForm.getReaderset() + "," + managerForm.
getBookset() + "," + managerForm.getBorrowback() + "," + managerForm.getSysquery
() + ")";
        }
        falg = conn.executeUpdate(sql);
        System.out.println("修改数据时的 SQL:" + sql);
    } catch (SQLException ex) {
        falg =0;                                      //表示设置管理员权限失败
    }finally{
      conn.close();                                   //关闭数据库连接
    }
    return falg;
}
```

7. 删除管理员的实现过程

删除管理员使用的数据表为 tb_manager 和 tb_purview。

管理员登录后,选择"系统设置"/"管理员设置"命令,进入查看管理员列表页面,在该页面中单击指定管理员信息后面的"删除"超链接,该管理员及其权限信息将被删除。

在查看管理员列表页面中,添加以下用于删除管理员信息的超链接代码:

```
<a href = "manager? action =managerDel&id = <& = ID% > >删除 </a >"
```

从上面的 URL 地址中可知,删除管理员页所涉及的 action 的参数值为 mangereDel,当 action = managerDel 时,会调用删除管理员的方法 managerDel(),具体代码如下:

```
if ("managerDel".equals(action) {
managerDel(request,response
);
```

在删除管理员的方法 managerDel()中,首先需要实例化 ManagerForm 类,并用获得的 id 参数的值重新设置该类的 setId()方法,再调用 ManagerDAO 类中的 delete()方法删除指定的管理员,并根据执行结果将页面转到相应页面。删除管理员的方法 managerDel()的具体代码如下:

```
private void managerDel(HttpServletRequest request,
   HttpServletResponse response) throws ServletException, IOException {
  ManagerForm managerForm = new ManagerForm();
  managerForm.setId(Integer.valueOf(request.getParameter("id")));
                                               //获取并设置管理员 ID 号
  int ret = managerDAO.delete(managerForm); //调用删除信息的方法 delete()
  if (ret = = 0) {
    request.setAttribute("error", "删除管理员信息失败!");
                                               //保存错误提示信息到 error 参数中
    request .getRequestDispatcher("error.jsp")
           .forward(request, response);        //转到错误提示页面
  } else {
    request.getRequestDispatcher("manager_ok.jsp? para =3").forward(
      request, response);                      //转到删除管理员信息成功页面
  }
}
```

从 managerDel()方法中可知,删除管理员使用的 Manager DAO 类的方法是 delete()在 deleted 方法中,首先将管理员信息表 tb manager 中符合条件的数据删除,再将权限表 tb purview 中的符合条件的数据删除,最后返回执行结果。delete()方法的具体代码如下:

```
public int delete(ManagerForm managerForm) {
    int flag =0;
    try{                                       //捕捉异常信息
        String sql = "DELETE FROM tb_manager where id = " + managerForm.getId
() + "";
        flag = conn.executeUpdate(sql);        //执行删除管理员信息的语句
        if (flag ! =0){
            String sql1 = "DELETE FROM tb_purview where id = " + managerForm.
getId() + "";
            conn.executeUpdate(sql1);          //执行删除权限信息的语句
        }}catch(Exception e){
  System.out.println("删除管理员信息时产生的错误:" +e.getMessage());
                                               //输出错误信息
        }finally{
          conn.close();                        //关闭数据库连接
        }
        return flag;
    }
```

10.4.10　图书借还模块设计

1. 图书借还模块概述

图书借还模块主要包括图书借阅、图书续借、图书归还、图书借阅查询、借阅到期提醒和图书借阅排行六个功能。在图书借阅模块中的用户只有一种身份，那就是操作员，通过该身份可以进行图书借还等相关操作。图书借还模块的用例图如图 10.30 所示。

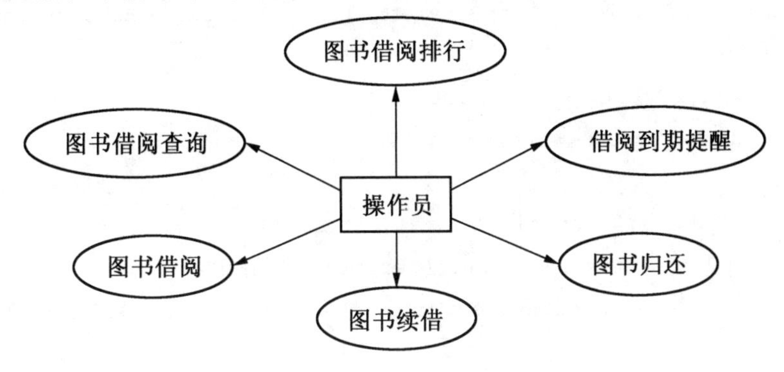

图 10.30　图书借还模块的用例图

2. 编写图书借还模块的实体类和 Servlet 控制类

在实现图书借还模块时，需要编写图书借还模块对应的实体类和 Servlet 控制类。下面将详细介绍如何编写图书借还模块的实体类和 Servlet 控制类。

(1) 编写图书借还的实体类。

在图书借还模块中涉及的数据表是 tb_borrow（图书借阅信息表）、tb_bookinfo（图书信息表）和 tb_reader（读者信息表），这三个数据表间通过相应的字段进行关联。

通过以上三个表可以获得图书借还信息，根据这些信息来创建图书借还模块的实体类，名称为 Borrow Form。

(2) 编写图书借还的 Servlet 控制类。

图书借还模块的 Servlet 控制类 Borrow 继承了 Httpservlet 类，在该类中，首先需要在构造方法中实例化图书借还管理模块的 BookDAO 类、BorrowDAO 类和 ReaderDAO 类（这些类用于实现与数据库的交互），然后编写 doGet() 和 doPost() 方法，在这两个方法中根据 request 的 getParameter() 方法获取的 action 参数值执行相应方法。由于这两个方法中的代码相同，因此只需在第一个方法 doGet() 中写相应代码，在另一个方法 doPost() 中调用 doGet() 方法即可。

图书借还模块 Servlet 控制类的关键代码如下：

```
public class Borrow extends HttpServlet {
  /*******在构造方法中实例化 Borrow 类中应用的持久层类的对象********/
    private BorrowDAO borrowDAO  = null;
    private ReaderDAO readerDAO = null;
    private BookDAO bookDAO = null;
    private ReaderForm readerForm = new ReaderForm();
```

```
    public Borrow() {
        this.borrowDAO = new BorrowDAO();
        this.readerDAO = new ReaderDAO();
        this.bookDAO = new BookDAO();
    }
/***************************************/
    public void doGet (HttpServletRequest request, HttpServletResponse
response)
        throws ServletException, IOException {
            String action =request.getParameter("action");
                                                    //获取 action 参数的值
            if(action= =null||"".equals(action)){
                request.setAttribute("error","您的操作有误!");
                 request.getRequestDispatcher("error.jsp").forward(request,
response);
            }else if("bookBorrowSort".equals(action)){
                bookBorrowSort(request,response);
            }else if("bookborrow".equals(action)){
                bookborrow(request,response);            //图书借阅
            }else if("bookrenew".equals(action)){
                bookrenew(request,response);             //图书续借
            }else if("bookback".equals(action)){
                bookback(request,response);              //图书归还
            }else if("Bremind".equals(action)){
                bremind(request,response);               //借阅到期提醒
            }else if("borrowQuery".equals(action)){
                borrowQuery(request,response);           //借阅信息查询
            }
    }
```

3. 图书借阅的实现过程

图书借阅使用的数据表为 tb_borrow、tb_bookinfo 和 tb_reader。

管理员登录后,选择“图书借还”/“图书借阅”命令,进入图书借阅页面,在该页面中的“读者条形码”文本框中输入读者的条形码(如 20170224000001)后,单击“确定”按钮,系统会自动检索出该读者的基本信息和未归还的借阅图书信息。如果找到对应的读者信息,就将其显示在页面中,此时输入图书的条形码或图书名称后,单击“确定”按钮,借阅指定的图书。

(1)设计图书借阅页面。

图书借阅页面总体上可以分为两个部分:一部分用于查询并显示读者信息;另一部分用于显示读者的借阅信息和添加读者借阅信息。

由于系统要求一个读者只能同时借阅一定数量的图书，并且该数量由读者类型表 tb_readertype 中的可借数量 number 决定，因此这里编写了自定义的 JavaScript 函数 checkbook( )，用于判断当前选择的读者是否还可以借阅新的图书。同时，该函数还具有判断是否输入图书条形码或图书名称的功能，代码如下：

```
<script language="javascript">
 function checkreader(form){
  if(form.barcode.value=="){                    //判断是否输入读者条形码
      alert("请输入读者条形码!");form.barcode.focus();return;
  }
  if(form.inputkey.value==""){                  //判断查询关键字是否为空
      alert("请输入查询关键字!");form.inputkey.focus();return;
  }
  if(form.number.value-form.borrowNumber.value<=0){
                                                 //判断是否可以再借阅其他
                                                 图书
      alert("您不能再借阅其他图书了!");return;
  }
  form.submit();                                 //提交表单
 }
 </script>
```

在 Java script 中比较两个数值型文本框的值时，不使用运算符“==”，而是将这两个值相减，再判断其结果。

(2)修改图书借阅的 Servlet 控制类。

在图书借阅页面中的“读者条形码”文本框中输入条形码后，单击“确定”按钮，或者在“图书条形码”/“图书名称”文本框中输入图书条形码或图书名称后，单击“确定”按钮，网页会访问一个 URL，这个 URL 是 borrow? action= bookborrow。从该 URL 地址中可知图书借阅模块涉及的 action 的参数值为 bookborrow，也就是当 action= bookborrow 时，会调用图书借阅的方法 bookborrow( )，具体代码如下：

```
if("bookborrow".equals(action)){
bookborrow(request,response);                    //图书借阅
}
```

实现图书借阅的方法 bookborrow( )需要分以下三个步骤进行。

①先需要实例化一个读者信息所对应的实体类(ReaderForm)的对象，然后将该对象的 setBarcode( )方法设置为从页面中获取的读者条形码的值，再调用 ReaderDAO 类中的 queryM( )方法查询读者信息，并将查询结果保存在 Readerform 的对象 reader 中，最后将 reader 保存到 Httpservletrequest 的对象 borrowinfo 中。

②用 BorrowDAO 类的 borrowinfo( )方法查询读者的借阅信息，并将其保存到 HttpservletRequest 的对象 borrowing 中。

③先获取查询条件(是按图书条形码还是按图书名称查询)和查询关键字，当查询关

键字不为空时，调用 BookDAO 类的 queryB( )方法查询图书信息。当存在符合条件的图书信息时，再调用 BorrowDAO 类的 insertBorrow( )方法添加图书借阅信息(如果添加图书借阅信息成功，则将当前读者条形码保存到 HttpServletrequest 对象的 bar 参数中，并且返回到图书借阅成功页面；否则，将错误信息“添加借阅信息失败”保存到 HttpServletRequest 的对象的 error 参数中，并将页面重定向到错误提示页)。否则，将错误提示信息“没有该图书!”保存到 Httpservlet Rquest 对象的 error 参数中。

图书借阅的方法 bookborrow 的具体代码如下：

```
    private void bookborrow(HttpServletRequest request, HttpServletResponse
response)
        throws ServletException, IOException {
                                                        //查询读者信息
            ReaderForm.setBarcode(request.getParameter("barcode"));
            ReaderForm reader = (ReaderForm) readerDAO.queryM(readerForm);
            request.setAttribute("readerinfo", reader);
                                                        //查询读者的借阅信息
            request.setAttribute("borrowinfo",borrowDAO.borrowinfo(request.
getParameter("barcode")));
                                                        //完成借阅
            String f = request.getParameter("f");
            String key = request.getParameter("inputkey");
            if (key ! = null && ! key.equals("")) {
                String operator = request.getParameter("operator");
                BookForm bookForm = bookDAO.queryB(f, key);
                if (bookForm! =null){
                    int ret = borrowDAO.insertBorrow(reader, bookDAO.queryB(f,
key),
                                                    operator);
                    if (ret = = 1) {
                        request.setAttribute("bar", request.getParameter("
barcode"));
                        request.getRequestDispatcher("bookBorrow_ok.jsp").
    forward(request, response);

                    } else {
                        request.setAttribute("error", "添加借阅信息失败!");
                        request.getRequestDispatcher("error.jsp").forward
(request, response);
                    }
                }else{
                    request.setAttribute("error", "没有该图书!");
```

```
                request.getRequestDispatcher("error.jsp").forward(request,
response);
                }
            }else{
                request.getRequestDispatcher("bookBorrow.jsp").forward(request;
response);
            }
        }
```

(3)编写借阅图书的 BorrowDAO 类的方法。

从 bookborrow( )方法中可知,保存借阅图书信息时使用的 BorrowDAO 类的方法是 insert borrow( )。在 insert Borrow( )方法中,首先从数据表 tb_bookinfo 中查询出借阅图书的 ID,然后再获取系统日期(用于指定借阅时间),并计算归还时间,再将图书借阅信息保存到借阅信息表 tb_giveback 中,最后将图书借阅信息表中该记录的“是否归还”字段 ifback 的值设置为 1,表示已经归还。图书归还的方法 back 的代码如下:

```
    public int renew (int id) {
    String sql() = "SELECT bookid FROM tb_borrow WHERE id = " + id + ";
    (ReaderForm readerForm,BookForm bookForm,String operator){
                                                    //获取系统日期
            Date dateU = new Date();
            java.sql.Date date = new java.sql.Date(dateU.getTime());
          String sql1 = "select t.days from tb_bookinfo b left join tb_booktype t "
 + "on b.typeid = t.id where b.id = " + rsl.getInt(1) + "";
            ResultSet rs = conn.executeQuery(sql1);
            int days = 0;
            try {
                if (rs.next()) {
                    days = rs.getInt(1);
                }
            } catch (SQLException ex) {
            }
                                                    //计算归还时间
              String date_str = String.valueOf(date);
              String dd = date_str.substring(8,10);
               String DD = date_str.substring(0,8) + String.valueOf(Integer.
parseInt(dd) + days);
              java.sql.Date backTime = java.sql.Date.valueOf(DD);

    String sql = "UPDATE tb_borrow SET backtime = " + backTime + " where id = " + id
 + " ";
    flag = conn.executeUpdate(sql);                 //执行更新语句
```

```
}
}catch (Exception exl){}
conn.close();                                          //关闭数据库连接
return flag;
}
```

4. 图书续借的实现过程

图书续借使用的数据表为 tb_borrow、tb_bookinfo 和 tb_reader。

管理员登录后，选择“图书借还”“图书续借”命令，进入图书续借页面，在该页面中的“读者条形码”文本框中输入读者的条形码（如 20170224000001）后，单击“确定”按钮，系统会自动检索出该读者的基本信息和未归还的借阅图书信息。如果找到对应的读者信息，则将其显示在页面中，此时单击“续借”超链接，即可续借指定图书（即将该图书的归还时间延长到指定日期，该日期由续借日期加上该书的可借天数计算得出）。

(1)设计图书续借页面。

图书续借页面的设计方法与图书借阅页面类似，所不同的是，在图书续借页面中没有添加借阅图书的功能，而是添加了“续借”超链接。

在单击“续借”超链接时，还需要将读者条形码和借阅 ID 一起传递到图书续借的 Servlet 控制类中，代码如下：

```
<a href = "borrow? action = bookrenew&barcode% > &id = < % = id > " >续借< /a >
```

(2)修改图书续借的 Servlet 控制类。

在图书续借页面中的“读者条形码”文本框中输入条形码后，单击“确定”按钮，网页会访问一个 URL，这个 URL 是 borrowraction = bookrenew。从该 URL 地址中可知图书续借模块涉及的 action 的参数值为 bookrenew，也就是当 action = bookrenew 时，会调用图书续借的方法 bookrenew()，具体代码如下：

```
If("bookrenew".equals(action)){
Bookrenew(request,response);
}
```

实现图书续借的方法 bookback()需要分以下三个步骤进行。

①首先需要实例化读者信息所对应的 Action Form(Reader form)的对象，然后将该对象的 setbarcode()方法设置为从页面中获取读者条形码的值，再调用 ReaderDAO 类中的 query M()方法查询读者信息，并将查询结果保存在 Reader form 的对象 reader 中，最后将 reader 保存到 Httpscrvlet request 的对象 readerinfo 中。

②调用 BorrowDAO 类的 borrowinfot()方法，查询读者的借阅信息，并将其保存到 Httpservlet Request 的对象 borrowinfo 中。

③首先判断是否从页面中传递了借阅 ID 号，如果是，则获取从页面中传递的借阅 ID 号，然后判断该 id 值是否大于 0，如果大于 0，则调用 BorrowDAO 类的 renew()方法执行图书续借操作。如果图书续借操作执行成功，则将当前读者条形码保存到 Httpservlet Request 对象的 bar 参数中，并且返回到图书续借成功页面；否则，将错误信息“图书续借失败!”保存到 HttpservletrequeSt 对象的 error 参数中并将页面重定向到错误提示页。图

书续借的方法 bookrenew( )的具体代码如下:

```
    private void bookrenew ( HttpServletRequest request, HttpServletResponse
response)
        throws ServletException, IOException {
                                                    //查询读者信息
            readerForm.setBarcode(request.getParameter("barcode"));
            ReaderForm reader = (ReaderForm) readerDAO.queryM(readerForm);
            request.setAttribute("readerinfo", reader);
                                                    //查询读者的借阅信息
            request.setAttribute("borrowinfo",borrowDAO.borrowinfo(request.
getParameter("barcode")));
            if(request.getParameter("id")! =null){
                int id = Integer.parseInt(request.getParameter("id"));
                if (id > 0) {                       //执行继借操作
                    int ret = borrowDAO.renew(id);
                    if (ret = = 0) {
                        request.setAttribute("error", "图书继借失败!");
                            request.getRequestDispatcher("error.jsp").forward
(request, response);
                    } else {
                            request.setAttribute("bar", request.getParameter("
barcode"));
                            request.getRequestDispatcher("bookRenew_ok.jsp").
forward(request, response);
                    }
                }
            }else{
                request.getRequestDispatcher("bookRenew.jsp").forward(request,
response);
            }
        }
```

(3)编写续借图书的 BorrowDAO 类的方法。

从 bookrenew( )方法中可知,保存图书续借信息时使用的 BorrowDAO 类的方法是 renew( )。在 renew( )方法中,首先根据借阅 ID 号从数据表 tb_borrow 中查询出当前借阅信息的读者 ID 和图书 ID,然后获取系统日期(用于指定归还时间),再将图书归还信息保存到图书归还信息表 tb_giveback 中,最后将图书借阅信息表中该记录的"是否归还"字段 track 的值设置为 1,表示已经归还。图书归还的方法 back( )的代码如下:

```
    public int renew(int id){
        String sql0 = "SELECT bookid FROM tb_borrow WHERE id = " + id + "";
        ResultSet rs1 = conn.executeQuery(sql0);
```

```
        int flag =0;
        try {
          if (rs1.next()) {
                                                        //获取系统日期
              Date dateU = new Date();
              java.sql.Date date = new java.sql.Date(dateU.getTime());
               String sql1 = "select t.days from tb_bookinfo b left join tb_
booktype t on b.typeid=t.id where b.id=" +
                        rs1.getInt(1) + "";
              ResultSet rs = conn.executeQuery(sql1);
              int days = 0;
              try {
                  if (rs.next()) {
                      days = rs.getInt(1);
                  }
              } catch (SQLException ex) {
              }
                                                        //计算归还时间
              String date_str = String.valueOf(date);
              String dd = date_str.substring(8, 10);
              String DD = date_str.substring(0, 8) +
                        String.valueOf(Integer.parseInt(dd) + days);
              java.sql.Date backTime = java.sql.Date.valueOf(DD);

              String sql = "UPDATE tb_borrow SET backtime='" + backTime +
                        "' where id=" + id + "";
              flag = conn.executeUpdate(sql);
          }
        } catch (Exception ex1) {}
        conn.close();
        return flag;
    }
```

5. 图书归还的实现过程

图书归还使用的数据表为 tb_borrow、tb_ bookinfo 和 tb_reader。

管理员登录后,选择"图书借还"/"图书归还"命令,进入图书归还页面,在该页面中的"读者条形码"文本框中输入读者的条形码(如 20170224000001)后,单击"确定"按钮,系统会自动检索出该读者的基本信息和未归还的借阅图书信息。如果找到对应的读者信息,则将其显示在页面中,此时单击"归还"超链接,即可将指定图书归还。

(1)设计图书归还页面。

图书归还页面的设计方法与图书续借页面类似,所不同的是,将图书续借页面中的“续借”超链接转化为“归还”超链接。在单击“归还”超链接时,也需要将读者条形码、借阅 ID 和操作员一同传递到图书归还的 Servlet 控制类中,代码如下:

```
<a href = "borrow? action = book&barcode = < % = barcode% > &id = < % = id% >
&operator = < % =manager% > " >归还 < /a >
```

(2)修改图书归还的 Servlet 控制类。

在图书归还页面中的“读者条形码”文本框中输入条形码后,单击“确定”按钮,网页会访问一个 URL,这个 URL 是 borrow? action = bookback。从该 URL 地址中可知,图书归还模块涉及的 action 的参数值为 bookback,也就是当 action = bookback 时会调用图书归还的方法 bookback( ),具体代码如下:

```
ifrbookback' .equals(action)|
bookbacktrequest,response);
}
```

实现图书归还的方法 bookback( )与实现图书续借的方法 bookrenew( )基本相同,所不同的是如果从页面中传递的借阅 ID 号大于 0,则调用 BorrowDAO 类的 back( )方法执行图书归还操作,并且需要获取页面中传递的操作员信息。图书归还的方法 bookback( )的关键代码如下:

```
Int id Integer.parseintrequest.getParameter(id):
String operator = request.getParameter(operator) ;
int ret = borrowDAO.back(id,operator);
}
```

(3)编写归还图书的 BorrowDAO 类的方法。

从 bookback( )方法中可知,保存归还图书信息时使用的 BorrowDAO 类的方法是 back( )。在 back( )中,首先根据借阅 ID 号从数据表 tb_borrow 中查询出当前借阅信息的读者 ID 和图书 ID,然后获取系统日期(用于指定归还时间),再将图书归还信息保存到图书归还信息表 tb_giveback 中,最后将图书借阅信息表中该记录的“是否归还”字段 ifback 的值设置为 1,表示已经归还。图书归还的方法 back( )的代码如下:

```
public int back(int id,String operator){
      String sql0 = "SELECT readerid,bookid FROM tb_borrow WHERE id = " + id
+ "";
      ResultSet rs1 = conn.executeQuery(sql0);
      int flag =0;
    try {
      if (rs1.next()) {
                                                       //获取系统日期
          Date dateU = new Date();
          java.sql.Date date = new java.sql.Date(dateU.getTime());
          int readerid=rs1.getInt(1);
```

```
            int bookid = rs1.getInt(2);
            String sql1 = "INSERT INTO tb_giveback (readerid,bookid,backTime,
operator) VALUES(" + readerid + "," + bookid + ",'" + date + "','" + operator + "')";
            int ret = conn.executeUpdate(sql1);
            if(ret = = 1){
                String sql2 = "UPDATE tb_borrow SET ifback = 1 where id = " +
id +
                                    "";
                flag = conn.executeUpdate(sql2);
            }else{
                flag = 0;
            }
        }
    } catch (Exception ex1) {
    }
      conn.close();
      return flag;
  }
```

6. 图书借阅查询的实现过程

图书借阅查询使用的数据表为 tb_borrow、tb_bookinfo 和 tb_reader。

管理员登录后，选择“系统查询”/“图书借阅查询”命令，进入图书借阅查询页面，在该页面中可以按指定的字段或某一时间段进行查询，同时还可以按指定字段及时间段进行综合查询。

(1)设计图书借阅查询页面。

图书借阅查询页面主要用于收集查询条件和显示查询结果，并通过自定义的 JavaScript 函数验证输入的查询条件是否合法，图书借阅查询页面表单元素见表 10.15。

表 10.15　图书借阅查询页面表单元素

名称	元素类型	重要属性	含义
Myform	Form	Method = “post” action = “borrow? action = borrowquery”	表单
Flag	Checkbox	Value = “a” checked	选择查询依据
Flag	Checkbox	Value = “b”	借阅时间
F	Select	<option value = “barcode” >图书条形码</option> <option value = “bookname” >图书名称</option> <option value = “readerbarcode” >读者条形码</option> <option value = “readername” >读者名称</option>	查询字段

续表 10.15

名称	元素类型	重要属性	含义
Key	Text	Size = “50”	关键字
Sdate	Text		开始日期
Edate	Text		结束日期
Submit	Submit	Value = “查询”onClick = “return check(myform)”	“查询”按钮

编写自定义的 Javascript 函数 check(),用于判断是否选择了查询方式及当选择按时间段进行查询时判断输入的日期是否合法。代码如下:

```
<script language = "javascript" >
function check(myform){
  if(myform.flag[0].checked = = false && myform.flag[1].checked = = false){
    alert("请选择查询方式!");return false;
    }
    if (myform.flag[1].checked){
      if(myform.sdate.value = = ""){
        alert("请输入开始日期");myform.sdate.focus();return false;
      }
      if(CheckDate(myform.sdate.value)){
        alert("您输入的开始日期不正确(如:2017 - 02 - 14)\n 请注意闰年!");myform.
sDate.focus();return false;
      }
      if(myform.edate.value = = ""){
        alert("请输入结束日期");myform.edate.focus();return false;
      }
      if(CheckDate(myform.edate.value)){
        alert("您输入的结束日期不正确(如:2017 - 02 - 14)\n 请注意闰年!");myform.
edate.focus();return false;
      }
    }
}
</script>
```

(2)修改图书借阅查询的 Servlet 控制类。

在图书借阅查询页面中选择查询方式及查询关键字后,单击“查询”按钮,网页会访问一个 URL,这个 URL 是 borrow? action = borrowQuery,从该 URL 地址中可以知道图书借阅查询模块涉及的 action 的参数值为 borrowQuery,也就是当 action = borrowQuery 时,会调用图书借阅查询的方法 borrowQuery(),具体代码如下:

```
if("borrowQuery"equals(action)){
  borrowQuery(request,response);
```

```
}
```

在图书借阅查询的方法 borrowQuery( )中,首先获取表单元素复选框 flag 的值,并将其保存到字符串数组 flag 中,然后根据 flag 的值组合查询字符串,再调用 BorrowDAO 类中的 borrow( )方法并将返回值保存到 Httpservlet Request 对象的 borrowQuery 参数中。图书借阅查询的方法 bookborrow 的具体代码如下:

```
private void borrowQuery(HttpServletRequest request, HttpServletResponse
response)
        throws ServletException, IOException {
            String str = null;
            String flag[] = request.getParameterValues("flag");
            if (flag! = null){
                String aa = flag[0];
                if ("a".equals(aa)) {
                    if (request.getParameter("f") ! = null) {
                        str = request.getParameter("f") + " like '%" +
                              request.getParameter("key") + "%'";
                    }
                }
                if ("b".equals(aa)) {
                    String sdate = request.getParameter("sdate");
                    String edate = request.getParameter("edate");
                    if (sdate ! = null && edate ! = null) {
                        str = "borrowTime between '" + sdate + "' and '" + edate +
                              "'";
                    }
                    System.out.println("日期" + str);
                }
                                                    //同时选择日期和条件进行查询
                if (flag.length = = 2) {
                    if (request.getParameter("f") ! = null) {
                        str = request.getParameter("f") + " like '%" +
                              request.getParameter("key") + "%'";
                    }
                    System.out.println("日期和条件");
                    String sdate = request.getParameter("sdate");
                    String edate = request.getParameter("edate");
                    String str1 = null;
                    if (sdate ! = null && edate ! = null) {
                        str1 = "borrowTime between '" + sdate + "' and '" + edate +
                              "'";
```

```
                }
                str = str + " and borr." + str1;
                System.out.println("条件和日期:" + str);
            }
        }
        request.setAttribute("borrowQuery",borrowDAO.borrowQuery(str));
        System.out.print("条件查询图书借阅信息时的 str:" +str);
        request.getRequestDispatcher ( "borrowQuery.jsp").forward(request,
response);
    }
```

(3)编写图书借阅查询的 BorrowDAO 类的方法。

从 borrowQuery( )方法中可知,图书借阅查询时使用的 BorrowDAO 类的方法是 borrowQuery( )。在 borrowQuery( )方法中,首先根据参数 strif 的值确定要执行的 SQL 语句,然后将查询结果保存到 Collection 集合类中,并返回该集合类的实例。图书借阅查询的方法 borrowQuery( )的代码如下:

```
public Collection borrowQuery(String strif){
    String sql = "";
    if(strif! ="all" && strif! =null && strif! ="")}
        sql = "select * from (select borr.borrowTime,borr.backTime,book.
barcode,book.bookname,r.name readername,r.barcode readerbarcode,borr.ifback
from tb_borrow borr join tb_bookinfo book on book.id=borr.bookid join tb_reader
r on r.id=borr.readerid) as borr where borr." +strif +"";
    }else{
        sql = "select * from (select borr.borrowTime,borr.backTime,book.
barcode,book.bookname,r.name readername,r.barcode readerbarcode,borr.ifback
from tb_borrow borr join tb_bookinfo book on book.id=borr.bookid join tb_reader
r on r.id=borr.readerid) as borr";
}
ResultSet rs=conn.executeQuery(sql);
System.out.println("图书借阅查询的 SQL:" +sql);
Collection coll=new ArrayList();
BorrowForm form=null;
try {
    while (rs.next()) {
        form = new BorrowForm();
        form.setBorrowTime(rs.getString(1));
        form.setBackTime(rs.getString(2));
        form.setBookBarcode(rs.getString(3));
        form.setBookName(rs.getString(4));
        form.setReaderName(rs.getString(5));
```

```
            form.setReaderBarcode(rs.getString(6));
            form.setIfBack(rs.getInt(7));
            coll.add(form);
        }
    } catch (SQLException ex) {
        System.out.println(ex.getMessage());
    }
    conn.close();
    return coll;
        }
          //* * * * * * * * * * * * * * 图书借阅排行 * * * * * * * * * * * * * * * * *
        public Collection bookBorrowSort() {
          String sql = "select * from (SELECT bookid, count(bookid) as degree
FROM tb_borrow group by bookid) as borr join (select b.*,c.name as bookcaseName,
p.pubname,t.typename from tb_bookinfo b left join tb_bookcase c on b.bookcase = c.
id join tb_publishing p on b.ISBN = p.ISBN join tb_booktype t on b.typeid = t.id
where b.del =0) as book on borr.bookid = book.id order by borr.degree desc limit 10
";
            System.out.println("图书借阅排行:" + sql);
            Collection coll = new ArrayList();
            BorrowForm form = null;
            ResultSet rs = conn.executeQuery(sql);


            try {
                while (rs.next()) {
                    form = new BorrowForm();
                    form.setBookId(rs.getInt(1));
                    form.setDegree(rs.getInt(2));
                    form.setBookBarcode(rs.getString(3));
                    form.setBookName(rs.getString(4));
                    form.setAuthor(rs.getString(6));
                    form.setPrice(Float.valueOf(rs.getString(9)));

                    form.setBookcaseName(rs.getString(16));
                    form.setPubName(rs.getString(17));
                    form.setBookType(rs.getString(18));
                    coll.add(form);
                    System.out.print("RS:" + rs.getString(4));
                }
```

```
        } catch (SQLException ex) {
            System.out.println(ex.getMessage());
        }
        conn.close();
        return coll;
    }
}
```

10.5 小 结

本章主要使用 MySQL 数据库结合 Java Web 技术开发了一个图书馆管理系统。MySQL 数据库是当前非常流行的一种数据库管理软件,对于存储中小型数据库管理系统的数据尤其有优势。因此,通过本章的学习,希望读者不仅能够根据实际需求合理设计数据库,而目能够了解一般网站的开发流程,从而可以结合 Web 服务器端技术辅助开发中小型管理系统。

10.6 习 题

一、选择题

1. 如要使用 ODBC 访问 Web 数据库,正确的做法是(　　)。

A. 在客户端设置 ODBC　　B. 在服务器端设置 ODBC

C. 两端都要设置 ODBC　　D. 两端都不必设置 ODBC

2. ODBC 是一套(　　)。

A. 数据库系统　　B. 接口规范　　C. 软件　　D. 硬件

3. 在软件生存周期中,时间最长的阶段是(　　)阶段。

A. 需求分析　　B. 详细设计　　C. 编码　　D. 维护

4. 数据流图中的每个加工至少有(　　)。

A. 一个输入流或一个输出流　　B. 一个输出流

C. 一个输入流　　D. 一个输入流和一个输出流

5. 数据库管理系统允许用户把一个或多个数据库操作组成(　　),它是一组按顺序执行的操作单位。

A. 命令　　B. 事务　　C. 文件　　D. 程序

二、填空题

1. 数据库应用程序的模块设计,一般可包括“________、________”两个步骤。

2. 在集中式数据库系统中,数据独立性是通过系统的三级模式(________、

________、________）和它们之间的二级映像得到的。

3. ________是开发一套开放式数据库系统应用程序的公共接口。

4. ODBC 的驱动程序有________和________两种类型。

5. 在 ODBC 的应用程序中，通过调用相应的________来实现开放式数据库的连接功能。

6. 数据库应用程序系统是在________支持下运行的一类计算机应用系统。

7. ________的任务是对于数据流图中出现的元素的名字都有一个确切的解释。

8. ________的体系结构是在原来集中式数据库系统的基础上增加了分布式处理功能。

三、简答题

1. 分布式数据库系统有哪些特点？

2. 分布式数据库系统由哪些主要部分组成？

3. 简述 ODBC 多层驱动程序与单层驱动程序的区别。

参 考 文 献

[1] 王珊,陈红.数据库系统原理教程[M].北京:清华大学出版社,1988.

[2] 刘淳.数据库系统原理与应用[M].北京:中国水利出版社,2005.

[3] 李红.数据库原理与应用[M].北京:高等教育出版社,2003.

[4] ABRAHAM SILBERSCHATZ.数据库系统概念[M].北京:机械工业出版社,2008.

[5] 崔巍.数据库系统及应用[M].北京:高等教育出版社,2003.

[6] 萨师煊,王珊.数据库系统概论[M].北京:高等教育出版社,2000.

[7] 焦华.数据库技术及应用[M].北京:地质出版社,2006.

[8] 施伯乐.数据库理论及新领域[M].北京:高等教育出版社,1999.

[9] 陈雁.数据库系统原理与设计[M].北京:中国电力出版社,2004.

[10] 朱迪茨,袁方.实用数据挖掘[M].北京:电子工业出版社,2003.

[11] 陈京民.数据仓库与数据挖掘技术[M].北京:电子工业出版社,2002.

[12] 范明,孟小峰.数据挖掘概念与技术[M].北京:机械工业出版社,2001.

[13] 张云涛,龚玲.数据挖掘原理与技术[M].北京:电子工业出版社,2004.

[14] 李春葆.数据库原理与应用——习题解析[M].北京:清华大学出版社,2000.

[15] 万常选.数据库系统原理与设计[M].北京:清华大学出版社,2009.

[16] 常玉慧.数据库原理及应用[M].北京:人民邮电出版社,2006.

[17] 麦中凡,何玉洁.数据库原理及应用[M].北京:人民邮电出版社,2008.

[18] 韩家炜.数据挖掘概念与技术[M].北京:机械工业出版社,2007.

[19] 张健沛.数据库原理及应用系统开发[M].北京:中国水利出版社,1999.

[20] 贺利坚,李茹,谭瑛.数据库技术与应用[M].北京:北京希望电子出版社,2002.

[21] 岳昆.数据库技术——设计与应用实例[M].北京:清华大学出版社,2007.

[22] SILBERSCHATZ A,STONEBRAKER M,ULLMAN J D. Database systems: achievements and opportunities[J]. CACM,1991,34(10):110 - 120.

[23] SILBERSCHATZ A,STONEBRAKER M,ULLMAN J D. Database research, achievements and opportunities into the 21st century[J]. SIGMOD Record,1996,25(1):52 - 63.

[24] SILBEESCHATZ A,ZDONIK S B. Strategic direction in database system - breaking out of the box[J]. ACM Computing Surveys,1996,28(4):764 - 778.